Helene Skoric · Das große Buch vom Salz

Helene Skoric

DAS GROSSE BUCH VOM SALZ

Geschichte – Verwendung – Heilmittel – Ernährung

ENNSTHALER VERLAG STEYR

Erklärung

Die in diesem Buch angeführten Vorstellungen, Vorschläge und Therapiemethoden sind nicht als Ersatz für eine professionelle medizinische oder therapeutische Behandlung gedacht. Jede Anwendung der in diesem Buch angeführten Ratschläge geschieht nach alleinigem Gutdünken des Lesers. Autoren, Verlag, Berater, Vertreiber, Händler und alle anderen Personen, die mit diesem Buch in Zusammenhang stehen, können weder Haftung noch Verantwortung für eventuelle Folgen übernehmen, die direkt oder indirekt aus den in diesem Buch gegebenen Informationen resultieren oder resultieren sollten.

www.ennsthaler.at

1. Auflage 2015

ISBN 978-3-85068-952-6
Helene Skoric · Das große Buch vom Salz

Ennsthaler Gesellschaft m. b. H. & Co. KG, 4400 Steyr, Österreich
Satz und Umschlaggestaltung: Thomas Traxl
Titelbild: mozZz/fotolia.de; Africa Studio/fotolia.de
Druck und Bindung: Těšínská Tiskárna, Český Těšín

MIX
Papier aus verantwortungsvollen Quellen
FSC® C005833

Inhaltsverzeichnis

Einleitung

Vor mehr als zehn Jahren wurde ich auf das österreichische Natursalz aufmerksam. Im Lauf der Jahre wuchs meine Faszination für das Thema Salz, weil mir immer mehr Berichte über Salz, Salzgeschichte oder Salz als Hausmittel in die Hände fielen. Diese Begeisterung führte zu dem Wunsch, ein Buch über all dieses gesammelte Wissen zu schreiben.

Sehr intensiv begleiteten mich auf meinem »Salzweg« Josef Walchshofer und Karin Thaller von »Veda«. Von beiden erhielt ich wertvolles Basiswissen über österreichisches Natursalz, auf das ich die Spezialthemen des Buchs aufbauen konnte. Auch während der Manuskripterstellung unterstützten sie mich sehr. Weitere relevante Quellen für diese Arbeit waren die Bücher »Salz – Reich. 7000 Jahre Hallstatt« (Verlag des Naturhistorischen Museums Wien), das die Grundlage für meinen Exkurs über die prähistorische Salzgeschichte in Hallstatt war, und »Weißes Gold« von Günter Treffer.

In der Zeit meines Schreibens stand mir sehr hilfreich meine Familie – Bernd, Michael und Martina – zur Seite. Besonderer Dank gilt meinem Mann Bernd und unserem Sohn Michael, denn beide waren sehr gefordert, meine Texte auf Verständlichkeit zu prüfen, weil so viele Gedanken und erworbenes Wissen, das ich für weitergebenswert erachtete, meine Niederschriften füllten.

Außerdem bedanke ich mich für die fachliche Unterstützung bei der Salinen Austria AG, Mag. Hans Reschreiter (Naturhistorisches Museum), den Unternehmen der deutschen Salzindustrie sowie Lungenfacharzt Dr. Christoph Wildner, der den medizinischen Teil auf Korrektheit prüfte; aber auch beim Verlag Ennsthaler, der meinen Herzenswunsch durch zuverlässige und kompetente Arbeit Realität werden ließ.

Gewidmet ist das Buch meinen Eltern.

Helene Skoric
Frühjahr 2015

Plädoyer für das Natursalz

In unzähligen Redewendungen und Vergleichen spiegeln sich seit Jahrhunderten der Wert und auch die Macht des Salzes wider. Auffällig ist, dass sehr häufig in volkstümlichen Redensarten Salz mit Suppe in Zusammenhang gebracht wird, was wiederum die Lebensnotwendigkeit betont. »Das Salz in der Suppe« bedeutet das Besondere, das Unersetzliche oder »Das Salz in der Suppe nicht haben« sagt aus, dass etwas Essenzielles fehlt. Die starke Verbundenheit zu einer Person oder Sache wird in dem Spruch »Wie das Salz zur Suppe« ausgedrückt.

Im menschlichen Miteinander kann ein Wort zu wenig oder zu viel Gutes oder Schlechtes bewirken. Genauso ist es mit dem kleinen Mineral Salz. Eine Prise Salz kann den Geschmack einer Speise verbessern, sie aber auch ungenießbar machen. Gegenwärtig sind Nachhaltigkeit und Regionalität bei Lebensmitteln große Themen. Dazu gehört ebenso, dass dem Salz wieder eine angemessene Beachtung und ein sorgsamerer Umgang geschenkt werden. Salz ist prädestiniert als Symbol für das Leben und für viele Werte in unserer Gesellschaft. Es liegt an uns, dem Salz mehr Achtung entgegenzubringen und seine energetischen Wirkungen, die von alters her in Mythen und Bräuchen gelebt werden, in unser Leben zu integrieren.

Salz zeigte seine Stärke nicht nur im zwischenmenschlichen Umgang, sondern es bewegte im technischen wie im kulturellen Bereich erstaunlich viel. Oftmals war Salz der Motor für die eine oder andere Entwicklung, die aufgrund eines fehlenden Impulses ins Stocken gekommen war. Salz war der Anlass für den Bau von Straßen, Wasserwegen, Eisenbahnen, Schiffen oder Maschinen. Zug um Zug verbesserten sich Gegebenheiten, Hand in Hand entwickelten sich Technik und Kultur. Salz ließ kleine Siedlungen und große Städte entstehen. Das weiße Gold stärkte nicht nur weltliche, sondern auch geistliche Macht. Leider wurden auch viele Kriege wegen dieses kostbaren Minerals geführt.

Die großen österreichischen Salzlagerstätten schrieben jeweils ihre eigene umfangreiche Geschichte. Jedes Bergwerk mit seiner Umgebung hatte seinen speziellen Charakter, der in unterschiedlichster Weise heutzutage noch präsent ist. In Hallstatt begann nicht nur die österreichische Salzgeschichte, dort befindet sich auch weltweit das älteste Salzbergwerk. Mutige Knappen und versierte Kaufleute legten den Grundstein für den wirtschaftlichen Aufschwung und eine hochstehende Kultur. Die Hallstätter bewahrten bis in die Gegenwart das wertvolle Salzerbe und ermöglichen uns damit, die Salzgeschichte mit all ihrer Tradition zu begreifen. Eine feste und starke Gemeinschaft waren Salzburg, Hallstatt und der

Dürrnberg. Die Gegensätzlichkeit und die Abhängigkeit voneinander waren groß. Salzburg präsentiert heute noch in voller Pracht den durch das kleine Mineral Salz geschaffenen Wert in Verbindung mit den fleißigen Menschen. Das Salzkammergut zog – und zieht immer noch – viele Künstler der unterschiedlichsten Genres an. Warum? Man kann nur vermuten, dass es die Strahlkraft des Salzes ist, die die Landschaft verzaubert und sie mit Kreativität, Schönheit, Harmonie und Eleganz ausschmückt.

Dieses Buch soll dazu beitragen, dass das kleine Mineral, welches umfangreich Geschichte schrieb und seit Jahrtausenden einzelne Personen und große Reiche bewegt, wieder mehr Achtung erfährt und durch seine Eigenschaften den zwischenmenschlichen Umgang respektvoller macht. Es ist nicht notwendig, Natursalz modischen Trends zu unterwerfen, sondern es will als Stoff so genommen werden, wie die Natur es geschaffen hat.

In den folgenden Texten steht die Bezeichnung »Natursalz« für naturbelassenes Salz, die Bezeichnung »Speisesalz« wird für industriell aufbereitetes Salz verwendet.

Begleiten Sie mich auf der Salzreise durch die Geschichte und die Welt!

1. Teil: Wissenswertes über Salz

Etymologie und Mineralogie

In Österreich wird seit 7000 Jahren Salz abgebaut und seither ist Salz eine bedeutende Handelsware. Das spiegelt sich auch in der Bezeichnung »Weißes Gold« wider. Anfänglich wurde es aus Salzquellen, später unter Tage im Berg oder aus Sole gewonnen. Von den Abbaustätten wurde es auf den sogenannten »Salzstraßen«, wovon manche heute noch wichtige Handelswege sind, in Gebiete ohne eigene Salzproduktion befördert.

Die Bezeichnung »Salz« stammt vom indogermanischen Wort »sal«, das die Eigenschaften »bleich, grau, schmutzig« bezeichnet, da Salz zur damaligen Zeit im ursprünglichen Zustand – also ungereinigt – gehandelt wurde.

Die Silbe »hal(l)«, die sehr häufig in der Salzthematik auftritt, entspringt der germanischen, genauer gesagt der deutschen Sprache. Darüber sind sich germanistische und onomastische Experten (Onomastik = Namenkunde) seit dem 19. Jahrhundert einig. Doch im allgemeinen Sprachgebrauch wird diese Silbe immer noch der keltischen Sprache zugeordnet, ganz besonders in Verbindung mit der Hallstattkultur. Ein möglicher Grund dafür ist die Tatsache, dass in einigen der zahlreichen keltischen Dialekte das Wort für Salz annähernd wie »hal« lautet.

Mittlerweile gibt es genug Argumente, warum »hal(l)« der germanischen Sprache entstammt. Im Alt- und Mittelhochdeutschen wird die Silbe »hall« nicht für das Mineral, sondern für den Ort verwendet, wo Salz gewonnen oder produziert wurde, zum Beispiel Hall-Haus (Saline). Unterschiede gibt es bei der Schreibweise dieser Silbe: Ortsnamen weisen ein doppeltes »l« und Begriffe, die in Zusammenhang mit Salz stehen, nur ein »l« auf, etwa Halasalz (durch Versieden gewonnenes Salz).

Ein begründeter Beweis für die germanische Herkunft ist, dass Ortsnamen mit der Silbe »hall« ausschließlich in germanischen im Früh- und Hochmittelalter gegründeten Siedlungsräumen zu finden sind, jedoch nicht in Gegenden, wo in der Antike keltische Völker lebten. Nach dem Keltologen und Sprachforscher David Stifter könnte »hall« aus dem Urgermanischen stammen und »harte Haut« bedeuten, was sich auf die beim Salzsieden entstehende Salzkruste beziehen könnte.

Ortsnamen mit »hall« findet man hauptsächlich im deutschen, süddeutschen und österreichischen Raum. Würde diese Silbe tatsächlich auf die Kelten zurückgehen, so müssten auch ähnliche Ortsnamen in Frankreich oder Norditalien, wo ebenfalls keltische Völker siedelten und Salz produzierten, zu finden sein.

Die Technik der Salzgewinnung ist ein weiteres Indiz, denn erst ab dem Mittelalter praktizierten die slawisch-germanischen Siedler, die nach den Römern auch den österreichischen Raum besiedelten, das Salzsieden. In prähistorischer Zeit und in der Antike wurde das feste Salz hoch oben im Berg in Brockenform gewonnen, es gab noch keine Salzsieder.

Hall-Orte entstanden ungefähr ab dem 10. Jahrhundert, als die neue Technik des Salzsiedens betrieben wurde: Hall in Tirol (13. Jahrhundert), Hall bei Admont (10. Jahrhundert), Hallein (13. Jahrhundert). Bis dahin existierte an diesen Stellen keine Salzproduktion. Erst mit dem Bau von verkehrsgünstig im Tal – meist nahe bei Flüssen – gelegenen Sudhäusern erhielten diese Örtlichkeiten Namen mit der Silbe »hall«. Daraus lässt sich ableiten, dass im Alt- und Mittelhochdeutschen »hall« für Sudpfanne oder Saline stand.

In Österreich finden sich Ortsnamen mit der Silbe »hall« vor allem in Salzburg, Oberösterreich und der Steiermark. Allerdings soll nicht unerwähnt bleiben, dass es auch Orte der Salzproduktion gibt, die ohne »hall« auskommen: Altaussee, Aussee. Trotz all dieser plausiblen Erklärungen für die Herkunft des Stammworts gibt es immer noch Gegenargumente, die allerdings nicht überzeugend sind.

Halit kommt aus dem Altgriechischen und bedeutet »Salz«, »salzig«. Es ist ein gesteinsbildendes Mineral, kommt häufig vor und bildet den Hauptanteil in Steinsalz-Lagerstätten. Neben dem Hauptmineral Halit sind in Steinsalz üblicherweise lediglich geringe Anteile an Beimengungen anderer Salzminerale enthalten. »Steinsalz« und »Halit« werden daher häufig gleichbedeutend verwendet, obwohl dies nicht ganz korrekt ist.

Reiner Halit ist farblos oder weiß, wenn er aus sehr kleinen Kristallen (mikrokristallin) besteht. Halit zeigt ein kubisches Kristallsystem und besteht aus NaCl (Natriumchlorid). Seine Erscheinungsformen sind würfelförmige Kristalle oder großflächige, körnige – manches Mal faserige – Verwachsungen. Halit ist ein weiches Mineral, welches durchscheinend und durch Einlagerung von anderen Mineralien verfärbt sein kann. Dieses reine, ohne Einschlüsse gewachsene Steinsalz war in früheren Zeiten dem Adel vorbehalten. Von daher rührt die Bezeichnung

»Königssalz«. Eine rote bis rotbraune Farbe entsteht durch Eisenoxide (Hämatit oder Blutstein, Eisenglanz, Specularit, Iserin, Roteisenstein, Roteisenerz oder Rötel). Eine gelbliche Verfärbung wird durch die Einlagerung von Limonit (auch Brauneisenerz oder Brauneisenstein genannt) bewirkt. Salz erscheint oft auch grau bis braun durch Bestandteile von Tonmineralen oder Bitumen. Eine bläuliche Färbung des Halits wird durch Kaliumchlorid in Verbindung mit Lichtbrechung verursacht.

Wie kommt das Salz ins Meer?

Alles Salz kommt aus dem Meer, die Meere sind folglich unsere größten Salzspeicher. Doch wie kommt das Salz ins Meer? Eine häufig gestellte Frage, deren Antwort recht logisch ist.

Salz ist ein Sedimentgestein (Ablagerungsgestein). Durch Verwitterung (Regen, Hagel, Schnee) wird das aus vielen Mineralstoffen bestehende Gestein am Festland aufgebrochen und zu Kies, Sand, Ton und Schlamm zerkleinert. Niederschläge lösen Mineralien aus den Gesteinen und schwemmen diese in Flüsse und Bäche. Das mit den unterschiedlichsten Mineralien angereicherte Wasser wird ins Meer transportiert, wo sich die gelösten Mineralien mit Meerwasser vermischen und dem Wasser den salzigen bis bitteren Geschmack verleihen, je nachdem, welche Elemente darin verstärkt gelöst wurden. Warmes Klima, Sonne und Wind bringen das Wasser zum Verdunsten. Zurück bleiben die Mineralien, die sich je nach Löslichkeit schichtweise auf dem Meeresboden absetzen.

Diese Abfolge vollzieht sich immer wieder: Wasser verdunstet, Mineralstoffe sinken ab und die Salzkonzentration im Meerwasser erhöht sich.

Der Salzgehalt der Ozeane liegt im Durchschnitt bei ca. 3,5 Prozent, kann aber bis zu 26 Prozent und mehr betragen, wie etwa im Toten Meer.

Meerwasser enthält verschiedene Salze, vor allem Kochsalz (98 Prozent), das aus Natrium und Chlorid besteht, sowie in geringeren Mengen Kalziumkarbonat, Kalziumsulfat, Magnesiumsulfat, Kaliumchlorid und andere Salze in gelöster Form. Die Zusammensetzung variiert, je nachdem, welche Fremdstoffe aus dem umliegenden Festland und Gestein herausgelöst und bis ins Meer transportiert werden. Salzablagerungen aus kleineren Gewässern haben durch das kleinere Einzugsgebiet eine andere Mineralzusammensetzung, die durch das Gestein des umliegenden Landes charakterisiert ist, wohingegen das Wasser der Ozeane ein globales Einzugsgebiet besitzt und somit eine stärkere Durchmischung erfährt.

Wie entstanden die Salzlagerstätten?

Unsere Salzlagerstätten sind zu 90 Prozent Ablagerungen aus dem Urmeer, auch wenn sie heute im Landesinneren liegen. Die Bildung begann vor vielen Millionen von Jahren und dauert bis heute an. Durch die Land-Meer-Verschiebungen im Laufe der Erdentwicklung rückten die Salzlagerstätten – glücklicherweise für uns Menschen – in erreichbare Nähe.

Die großen Salzlager entstanden in den letzten 500 Millionen Jahren. Davor hatte das Meer eine andere Zusammensetzung. Es war trüb, frei von Sauerstoff und voller Eisen. Algen und Bakterien »reinigten« das Meer im Laufe von Jahrmillionen. Zu den ältesten und größten Salzlagerstätten der Welt gehört das Salzgebirge (Salt Range) in Pakistan. Von hier stammt das Salz, das als »Himalaya-Salz« oder »Hunza-Salz« angeboten wird. Tatsächlich wird dieses Salz also nicht im Himalaya-Massiv, sondern im Salzgebirge abgebaut, das etwa 200 Kilometer davon entfernt liegt.

Vor 250 Millionen Jahren (Erdzeitalter der Trias) bestand die Erde aus dem Urmeer (Tethys) und einem riesigen Kontinent (Pangea). Zu dieser Zeit bildeten sich die Salzlagerstätten in Mitteleuropa und in den Ostalpen, unter ihnen auch jene im Salzkammergut. Das Klima war damals trocken und heiß, ähnlich unseren heutigen Wüstenklimas und bildete die Grundvoraussetzung für die Salzbildung. Die Salzlagerstätten in Polen und Osteuropa sind etwas jünger.

Zur Zeit der Trias waren weite Gebiete Süd- und Südost-Europas sowie des Mittelmeerraumes von Meer bedeckt. Zeitgleich mit einer extremen Trockenheit auf der nördlichen Erdhalbkugel senkte sich das Festland unter das Niveau des Meeresspiegels. Eine Überflutung nicht nur der Uferbereiche, sondern auch großflächig des Festlandes war die Folge. Durch Sonneneinstrahlung verdunstete das Wasser, die im Meerwasser gelösten Mineralien lagerten sich ab und wurden von Gestein überdeckt. In unseren Breiten waren dies vor allem Kalkablagerungen aus Korallenriffen. Die Abfolge Gestein auf Salz wiederholte sich einige Millionen Jahre und ließ Adern verschiedener Salzqualitäten im Zuge des Ablagerungsprozesses im Berg entstehen. Das schwere Gestein drückte auf das elastische Salz, das sich in andere Bereiche oder durch dünne Kalkschichten nach oben schob.

Vor ca. 200 Millionen Jahren veränderte sich die Meer-Land-Struktur massiv: Neue Kontinente und Ozeane entstanden. Das war jedoch erst der Beginn großer geologischer Veränderungen. 100 Millionen Jahre später gab es weitere massive tektonische Bewegungen: Kontinente wanderten, Gesteinsschichten verschoben sich, Gebirge tauchten aus dem Meer aus, stießen auf andere und wurden gebrochen. In dieser Entwicklungsphase entstanden auch unsere Alpen. Durch diesen

Prozess wurden Salzablagerungen in den Gesteinsschichten nach oben gedrängt, wo sie heute für uns leicht erreichbar sind.

Alle geschilderten Aktivitäten bedeuteten noch nicht das Ende der Erdentwicklung. Denn in den folgenden Eiszeiten waren es die Gletscher, die die Alpen formten, Täler und Seen entstehen ließen, Bergkämme und Bergspitzen zurechtschliffen. Und den letzten Schliff erhielt die Erdoberfläche schließlich durch Wasser und Wind, deren Erosionskraft auch heute noch die Landmassen formt. Ruhe ist in den Alpen somit noch lange nicht eingekehrt, zusätzlich sorgt das Salz für Veränderungen. Durch seine Elastizität hält es dem Druck des darüber liegenden Gesteins nicht stand, weicht aus und wird hochgepresst. Hochgepresstes Salzgestein ist häufig der Verursacher für Felsstürze. Daraus erkennt man, dass Berge »leben« und kein totes Material sind.

Bereits vor mehr als 200 Jahren behaupteten viele Geologen, dass sich Mitteleuropa auf einem riesigen Salzlager befindet: von Deutschland bis Österreich (Salzkammergut), von Nordirland bis Nordeuropa. Auch in Nordamerika gibt es weitreichende Salzschichten. Im Lauf der Jahrhunderte gab es vielerlei Ansichten über die Entstehung der Salzlagerstätten. Eine der bekanntesten Theorien ist die Barrentheorie (Schwellentheorie) von Carl Ochsenius (1877), mit der er die Bildung der norddeutschen Salzlagerstätten erklärte. Diese Theorie ist auch auf die Salzvorkommen im Salzkammergut anwendbar. Denn als der Riesenkontinent Pangea zerbrach und das Tethys-Meer sich zwischen den entstandenen Erdteilen bildete, befand sich das Salzkammergut am Rande dieses Meeres.

Die Barrentheorie lautet wie folgt: Grundvoraussetzung ist ein warmes, trockenes Klima. Salzhaltiges Meerwasser fließt in ein durch ein Riff oder Barre (Erhebung) abgetrenntes flaches Meeresbecken. Durch Wind und Sonneneinwirkung verdunstet das Wasser und die Konzentration gelöster Mineralien im Becken steigt an. Je mehr Wasser verdunstet, desto mehr Mineralien in immer höher werdender Konzentration sind in der verbleibenden Lösung. Ist die Sättigungsgrenze durch anhaltende Verdunstung erreicht, sinken die einzelnen Mineralien in fester Form je nach Löslichkeit und vorhandenem Wasseranteil nacheinander auf den Boden ab. Die Salze fallen aus, wie es fachlich korrekt heißt. Zuerst lagern sich Kalkstein (Kalziumkarbonat) und Kalzium-Magnesiumkarbonat (Dolomit) in massigen Bodenschichten als Kalkstein- oder Dolomit-Schlamm ab. Bei fortgesetzter Verdunstung fällt als nächstes das Kalziumsulfat aus und lagert sich als Gips bzw. Anhydrit auf die bereits vorhandene Kalkstein- und Dolomitschicht. Sind knapp über 90 Prozent des Wassers verdunstet, dann hat das Natriumchlorid die Löslichkeitsgrenze erreicht, fällt aus der Lösung aus und lagert sich über der bereits bestehenden Gesteinsschicht ab. In diesem Stadium ist das übrig gebliebene Meerwasser eine Bitterlauge, aus der bei weiterer Verdunstung Kalisalze und verschiedene Magnesiumsalze ausfallen.

Durch den Wind werden Sand und Staub des angrenzenden Festlandes herangetragen und bedecken die Schichten. Meerwasser oder auch Niederschläge können immer wieder über die Barre eindringen. Durch Unterbrechungen des Verdunstungsprozesses entstehen regelmäßige Ablagerungsschichten. Diese Abfolgen können sich einige Male über einen Zeitraum von Millionen von Jahren wiederholen. Bis zu dem Zeitpunkt, wo der Kontakt zum Meer durch geologische Veränderungen endgültig getrennt wird: Eine Salzlagerstätte ist geboren.

Die Reinheit und die Zusammensetzung des Salzes hängen von der Geschwindigkeit der Wasserverdunstung sowie von der ein- oder oftmaligen Wiederholung der Schichtungen von abwechselnd Meerwasser und Gestein ab.

Meerwasser ist also eine Salzlösung, die hauptsächlich Natriumchlorid (Kochsalz) und in geringeren Mengen Kaliumchlorid, Magnesiumsulfat und weitere Salze enthält. Die Herkunft der einzelnen Mineralien lässt sich in zwei Gruppen einteilen. Durch Verwitterungsprozesse auf den Kontinenten entstanden Natrium, Kalium, Kalzium und Magnesium. Chlor, Sulfat-Ionen sowie einige weitere Elemente haben ihren Ursprung wiederum in Entgasungsabläufen in tiefen Gesteinszonen der Erdkruste. Durch geologische Bewegungen während der Erdentwicklung kam das Salz in den Berg, wo es geschützt bis zum Abbau lagert. Salz ist also das Resultat eines langen Auslese- und Ablagerungsprozesses. Es ist das Gestein mit dem geringsten Schwermetallgehalt und der geringsten Radioaktivität.

Salz lagert nicht nur horizontal im Berg, sondern es kann auch verschiedene Lagerungsformen einnehmen, wie zum Beispiel die Salzdome, die durch Druck bei tektonischen Verschiebungen entstanden sind. Das Natriumchlorid wird dabei in Pilzform von unten nach oben gedrückt, wobei sich die Erdoberfläche wie eine Kuppel formt. Die Salzlagerstätte reicht dabei manches Mal bis an die Oberfläche.

Anfang des 20. Jahrhunderts stieß man in Mexiko bei einer Bohrung an einem Salzdom auf Erdöl. Ab diesem Zeitpunkt begann die Suche nach Erdöl an Salzdomen. Oftmals war das Ergebnis solcher Bohrungen auch das Auffinden von Erdgas.

Salz, ein unverzichtbares Mineral

Das Mineral Salz ist ein perfekter Stoff im Kleinen, der für Mensch, Tier und Natur lebenswichtig ist. Zudem bildet es den Grundstoff für viele nützliche und mittlerweile unentbehrliche Produkte. Leider wurden und werden Salz bzw. dessen chemische Bestandteile auch für zerstörerische Zwecke verwendet, wie zum Beispiel für Munition.

Das Mineral Salz entsteht durch die Reaktion einer Säure mit einer Base. Säuren haben einen säuerlichen Geschmack und greifen Metalle an. Basen fühlen sich seifig an.

Das positiv geladene Natriumion (Base) reagiert mit dem negativ geladenen Chloridion (Säure), indem das überschüssige Elektron vom Chlor zum Natrium wandert. Säure und Base schließen sich zusammen und bilden eine ausgewogene chemische Verbindung: ein Salz. Natrium und Chlor sind sehr reaktionsfreudige Elemente und gehen gerne chemische Verbindungen mit anderen Stoffen ein. Dies ist nicht immer vorteilhaft, denn sie »verbrüdern« sich im Meer beispielsweise auch mit Öl, Abwässern, Abfallprodukten der chemischen Industrie und dergleichen.

Salz ist wasserlöslich, sein Hauptanteil findet sich in gelöster Form in den Weltmeeren und in geringer Menge in fester Form als Steinsalz in Gebirgen. Das Mineral besteht zu ca. 98 Prozent aus den beiden Elementen Natrium (Na) und Chlor (Cl). Der Rest setzt sich aus wichtigen Mineralstoffen und Spurenelementen (Schwefel, Magnesium, Calcium, Kalium, Eisen, Jod, Bor, Brom, Fluor, Kohlenstoff, Lithium, Phosphor, Sauerstoff, Silizium, Stickstoff, Strontium und Wasserstoff) zusammen.

Hygroskopische Eigenschaft von Salz

Einzig Wasser hat die Kraft, die natürliche Gitterstruktur des Salzes aufzulösen und die Natrium- und Chlor-Ionen voneinander zu trennen. Dieser Vorgang wird Hydration genannt.

Wasser ist sehr bestrebt, Salz aufzunehmen und – wie wir alle wissen – zieht Salz auch Wasser gerne an. Stoffe mit der Eigenschaft, Wasser an sich zu binden, werden als hygroskopisch bezeichnet (griech. hygros = feucht, skopos = Beobachter, Betrachter).

Zu den hygroskopischen Stoffen zählt auch unser aus dem leicht löslichen Natriumchlorid bestehendes Kochsalz, das Feuchtigkeit aus der Luft aufnimmt, verklumpt und sich auflöst, wenn die Luftfeuchtigkeit besonders hoch ist. Um den Vorgang des Klumpens zu verhindern, werden dem herkömmlichen Speisesalz synthetische Hilfsmittel zugesetzt. Die natürlichere Variante ist es, Salz mit einigen Reiskörnern zu vermischen, denn Reis bindet die natürliche Luftfeuchtigkeit.

Diese hygroskopische Eigenschaft von Salz kommt unter anderem in der Konservierung von Lebensmitteln zum Tragen, da durch den Wasserentzug den Mikroorganismen die Lebensgrundlage genommen wird.

Die Löslichkeit von Salzen in Wasser

Unter Löslichkeit von Salzen wird jene Menge Salz in Gramm verstanden, die in 100 g gesättigter Lösung enthalten ist. Die Menge wird als Prozentwert angegeben. Die Löslichkeit ist sehr unterschiedlich und reicht von sehr gut löslich (zum Beispiel Natriumchlorid) bis sehr schwer löslich (zum Beispiel Bariumsulfat). Oft ist die Löslichkeit temperaturabhängig. Bei Natriumchlorid ist zu beobachten, dass die Löslichkeit bei einem Temperaturanstieg von 20° auf 80° Celsius sehr geringfügig um ca. ein Prozent zunimmt, während bei Kaliumnitrat eine starke Zunahme von fast 40 Prozent zu verzeichnen ist.

Gefrierpunkterniedrigung des Wassers durch Salz

Wird in einem Lösungsmittel ein Stoff aufgelöst, so bilden sich beim Gefrieren kleine Mischkristalle aus. Diese sind für das Herabsetzen der Gefriertemperatur verantwortlich. Das gilt auch für die Mischung Salz mit Wasser. Je mehr Salz im Wasser gelöst ist, desto tiefer ist die Gefriertemperatur. Dieser Effekt wird im Winter beim Salzstreuen auf Straßen und Gehwegen genutzt. Um vereiste Straßen aufzutauen oder das Vereisen zu verhindern, wird billiges Salz gestreut. Bei einem Mischungsverhältnis von 25 g Salz und 100 ml Wasser sinkt die Gefriertemperatur auf minus 16° Celsius. Das Schmelzen von Eis und Schnee mithilfe von Salz funktioniert nur bis zu einer Temperatur von minus 21° Celsius. Sinkt die Temperatur noch weiter ab, dann kristallisieren Wasser und Salz gemeinsam. Um bei so tiefen Temperaturen ein Gefrieren zu verhindern, müsste der Salzanteil enorm hoch sein, was aus Kostengründen nicht durchführbar ist und für die Umwelt sehr schädigend wäre.

Erhitzen von Salz

Der Schmelzpunkt von Kochsalz liegt bei ca. 800° Celsius. Beim Eindampfen einer Salzlösung kristallisieren die Salze in einer regelmäßigen Kristallstruktur.

Plastizität

Salz rühmt sich mit einer besonderen natürlichen Eigenschaft: es ist ein plastisches Gestein. Bei geologischen Vorgängen der Erdkruste gibt Salz nach, weicht in vertikale Spalten aus und behält diese Form. Aus einer horizontalen Lagerstätte formen sich leicht abbaubare Salzschichten in für uns Menschen erreichbaren Höhen, wie zum Beispiel ein vertikaler Salzstock (Salzdome) oder ein Salzkissen. In seltenen Fällen tritt eine Salzlagerstätte im Gebirge an die Oberfläche. Passiert dies, dann spricht man von einem Salzgletscher. Die bekanntesten und größten befinden sich im Iran. Hilfreich bei diesem natürlichen Prozess ist seine Leichtigkeit. Mit einer Dichte von 2,17 g/cm^3 gehört Salz zu den leichtesten Gesteinen.

Salzdome oder Salzstöcke werden heutzutage häufig für Atommülllager verwendet (wie zum Beispiel Gorleben). Salz dichtet Gestein lückenlos ab und deshalb ist ein Dom für diesen gefährlichen Müll geeignet – so meinen jedenfalls gewisse Fachleute. Ungeklärt ist, ob nicht doch irgendwann der Müll durch Bewegungen des Gesteins (Erdbeben, Bohrungen etc.) und in Folge durch Undichtheit des Salzes an die Oberfläche gelangt.

Geschmack

Natriumchlorid (Kochsalz) ist eines von jenen Salzen, dessen Geschmack als »salzig« bezeichnet wird. Andere Salze schmecken je nach Inhaltsstoffen und deren Mengenverhältnissen bitter oder sauer. Salz aus dem Toten Meer schmeckt bitter.

Farbe

Die Farbe des Salzes gibt Auskunft über ein verstärkt vorhandenes Mineral. Weißsalz enthält mehr Kalzium und Rotsalz mehr Eisen. Eisenoxid verursacht die natürliche rosa Färbung. Violettsalz und Blausalz hingegen erhalten ihre Farben nicht durch andere Elementeinschlüsse, sondern durch eine Verformung ihrer Gitterstruktur, durch die das einfallende Licht so gebrochen wird, dass entsprechend seinem Spektrum Violett- und Blautöne erscheinen.

Die Bezeichnung »Kristall« für Salz

Natriumchlorid ist in der Natur in beinahe unerschöpflicher Menge vorhanden, größtenteils gelöst im Meerwasser. Außerdem ist es als Mineral Halit in Steinsalzlagerstätten zu finden, die vor Jahrmillionen entstanden sind. Da sehr häufig Natursalz auch als Kristallsalz bezeichnet wird, ist an dieser Stelle eine genauere Betrachtung dieser Bezeichnung angebracht.

Das Wort »Kristall« kommt aus dem Griechischen und bedeutet »Eis, Frost«. Die alten Griechen glaubten nämlich, dass Quarz- und Bergkristalle stark gefrorenes Eis wären, das nicht auftauen kann. Heute wissen wir, dass Kristalle feste Körper sind, deren kleinste Bausteine eine regelmäßige geometrische Anordnung in alle drei Raumdimensionen haben. Diese Exaktheit ist für Kristalle charakteristisch. Ist die innere Ordnung, entstanden durch regelmäßiges Wachstum, auch außen sichtbar, dann spricht man von einem »Kristall«, wie zum Beispiel beim Bergkristall.

Salz gibt es sehr wohl in Kristallform, jedoch kommt es eher selten vor. Schöne würfelige Kristallformen entstehen, wenn die Natrium- und Chloridionen viel Zeit, Ruhe und Raum haben.

Der Großteil des »normalen« Salzes hat eine kristalline Struktur, d. h. Natrium und Chlor ordnen sich so, dass eine innere würfelige Struktur (kubisches Kristallgitter) entsteht. Diese innere Ordnung, die Salz immer hat und praktisch »von selbst« entsteht, gibt dem Salzkristall seine Form und die physikalischen Eigenschaften. Im Lauf der Zeit lagerte sich viel Gestein über den Salzschichten in den Salzlagerstätten ab. Dadurch geriet die innere Ordnung unter Druck, das Kristallgitter wurde deformiert, die derbe Form des Salzes ist entstanden. Die Substanz ist nach wie vor kristallin, jedoch ohne sichtbare äußere Kristallform.

Als Handelsname ist »Kristallsalz« in Ordnung, als Qualitätskriterium ist es kritisch zu betrachten, denn sehr oft wird Steinsalz als »Kristallsalz« bezeichnet, um einen höheren Wert zu suggerieren. Viel wichtiger ist, dass Salz naturbelassen, unraffiniert und frei von synthetischen Zusätzen ist.

Die zahlreichen Arten von Salz

Salz war immer schon ein lebenswichtiges Produkt für die Menschen. Verwendung fand und findet Salz in unterschiedlichster Weise. Im Gleichschritt mit der technischen und industriellen Entwicklung der Menschheit erweiterte sich der Gebrauch von Salz.

Geschmacklich gleicht kein Salz dem anderen, die Differenzen bewegen sich allerdings in einem kleinen Bereich. Feine Geschmacksnerven stellen wohl einen Unterschied fest, da die verschiedenen Salzsorten unterschiedliche Mineralstoffe in unterschiedlichen Mengen enthalten.

Auf unserer Erde gibt es zahlreiche Salzarten. Einige davon möchte ich in der Folge kurz erläutern. Vollständigkeit ist nicht beabsichtigt, auch kurzfristige modische Trends bleiben unberücksichtigt.

Meersalz

Die Gewinnung von Meersalz liefert ca. ein Drittel der weltweiten Salzproduktion. Meersalz wird aus Meerwasser in Salzgärten oder mittels anderer technischer Verfahren an den Küsten Europas, Afrikas, Indiens und Chinas gewonnen.

Meerwasser wird in künstlich angelegten flachen Becken – den Salzgärten – aufgefangen. Durch Sonne und Wind verdampft das Wasser, Salz bleibt zurück. Die Becken weisen oft eine rote bis violette Verfärbung auf, das kristallisierte Salz ist jedoch weiß. Diese Verfärbung wird durch kleine Organismen, Halophile, hervorgerufen. Halophile (der Wortstamm »halos« kommt aus dem Griechischen und bedeutet Salz) benötigen zum Überleben Salz, und so siedeln sie in der Umgebung hoher Salzkonzentration. Sobald diese unter ein bestimmtes Niveau sinkt, stellen die kleinen Organismen ihr Wachstum ein oder sterben.

Die Meeresverschmutzung (Einleitung von Abwässern, Tankerunfälle, Entsorgung von Problemmüll, Unmengen von Plastik – derzeit befinden sich etwa 270.000 Tonnen Plastikmüll in all unseren Meeren) geht am Salz nicht spurlos vorbei. Denn Salz ist ein Stoff, der gerne Verbindungen eingeht, auch mit verschiedenen für uns Menschen nicht zuträglichen Stoffen. Die natürliche Reinheit des Meersalzes ist daher nicht so uneingeschränkt wie beim Bergsalz gegeben.

Als Speisesalz kommt hauptsächlich gewaschenes Meersalz in den Handel. Aus Kostengründen kann es vorkommen, dass vor allem von kleineren Salinen auch ungewaschenes Meersalz in den Verkauf gelangt. Um die Sauberkeit zu belegen, weisen manche Meersalzanbieter auf Untersuchungsbefunde hin. Das Meersalz kann bis zu einem gewissen Grad durch ein Reinigungsverfahren von Verunreinigungen befreit werden, aber nicht hundertprozentig, da es sonst anders – bitter – schmecken würde.

Bekanntlich ruft beim Konsumenten der Begriff »Meersalz« die Vorstellung hervor, dass die Mineralstoffkonzentration im gekauften Meersalz jener von Meerwasser entspricht. Handelt es sich um einen seriösen Anbieter, dann ist das aufgrund des Herstellungsverfahrens und der geltenden Reinheitsgebote nicht mehr der Fall.

Bei Meersalz wird aus Werbegründen darauf hingewiesen, dass es inhaltlich vollwertiger und somit gesünder ist. Genau genommen ist diese Bevorzugung nicht korrekt, da es genauso wie anderes Salz hauptsächlich aus Natriumchlorid und in geringen Mengen aus Mineralstoffen und Spurenelementen besteht. Die Zusammensetzung von Natursalz – ob Meer- oder Steinsalz – ist ähnlich, wobei Steinsalz aus dem Berg keinerlei Verunreinigungen enthält. Außer es werden im Berg giftige Substanzen, Atommüll oder dergleichen gelagert oder Sprengungen werden mit außerordentlich hohem Sprengstoffeinsatz durchgeführt. In solchen Fällen kann es passieren, dass auch Steinsalz Rückstände enthält.

Steinsalz

Steinsalz ist vor Jahrmillionen durch Verdunstung und Austrocknung mineralreichen Meerwassers gebildetes und im Erdinneren abgelagertes Meersalz. Es besteht hauptsächlich aus Natriumchlorid und geringen Mengen anderer Mineralien. In unterirdischen Stollen wird es bergmännisch abgebaut, zerkleinert, gesiebt und abgefüllt.

Je höher der Natriumchlorid-Anteil, desto farbloser ist es. Im Handel finden wir es leicht rötlich oder bräunlich, je nachdem, welches Mineral vermehrt eingeschlossen wurde. Die charakteristische Farbe von österreichischem Steinsalz ist rötlich-braun aufgrund des relativ hohen Anteils von Eisen. Steinsalz macht ca. 70 Prozent der weltweiten Salzproduktion aus und findet sich im Handel unter verschiedenen Namen, wie Natur-, Ur- oder Naturkristallsalz, die aber kein Qualitätskriterium darstellen.

Siedesalz – Kochsalz

Unser herkömmliches Kochsalz ist ein Siedesalz und wird aus Steinsalz durch die Bohrlochsondentechnik gewonnen. Im Lauf der Jahrhunderte hat sich das Herstellungsverfahren von der Siedepfanne zu dieser modernen Technik entwickelt. Im Bohrloch löst eingefülltes Wasser Salz aus dem Gestein und Sole wird gewonnen. Diese wird mit entsprechender Grädigkeit (Salzkonzentration in der Sole) in die Saline geleitet, wo sie versiedet wird. Das heißt, Wasser verdampft und Kochsalz bleibt übrig. In den Handel kommt es als Tafel- oder Speisesalz mit synthetischen Zusätzen wie Jod, Rieselhilfen oder Fluor.

Jodiertes Salz

Speisesalz wird in den meisten Ländern der Welt mit Jod versetzt, da die Meinung vertreten wird, dass die Jodzufuhr durch Lebensmittel ungenügend ist. Um Jodmangel vorzubeugen, wird Speisesalz jodiert, da jedermann Speisesalz konsumiert. Die Schilddrüse benötigt Jod für den Aufbau ihrer Hormone, für das Wachstum und die Entwicklung des Gehirns. Jodmangel führt bei Erwachsenen zur Vergrößerung der Schilddrüse. Bei zu hoher Jodzufuhr – durch Medikamente oder übermäßigen Algenkonsum – kommt es zur Unterfunktion der Schilddrüse.

Seit 1963 ist die Jodierung des Salzes in Österreich gesetzlich vorgeschrieben. Mit dieser gesetzlichen Maßnahme wird ein Weg zur besseren Jodversorgung der Bevölkerung beschritten, um Kropfbildungen zu vermeiden. Jodiertes Salz wird nicht nur in der eigenen Küche verwendet, sondern es befindet sich in vielerlei Produkten (Brot, Wurst, Käse, Fertiggerichte, Konserven etc.). Gesamt gesehen ergibt das ein hohes Maß an jodiertem Salz, das wir gewollt oder ungewollt zu uns nehmen. Für manche ist diese Menge an synthetischem Jod nicht verträglich und sie reagieren zum Beispiel mit Allergien darauf. Meersalz ist nicht jodreicher, auch wenn Meeresfische und Meeresalgen einen hohen Jodgehalt aufweisen.

Jod-Fluor-Salz

Jodiertes Salz wird noch zusätzlich mit Kaliumfluorid versetzt. Fluor ist wichtig für den Zahnschmelz und gesunde Zähne. Auch hier sind die Menge und die synthetische Form nicht für alle verträglich.

Himalayasalz

Dieses rosa getönte Steinsalz verdankt seine Färbung insbesondere den Eisenionen, es wird in großen Salzminen in Pakistan abgebaut. Himalayasalz stammt nicht, wie der Name verspricht, aus dem Himalayagebirge, sondern zum Großteil aus einem Salzbergwerk in der pakistanischen Provinz Punjab. Himalayasalz, Hunza-Salz oder Alexander-Salz ist eigentlich eine Handelsbezeichnung und sagt nichts über die Herkunft aus. Ein kleiner Teil der mit diesen Namen vertriebenen Salze kommt aus polnischem Bergbau.

Dem Himalayasalz wurde vor vielen Jahren ein verkaufsfördernder Mythos angehängt. Es werden ihm wunderwirkende Eigenschaften und eine Zusammensetzung von 84 Elementen zugeschrieben. Wie bei anderen Salzarten bewegen sich die therapeutischen Anwendungsmöglichkeiten im Rahmen der Inhaltsstoffe. Auch dieses Salz besteht wie alle Steinsalze zu 98 Prozent aus Natriumchlorid.

Seriös nachgewiesen werden können noch einige weitere Elemente, jedoch nicht in besagter Größenordnung. Im Großen und Ganzen ist die Zusammensetzung aller Salze ähnlich. Es ist ganz egal, ob das Salz 40 oder 80 Inhaltsstoffe hat. Wesentlich sind die natürliche Gesamtheit für unseren Organismus sowie der regionale Abbauort.

Fleur de Sel (Salzblumen)

Fleur de Sel ist ein ganz spezielles, sehr feines Salz und das teuerste Meersalz. Ursprünglich wurde es in der Bretagne gewonnen. Mittlerweile kommt es auch aus der Camargue, der Algarve, Mallorca und Slowenien. Meersalz wird in Salzgärten so lange der Sonne und dem Wind ausgesetzt, bis eine Sole entsteht. Bei einer gewissen Konzentration der Sole bilden sich an der Oberfläche leicht zerbrechliche Salzkristalle: die Salzblumen (Fleur de Sel). Diese werden auch heute noch ganz vorsichtig von Frauen mit Holzschaufeln abgeschöpft. Fleur de Sel kommt ungewaschen und naturbelassen in den Handel, daher muss auf sehr gute Wasserqualität geachtet werden.

Graues Salz oder Sel gris

Die graue Farbe erhält das Salz durch Schwebestoffe einer Alge und Sedimentteilchen. Beide Substanzen werden während der Reifung in die Salzgärten eingetragen. Die Restfeuchte bei Sel gris ist relativ hoch, deshalb muss dieses Salz in rostbeständigen Behältern aufbewahrt und in rostbeständigen Salzmühlen gemahlen werden.

Blausalz oder Persisches Salz

Das originale Blausalz stammt aus Persien. In einer Salzmine im Norden des Irans wird diese Rarität abgebaut. Das Salz enthält einen relativ hohen Anteil an Kaliumchlorid (Sylvin). Normalerweise erscheint ein Salz mit Sylvin rosa oder gelb. Beim Persischen Salz entsteht die blaue Farbe durch einen optischen Effekt, der durch Zerkleinerung des Salzes verschwindet. Bei Blausalz ist die Frage aufgetaucht, ob vom Salz eine radioaktive Strahlung ausgeht. Das wird verneint, da weltweit keine Salzmineralien bekannt sind, die radioaktiv strahlen. Nicht nur die Farbe des Salzes fasziniert, auch sein Geschmack. Zuerst schmeckt es stark salzig, dann prickelt es und kurz danach erstaunt der milde Nachgeschmack. Es passt herrlich zu Fleisch, Meeresfrüchten und Salaten.

Wüstensalz

Es stammt aus der Wüste Kalahari (Südafrika) oder aus der Persischen Wüste und wird aus natürlichen Salzseen gewonnen.

Knistersalz

Bei dieser Salzart wurden bei der Bildung Gase in die Mineralien eingeschlossen. Beim Erwärmen oder Auflösen in Flüssigkeit werden die Kristalle durch das sich ausdehnende Gas zerstört, was ein hörbares Knistern bewirkt. Knistersalz wird im polnischen Bergwerk Wieliczka bei Krakau abgebaut, welches für seine meisterhaften Salzbauten tief im Bergwerk sehr berühmt ist.

Kalisalz

Kalisalz ist ein Gemisch aus verschiedenen Mineralien, von denen Kaliumverbindungen den Hauptanteil ausmachen. Die Farbe des Kalisalzes reicht von farblos über orange-rot bis hellbraun. Neben den Kalisalzvorkommen in Deutschland finden sich noch weitere große Lagerstätten in Russland, der Ukraine, Weißrussland, Kanada und den USA sowie in chinesischen Wüsten. Das Tote Meer ist ebenfalls für seine großen Kalisalzmengen bekannt. Kalisalze finden als Düngemittel in der Landwirtschaft Verwendung. Als gereinigtes und konzentriertes Kaliumchlorid oder Industriekali wird es in der chemischen Industrie und in der Medizin eingesetzt.

Glaubersalz oder Natriumsulfat

Die veraltete Bezeichnung lautet »Schwefelsaures Natron«. Natriumsulfat ist ein Natriumsalz der Schwefelsäure. Als Glaubersalz, benannt nach seinem Entdecker, ist es vielen von uns als Abführmittel bekannt. 1625 entdeckte der Chemiker und Apotheker Johann Rudolph Glauber (1604–1670), dass Natriumsulfat ein Bestandteil von Mineralwasser ist. Zuallererst stieß er in einem Heilwasser in einem Kurbad in der Nähe von Wien auf diese Tatsache. Schon damals erkannte Glauber die medizinische Wirkung als Abführmittel. Er experimentierte und entdeckte viele weitere medizinische Anwendungen, aber auch Verwendungsmöglichkeiten in Kunst und Alchemie.

Heute findet Natriumsulfat Einsatz in vielen Bereichen des täglichen Lebens. Die Homöopathie empfiehlt es als Natrium sulfuricum gegen Erkältung, Kopfschmerzen und bei Verdauungsproblemen. Als Abführmittel hat es nach wie vor noch seinen Wert. In der Glas-, Textil- und Farbindustrie ist es nicht mehr wegzudenken und Waschmittelproduzenten benötigen es als Füllstoff. Hinter dem Lebensmittelzusatzstoff mit der Nummer E 514 verbirgt sich EU-weit das Natriumsulfat.

Bittersalz oder Epsomsalz

Im frühen 17. Jahrhundert entdeckte ein britischer Pflanzenforscher, dass man aus dem Mineralwasser der Londoner Vorstadt Epsom Magnesiumsulfat isolieren kann. Dieses Salz erhielt aufgrund seines bitteren Geschmacks durch den erhöhten Magnesiumsulfatwert den Namen Bittersalz oder auch – benannt nach dem Fundort – Epsomsalz.

Verwendung von Magnesiumsulfat: In der Medizin wird es bei akuten Asthmaanfällen oder akutem Herzinfarkt eingesetzt. Als Abführmittel ist es landläufig bekannt. Allerdings muss es mit Bedacht eingesetzt werden, denn seine die Nierenfunktion beeinträchtigenden Nebenwirkungen können besonders für Kinder problematisch werden. In jüngster Zeit wird Magnesiumsulfat in sogenannten »Floating-Anlagen« zur Entspannung, gegen Burnout oder in der Schmerzmedizin genutzt.

Es ist förderlich für saure Böden, den speziell Koniferen benötigen. Obstbäumen dient es als vortreffliches Düngemittel und bei Nadelhölzern wirkt es dem Braunwerden entgegen. In der organischen Chemie finden sich weitere Verwendungszwecke.

Im 18. Jahrhundert gelang die Herstellung von Epsomsalz aus Mutterlauge und Schwefelsäure. Mutterlauge ist die verbleibende Flüssigkeit, wenn Salze auskristallisieren. Sie enthält oft noch wertvolle Salze, die leichter löslich sind als die bereits kristallisierten. Mit Mutterlauge wurden viele Experimente und brauchbare Entdeckungen gemacht, wie zum Beispiel Natron, Soda und Pottasche. Diese Stoffe sind in der Erzeugung von Papier, Kunststoff, Reinigungsmitteln und Siphonflaschen nicht mehr wegzudenken. Bekannterweise wird Pottasche (Kaliumkarbonat) auch zum Backen verwendet.

Salzgehalt in Seen und Meer

Neusiedlersee

Zu Beginn dieses Kapitels machen wir einen Blick zum »Meer der Wiener«, dem Neusiedlersee, Österreichs einzigem Steppensee. Der Neusiedlersee mit einer Salzkonzentration von 0,2 Prozent zählt nicht zu den Süßwasserseen, da sein Salzanteil doppelt so hoch ist wie in Süßwasser. Sein Wasser mit einem Mineralstoffgehalt von 2000 g/Kubikmeter ist mit Mineralwasser zu vergleichen. Einen höheren Salzgehalt weisen die benachbarten Seen im Seewinkel auf, wie zum Beispiel die Lange Lacke. Der Neusiedlersee wird hauptsächlich durch Niederschläge gespeist und nur zu einem geringen Anteil durch Flüsse. Abflüsse weist er keine auf, Wasserverlust erfolgt ausschließlich über die Verdunstung. Die im Untergrund des Seebeckens abgelagerten Salze des Neusiedlersees stammen aus der Eiszeit, als salzige Tethys-Sedimente von anderen Bodensätzen überdeckt wurden. Das Grundwasser sickert langsam durch die salzhaltige Schicht nach oben und reichert sich mit den vorhandenen Mineralien an, aus denen durch chemische Reaktionen die Salze des Neusiedlersees entstehen: Kochsalz (NaCl), Glaubersalz (Na_2SO_4), Bittersalz ($MgSO_4$) und als Hauptbestandteil Soda (Na_2CO_3).

Der hohe Sodaanteil ist der Namensgeber für den im Seewinkel liegenden Zicksee, denn im regionalen Sprachgebrauch wurde aus dem Ungarischen das Wort »szik« für Soda übernommen. Leider verlandeten in den letzten Jahrzehnten viele Lacken durch künstliche Entwässerungsgräben, die den Grundwasserspiegel senkte. Ein ökologisches Ungleichgewicht entsteht auch durch die Gewinnung von Soda und Glaubersalz aus den Böden und den Salzlacken.

Mittelmeer und Atlantik

Der Salzgehalt im Mittelmeer ist mit 3,8 Prozent etwas höher als im Atlantik. Der Unterschied bewegt sich in einem kleinen Bereich von ca. 0,3 Prozent. Der Hauptgrund für den höheren Wert im Mittelmeer ist die erhöhte Verdunstung des Wassers, was die Süßwasserzuflüsse und auch der Wasserzufluss durch die Straße von Gibraltar nicht ausgleichen können.

Im Atlantik ist der Salzgehalt höher als im Pazifik. Der Salzgehalt wird zudem immer geringer, je näher man den Polen kommt, da aufgrund geringerer Sonneneinstrahlung weniger Wasser verdunstet. Die höchsten Salzkonzentrationen findet man tendenziell in mittleren Breitengraden. Am Äquator wiederum vermindert sich der Salzgehalt aufgrund der starken Niederschläge.

Meere und Ozeane weltweit
Finnischer und Bottnischer Meerbusen: 0,1 Prozent
Ostsee: 0,8–1, 2 Prozent
Kieler Bucht: 1,5 Prozent
Schwarzes Meer: 1,7–1,8 Prozent
Pazifik: 3,45 Prozent
Indischer Ozean: 3,48 Prozent
Nordsee: 3–3,5 Prozent
Persischer Golf: 4 Prozent
Rotes Meer: 4 Prozent
Totes Meer, Meer des Salzes, Salzmeer: 28–30 Prozent
Assalsee in Dschibuti: knapp 35 Prozent
Kara-Bogas-Gol in Turkmenistan: bis zu 34 Prozent
Seen der antarktischen Trockentäler: bis zu 44 Prozent

Salzgewinnung einst und heute

Salzbecken oder Salzgärten

Das erste Verfahren zur Salzgewinnung wurde der Natur abgeschaut. Bei diesem natürlichen Vorgang verdunstet das Wasser an flachen Uferstellen und zurück bleibt Salz. Der Mensch legte flache, abgegrenzte Salzbecken (auch Salzgärten genannt) an und nützte Wind und Sonne zur Salzgewinnung aus Meerwasser. Auch heute noch wird diese Methode in klimatisch und geologisch geeigneten Gebieten angewandt. Für die globale Salzproduktion fällt dieser Anteil jedoch nicht ins Gewicht.

Salzhaltige Quellen

Regen und geschmolzener Schnee sickern durch das Gestein bis zu den Salzlagerstätten. Salz wird ausgelöst und fließt im Untergrund weiter, bis es an einer bestimmten Stelle als salzhaltiges Quellwasser austritt. Vor Jahrtausenden wurde in alpinen Regionen, aber auch in anderen Teilen der Welt Salz aus natürlichen Salzquellen gewonnen, die sich in der Nähe von Salzlagerstätten befanden. Die Menschen wurden damals über Tiere, die an der Quelle tranken, auf die Sole aufmerksam. Sie fingen die Sole auf und erhitzten sie, bis alles Wasser verdampft und nur noch das Salz übrig war.

Salz aus Torf

Bis zum 13. Jahrhundert wurde in Holland aus dem mit Meerwasser getränkten Torf Salz gewonnen. Der Torf wurde verbrannt und die übrig gebliebene Asche-Salz-Mischung in Wasser aufgelöst. Die Asche setzte sich ab und die Salzlösung wurde verkocht, bis nur noch das Salz übrig blieb. Diese Produktionsform musste aber aus geologischen Gründen Ende des 13. Jahrhunderts eingestellt werden.

Bergmännischer Abbau

Unter bergmännischem Abbau versteht man den Salzabbau in fester Form unter Tage. Funde beweisen, dass bereits 5000 v. Chr. (Jungsteinzeit) im Hallstätter Salzberg auf sehr einfache Weise Salz abgebaut wurde. In der Bronzezeit begann der bergmännische Abbau, wo Salz in der Nähe der Erdoberfläche zu finden war, wie zum Beispiel in Hallstatt. Die Bergleute gruben (eigentlich: ritzten) mit einfachsten Bronzewerkzeugen bis zur Salzschicht im Berg und brachten das Salzgestein in großen Brocken aus dem Berg. In Mitteleuropa erreichte der bergmännische Salzbergbau in der Hallstattzeit seine Blütezeit. Die bekanntesten und ergiebigsten Abbaustätten dieser Zeit sind Hallstatt und Dürrnberg.

Nasser Abbau

Ab dem 13. Jahrhundert finden sich in Chroniken wieder Hinweise auf die Salzproduktion im österreichischen Raum. Eine neue Technologie der Salzgewinnung, der nasse Abbau, löste die herkömmliche beschwerliche Methode ab. Wasser wurde in die im Berg geschaffenen Laugkammern geleitet, Salz löste sich auf und das Gestein sank ab. Dieser Prozess wird als Laugverfahren bezeichnet. Sobald die Sole die richtige Salzkonzentration hatte, floss sie durch Rohrleitungen zu den Sudhäusern, wo sie so lange erhitzt wurde, bis das reine Salz übrig blieb. Nach dem Ableiten der Sole wurde wieder Wasser in die Laugkammern gefüllt. Dieser Ablauf wiederholte sich immer wieder. Zwei Vorteile bot dieses Verfahren: Einerseits wurde die Arbeit der Bergmänner erleichtert, weil sie das Salz nicht aus dem Berg graben und hinausbefördern mussten. Andererseits erfolgte auf relativ einfache Art die Trennung des Salzes von den wasserunlöslichen Stoffen.

Bohrlochsondentechnik

Im Lauf der Zeit verbesserten technische Entwicklungen weitere Arbeitsprozesse im Salzbergbau, was sehr oft mit Reduzierung der Arbeitskräfte einherging. Heute wird das Laugverfahren prinzipiell immer noch angewendet, jedoch mit der Zeit angepasster computergesteuerter Technologie, der Bohrlochsondentechnik. Die Effizienz erhöhte sich und die Arbeitsbelastung für die Bergmänner verringerte sich deutlich.

Mythologie und Brauchtum

Salz war immer schon und ist auch heute noch Symbol des Lebens, des Glücks, des Reichtums und der Gesundheit. Unzählige Riten und Bräuche beweisen, dass für die Menschen seit jeher das Salz einen hohen Stellenwert im Alltag und im religiösen Verhalten darstellt. Salz spielte in allen Kulturen und Religionen, aber auch im Volksglauben eine wichtige Rolle. Die dem Salz zugesprochenen Eigenschaften waren vielzählig: nützlich, bewahrend, reinigend, Schutz vor bösen Wesen, Dank an höhere Mächte, heilkräftig und belebend. Salz war aber auch Zeichen für anständiges zwischenmenschliches Verhalten, symbolisierte Freundschaft und Treue. Teilte man Salz mit anderen, war man bereit, sein Glück zu teilen.

Warum hatte Salz bis ins 20. Jahrhundert hinein einen so hohen Stellenwert? Der Hauptgrund war sicherlich, dass es lebensnotwendig für einen funktionierenden Stoffwechsel von Mensch und Tier ist. Außerdem war Salz in früheren Zeiten nicht überall leicht verfügbar und deshalb ein kostbares und nicht für alle erschwingliches Gut, mit dem man sorgsam umging. Daraus resultieren der hohe Wert und alle ihm zugesprochenen lebenserhaltenden und reinigenden Eigenschaften, auch seine heilige Kraft.

Für manche Völker war es ein Geschenk der Götter und Opfergaben wurden mit Salz besiegelt. Von der Antike bis in die Neuzeit, im Christentum und in anderen Religionen wurden dem Salz Wertschätzung, Verehrung und Ehrfurcht entgegengebracht.

Salz stand immer für das Gute. In der Antike war es in der Volksheilkunde wegen des ihm zugesprochenen heilenden Effekts unentbehrlich. Im Volksglauben fanden sich Bräuche, bei denen Salz seine Nützlichkeit nicht nur mit höheren guten Mächten bewies, sondern es wurde auch zur Vertreibung des Teufels, böser Geister oder Hexen verwendet. Böse Wesen und Salz passten nicht zusammen, weil Salz eine reinigende, belebende Kraft in sich trägt. Besonders der Teufel verachtete Salz, und deshalb wurden Menschen, die sparsam mit Salz umgingen oder keines verwendeten, mit dem Bösen, dem Teufel, in Verbindung gebracht.

Um sich beschützt und sicher zu fühlen, entstanden Volksbräuche, wie beispielsweise »Salz ums Haus streuen schützt die Bewohner vor Bösem«. Konnte jemand Salz verschenken, so schenkte er Glück und Gesundheit. Uns allen ist aber auch bekannt, dass verschüttetes Salz Unglück oder Streit bringt. Dieses Thema findet sich auf dem Gemälde »Das letzte Abendmahl« von Leonardo da Vinci. Das umgestoßene Salzfass neben der rechten Hand des Judas weist auf das nachfolgende unheilvolle Ereignis hin.

Bei den Freimaurern gehörte Salz neben Schwefel und Quecksilber zu den Grundprinzipien.

Heute noch begleiten uns viele Bräuche oder Sinnsprüche in unserem Alltag, obwohl die Wertschätzung für Salz wesentlich geringer wurde. Wir kennen alle die Redewendung »Wenn das Essen versalzen ist, ist der Koch oder die Köchin verliebt«.

Der hohe Wert und der achtsame Umgang mit Salz gingen ab Mitte des letzten Jahrhunderts in den Industriestaaten verloren. Salz war als Industrieprodukt preislich erschwinglich und immer verfügbar. Überfluss senkt Wert und Achtung – so passierte es auch mit dem Salz. Viele Bräuche gerieten in Vergessenheit, nur wenige werden noch von der Landbevölkerung gepflegt und praktiziert. Eine Steigerung der Wertigkeit trat im letzten Jahrzehnt durch die öffentliche Auseinandersetzung mit Natursalz ein.

Durch die Zeit und durch viele Länder ziehen sich drei Grundwerte des Salzes: Schutz, Reinigung und Heilung:

Schutz

Zum Schutz und zur Abwehr verwendeten bereits die Griechen und Römer Salzwasser als Weihwasser. In unseren Breiten wurde bei allen wichtigen Anlässen des Lebens (Geburt, Taufe, Hochzeit, Reise, Tod, Hausbau etc.) Salz ins Geschehen miteinbezogen. Bevor ein junges Ehepaar in das neue Haus einzog, wurden die Räume mit Salz ausgestreut, um die bösen Geister zu vertreiben. Es war Garant für Glück und Reichtum.

Seit dem 17. Jahrhundert ist die hl. Barbara in manchen Bergbauregionen die Schutzpatronin der Bergleute. Ihr zu Ehren wurden Kapellen gebaut und Messen gefeiert, wie am 4. Dezember in der Barbarakapelle im Bergwerk Altaussee.

Reinigung
Zum Auflösen bestehender Schwierigkeiten, von Streit, Unruhe, Ängste, Sorgen oder um verstorbene Seelen aus ihrer irdischen Verhaftung zu befreien, wurde Salz als Hilfsmittel eingesetzt.

Heilung
Da Salz die Eigenschaft hat, Totes vor Zerfall und Verwesung zu bewahren, wurde ihm besondere lebensspendende Kraft zugeschrieben. Für die Germanen war es göttlich, denn sie sahen im Salz die Verbindung von Feuer und Wasser. Im Mittelalter war Salz durch den Taufritus der Übermittler göttlichen Segens. Der gute Ruf als generelles Heilmittel bei innerlichen und äußerlichen Beschwerden war im Volk seit jeher verankert.

Salz im christlichen Glauben

Im christlichen Glauben hat Salz ein weites Bedeutungsfeld, es wird in verschiedenster Auslegung symbolisch verwendet. Es steht für Langlebigkeit und Beständigkeit, für Wahrheit und Weisheit. Im Alten Testament wurde das Bündnis zwischen Gott und den Juden mit Salz besiegelt. Salz war ein wichtiger Bestandteil jedes Speiseopfers und durch Essen von Salz wurde ein Vertrag oder ein Bündnis besiegelt. Im 3. Buch Mose (3 Mos 2,13) liest man: »Jedes deiner Speiseopfer musst du salzen; du darfst das Salz des Bundes mit deinem Gott bei deinem Speiseopfer nicht fehlen lassen; allen deinen Speiseopfern musst du Salz hinzufügen.«

Doch Salz brachte nicht nur Heil und Leben, sondern konnte sogar Katastrophen herbeiführen. Salz bekommt hier den Charakter von Gericht und Vernichtung, was zu Reinigung führt. Eine sehr bekannte Stelle in der Genesis (1. Buch Mose) erzählt von Lots Frau, die zur Salzsäule erstarrte, weil sie ein Verbot missachtete. Mit Salz wurde auch das Land besiegter Völker bestreut, um die Erde unfruchtbar (»rein«) zu machen.

Auch im Neuen Testament wird Salz häufig als Sinnbild eingesetzt. Jesus verwendete oft Gleichnisse mit Salz, und bei den Evangelisten Markus, Matthäus und Lukas ist der symbolische Gebrauch immer wieder anzutreffen. Am bekanntesten ist Jesus Ausspruch in der Bergpredigt über seine Jünger, dass sie das »Salz der Erde« seien (Evangelium nach Matthäus 5,13). Damit drückt Jesus die Wichtigkeit seiner Jünger für die Vermittlung des Glaubens aus, denn so wie der Mensch nicht ohne Salz leben kann, kann er auch ohne Glauben nicht leben.

Im Evangelium nach Markus 9,49-50 können wir lesen: »Denn ein jeder wird mit Feuer gesalzen werden und jedes Opfer wird mit Salz gesalzen werden. Wertvoll ist das Salz, wenn aber das Salz salzlos wird, womit werdet ihr es würzen? Habt

Salz in euch und habt Frieden untereinander!« Diese Beispiele könnten noch um viele erweitert werden.

Das Weihwasser ist mit Salz gereinigtes Wasser und hat seinen Ursprung im Brauchtum der Antike. Salz und Wasser stehen für Leben, Reinigung und Rettung. Wasser und Salz werden durch den Segen des Priesters zu Weihwasser. Der reinigende Charakter des Salzes beseitigt die bösen Mächte. Weihwasser ist in der katholischen Kirche ein Segenszeichen. Bis zur Liturgiereform im 20. Jahrhundert war das Weihwasser mit gesegnetem Salz und Salböl gemischt.

Bräuche bei anderen Völkern und zu anderen Zeiten

Bei den Griechen war Salz göttlich und durfte bei keiner Opfergabe fehlen, da es Dankbarkeit gegenüber den Göttern ausdrückte. Homer bezeichnete Salz als »göttlichen« Stoff und Platon schrieb, dass die Götter Salz besonders wertschätzten. Ähnliches erfahren wir bei den Römern, sie streuten Salz ins Opferfeuer.

Bei den Juden hat Salz mehrere Wertigkeiten: es bringt Segen, reinigt und ist die Basis jeden Lebens. Salz konnte aber auch zerstören, Böden unfruchtbar machen, ja ganze Länder vernichten. Der ewige Bund, der zwischen Gott und Israel geschlossen wurde, wird durch Salz symbolisiert. Die Juden behüten den Bund, indem sie Brot in Salz tauchen. Brot ist eine Gabe Gottes, Salz konserviert.

Freundschaften und Treue werden mit Salz besiegelt, und wird ein Haus neu bezogen, werden Brot und Salz mitgenommen.

So wie bei den Juden treten auch bei anderen Völkern Brot und Salz in Verbindung auf. Im Islam und bei den Juden werden Verträge mit Salz besiegelt. Bei den orthodoxen Juden gab es genaue Vorschriften, mit welchen Fingern das Salz angegriffen werden durfte.

In manchen Ländern Europas wurden Neugeborene mit Salz beschützt. Entweder wurde Salz in die Wiege des Säuglings gelegt, etwas Salz auf seine Zunge gestreut oder der Säugling wurde in Salzwasser getaucht. In Frankreich wurden Kinder bis zu ihrer Taufe mit Salz eingerieben, 1408 wurde der Brauch aufgehoben. Im Mittelalter wurde streng darauf geachtet, dass Salz bei Tisch niemals mit bloßen Händen angegriffen wurde, sondern mit der Messerspitze.

Ein walisischer Brauch: Brot und Salz werden auf den Sarg gelegt.

In Japan, wo man der Ansicht war, dass böse Wesen Salz verabscheuen, wurde vor jeder Theateraufführung Salz auf die Bühne gestreut, um Böses abzuwenden.

Salzabbau rund um die Welt

Heute verschüttet man mitunter achtlos Salz, früher galt es als das weiße Gold der Erde. Seit der prähistorischen Zeit hatten die Völker eine starke Verbundenheit und große Achtung vor Salz, da es lebensnotwendig und unverzichtbar, aber nicht überall leicht verfügbar war. Herrscher nutzten diese Unentbehrlichkeit aus, indem sie Salz mit Steuern belegten und in der angeeigneten Monopolstellung verkauften.

Für alle Staatskassen waren die Einnahmen durch Salzsteuern, den Verkauf und Transport sehr ergiebig. Manche Städte, Herrschaftsgebiete und Erzbistümer verdankten ihren Reichtum dem Salz. Nachweise gibt es, dass bereits 3000 v. Chr. in China die Menschen dem Kaiser unentgeltlich Salz liefern mussten. Mit der Salzbesteuerung ging es weiter bei den Ägyptern, den Römern, im Mittelalter bei den europäischen Herrschern und Erzbischöfen. Die Leidtragenden waren allemal die armen Bevölkerungsschichten, für die Salz durch Steuern und Zölle unerschwinglich – zu weißem Gold – wurde. Abhilfe konnten sich manche durch Salzquellen in der Umgebung ihrer Behausung schaffen. Eine Zeit lang ging das gut. Doch auch hier drehte der Herrscher, sobald er Kenntnis davon bekam, den Salzhahn zu.

Salz stand immer in Verbindung mit Reichtum und Macht. Bereits in vorchristlicher Zeit wurden Kriege wegen dieses unersetzlichen Minerals geführt, wie bei Historikern nachzulesen ist. Die erste urkundliche Erwähnung findet man bei Tacitus 58 v. Chr. Damals bekämpften sich zwei Germanenstämme wegen eines salzführenden Grenzflusses oder wegen Salzquellen entlang dieses Flusses. So genau lässt sich die tatsächliche Situation aus den Schriften des Tacitus nicht herauslesen. Im 10. Jahrhundert kämpften venezianische Truppen wegen des weißen Goldes. Der Salzstock von Taoudeni war für Marokko und Mali im 16. Jahrhundert die Ursache für ein heftiges Gefecht.

Besonders unheilvoll war ebenfalls im 16. Jahrhundert die Situation in Frankreich. Die Gabelle, die Salzsteuer, brachte dem Staat große Einnahmen und dem Volk, vor allem den Bauern, Elend und bewirkte einen Aufstand. In Indien löste Salz sogar eine Revolution aus.

Österreichische Herrscher reihten sich ebenso in diese unrühmliche Aufstellung ein. Im 13. Jahrhundert waren es der österreichische Herzog Albrecht I. und der Salzburger Erzbischof Konrad IV., die wegen eines Gebirgsstockes in Auseinandersetzungen gerieten. 1460 gab es innerhalb des Hauses Habsburg einen gröberen und längeren Zwist. Die Brüder Herzog Albrecht und Kaiser Friedrich III. gerieten wegen des Salzes aus dem Salzkammergut in Streit.

Ab dem 14. Jahrhundert spielte Salz in allen Ländern bei Kriegsvorbereitungen eine wichtige Rolle. Es musste genug Fleisch, Fisch und Salz vorhanden sein, um die Verpflegung der Soldaten für die langen Kriegszüge sicherzustellen. Und dann kam der Zeitpunkt, da Salz nicht nur friedlichen Zwecken diente, es wurde für die Herstellung von Schießpulver notwendig.

Von der Steinzeit in die Neuzeit

Salz gab und gibt es überall auf der Welt: von China bis Europa, Amerika, Afrika, ja sogar in der Wüste. Als die Menschen Salz noch nicht aus Quellen oder aus dem Berg gewannen, stillten sie ihren Salzbedarf durch Fleisch oder manche Völker durch tierisches Blut.

Da immer mehr umherziehende Völker in der Jüngeren Steinzeit sesshaft wurden, die Jäger immer seltener auf Jagd gingen, war es notwendig, Fleisch für die Bevorratung haltbar zu machen. Die Menschen fertigten die ersten Tongefäße an und schufen sich damit einen nützlichen Gegenstand zum Speisenkochen. Bekanntlich verändert Kochen den Geschmack und unsere prähistorischen Vorfahren erfassten sehr rasch, dass Salz die Speisen wohlschmeckender macht. Aber woher das Salz für den alltäglichen Gebrauch nehmen?

Sie beobachteten die Trinkgewohnheiten der Wildtiere und entdeckten salzwasserhaltige Quellen. Das Salz zum Leben und für die Haltbarmachung von Lebensmitteln war gefunden! Die Tongefäße zeigten nun auch für das Versieden von Salz aus Quellwasser ihre Nützlichkeit.

Die salzhaltigen Quellen im Binnenland lieferten unterschiedliche Mengen an Salz und je nach gewonnener Salzmenge entstanden kleine oder größere Städte.

Die Bewohner an den Meeresküsten hatten leichteren Zugang zu Salz, da das Meer ihr Lieferant war – und heute immer noch ist. Die Menschen sammelten das durch Verdunstung an flachen Küstenstellen getrocknete Salz. Später machten sie es der Natur nach und legten Salzgärten entlang den Küsten an, um auf einfachem Weg rasch viel Salz zu gewinnen. Noch heute – Tausende Jahre später – funktioniert diese Methode.

In der Antike (12.–8. Jahrhundert vor Chr.) hatte Salz bei den Griechen und Römern einen hohen Stellenwert, es bildete die Grundpfeiler ihrer Macht. Im alten Ägypten stand nur Pharaonen das Salz als Opfergabe zu. Die Sumerer und die Babylonier benutzten Salz zum Konservieren und Kochen. Die Phönizier (1200–900 v. Chr.), ein kluges und wirtschaftlich hoch entwickeltes Volk, belieferten den Norden mit Salz und Wein aus der Mittelmeerregion und tauschten es gegen kostbare Güter, wie Bernstein oder Pelze.

In Mitteleuropa wurde vor knapp 3000 Jahren in Hallstatt ein bahnbrechender Entwicklungsschritt in der Salzgeschichte gemacht. Auf der Suche nach dem Ursprung der Salzquellen begannen die Menschen im Gebirge zu schürfen, Stollen in den Berg zu graben und das Steinsalz zu brechen. Ab dem 8. Jahrhundert vor Chr. gab es bereits intensiven Salzbergbau in Hallstatt. Der kristalline Stoff gab einer ganzen Epoche den Namen: Hallstattzeit (800–450 vor Chr.).

Der Zusammenbruch des Römischen Reiches bedeutete vorerst auch ein Ende des Salzhandels in Noricum. Die Menschen waren auf das Salz der nahen Umgebung angewiesen. Sie kamen auf die Idee, Salz aus der Sole zu gewinnen. Dieser Prozess erforderte viel Wasser und Holz.

Im frühen Mittelalter erholte sich der Handel und Salz wurde mit Fuhrwerken auf Straßen befördert, die unter Schutz von Landesfürsten oder Burgherren standen. Der Schutz war notwendig, weil es immer wieder zu Überfällen und Raub kam. Die Schutzfunktion ließen sich die Herrschaften durch die »Salzsteuer«, die sich im Salzpreis niederschlug, abgelten, was so manch löchrig gewordenen Staatssäckel füllte. Städte, die an den Salzstraßen lagen, lebten recht gut vom Salz.

Im Mittelalter waren Salz, Reichtum und Macht eng miteinander verknüpft. Aufgrund der hohen Salzpreise war das Salz als Gewürzmittel nur bei den Adeligen auf dem Tisch zu finden. Salzgefäße wurden zu einem Statussymbol. Je nach Reichtum des Besitzers waren sie kunstvoll und aufwendig gearbeitet. Für die ärmere Bevölkerung war Salz nicht leistbar. Sie verwendete entweder Pflanzenasche oder griff auch gegen landesfürstliche Vorschriften auf die Erfahrungen ihrer Vorfahren zurück, aus Salzquellen das täglich benötigte Mittel zu gewinnen. Die Bauern handhabten die Salzgewinnung sehr unauffällig und mit untereinander abgesprochenem »Gebietsschutz«, d. h. jeder Bauer konnte die ihm nächstgelegene Quelle nutzen. In der warmen Jahreszeit wurde Salz auf Vorrat gesiedet, um während des Winters ausreichend versorgt zu sein, wenn Schnee und Eis die Quellen unzugänglich machten.

Bevor Kühlschrank und Konserven die Haltbarmachung erleichterten, war das Salz unentbehrlich. Salz war das erste und bis in die Neuzeit hinein einzige Konservierungsmittel für leicht verderbliche Lebensmittel, wie Fisch und Fleisch. Beides wurde auch durch Räuchern haltbar gemacht, was geringere Mengen an Salz erforderte, weil auch der Räuchervorgang zur Konservierung beitrug.

Soßen mit der Basis Fisch und Salz wurden länderspezifisch zubereitet. Die Haltbarmachung von Milch und Gemüse durch Salz ließ nicht lange auf sich warten. In fast allen Kulturen und Ländern, von China bis Frankreich, sticht besonders das Einsalzen von Kraut (Sauerkraut) hervor. In Frankreich hat Sauerkraut bis heute eine Gourmet-Stellung unter den Speisen.

Globalisierung ist nichts Neues unseres Jahrhunderts, schon vor 3000 Jahren handelten nah und weit entfernte Länder untereinander. Salz gehört zu den ältesten Handelsgütern und wurde über eigens entstandene Handelswege in alle Teile der Welt transportiert. Manche dieser Handelswege sind bis heute wichtige Verkehrsverbindungen. Als meist- und teuer gehandeltes Produkt wurde Salz gegen unterschiedlichste Waren, kostbare Edelsteine oder erlesene Gebrauchsgegenstände getauscht. Grabbeigaben bezeugen heute diese regen Handelsbeziehungen der historischen Völker untereinander.

In der Neuzeit wurde in den Ländern Europas weiterhin Salzsteuer eingehoben, die die Staatskassen recht gut füllte. Die Bevölkerung lehnte sich gegen die ständig steigende Steuer auf und Unruhen, wie in Frankreich, waren die Folge. Aber auch Staaten führten miteinander wegen des Salzes Krieg, zum Beispiel Bayern mit Österreich.

Im Lauf der Jahrhunderte änderten sich die Techniken der Salzgewinnung, vom Pumpsystem bis hin zum computergesteuerten Abbau in heutiger Zeit. Die Verwendungsmöglichkeiten von Salz zogen mit der allgemeinen Entwicklung mit. Sie reichen vom Einsatz in der chemischen Industrie bis hin zum nicht mehr wegzudenkenden Streusalz für Straßen im Winter.

Die Kelten

Die neuesten Forschungsergebnisse der Archäologen besagen, dass es keine eindeutigen Beweise für die Anwesenheit von Kelten in der Älteren Eisenzeit in der Region von Hallstatt gibt. Mit Sicherheit kann aber ein keltischer Einfluss auf die Kultur und Mode belegt werden.

Bevor die Römer ihr Reich nach Norden und die Germanen ihres nach Süden vergrößerten, besiedelten die Kelten ein weites Gebiet in Europa. Vor allem lebten sie im heutigen Süddeutschland, der Schweiz, Frankreich und Irland. Sie hatten kein eigenes Reich, sondern Stämme verteilten sich in verschiedenen Regionen Europas. Die Kelten gründeten Siedlungen und bedeutende Städte. Das Verbindende der einzelnen Stämme waren die Kultur und die Sprache.

Vom griechischen Wort »keltoi« ist »Kelten« abgeleitet, es bedeutet »tapfer, mächtig«. Die Römer wiederum bezeichneten dieses Volk als Gallier, was so viel wie »Salzvolk« bedeutete. Wir alle kennen die »Gallier« von den Geschichten über Asterix und Obelix. Unser heutiges Wissen über die Kelten ist sehr gering und stammt von römischen oder griechischen Geschichtsschreibern sowie von Ausgrabungen, da die Kelten keine schriftlichen Aufzeichnungen hinterließen.

Die Kelten waren in technischen und wirtschaftlichen Bereichen sehr revolutionär. Ihr wirtschaftliches Wissen war enorm und der Zeit weit voraus. Bei der Gewinnung von Gold, Silber und dem für sie wichtigsten Metall Eisen zeichneten sie sich ebenfalls aus. Bekannt war ihre handwerkliche Geschicklichkeit. Aus Eisen und Bronze wurden unterschiedlichste Geräte und Waffen gefertigt. Gefäße aus

Ton hatten tadellose Qualität und waren mit kunstvollen Mustern oder Figuren verziert.

Wahrscheinlich floss ihr fortschrittliches Wissen auch in die Salztechnologie ein, war doch Salz in prähistorischer Zeit ein wichtiger Rohstoff. Möglicherweise war dieses Mineral die Basis ihrer Macht und ihres florierenden Handels- und Wirtschaftslebens mit Siedlungsgebieten an wichtigen Abbauorten und Flüssen, welche den europaweiten Salzhandel ermöglichten. Sie tauschten das weiße Gold gegen brauchbare Alltags-, aber auch Luxusgüter.

In den alltäglichen Arbeitsbereichen standen die Kelten mit klugen Erfindungen nicht hintenan. Im Ackerbau arbeiteten sie bereits mit Düngung und Fruchtfolge auf den Feldern, um die Erträge zu vergrößern. Auch in der Mode waren sie federführend. So ist bekannt, dass besonders bei den Römerinnen eine große Nachfrage nach keltischer Frauenbekleidung bestand, die anscheinend die »Haute Couture« dieser Zeit war.

Die Römer und die Germanen verdrängten die Kelten, vereinnahmten deren Länder und nützten ihre Erfindungen und Salzbergwerke. Ob dies mit oder ohne kriegerische Auseinandersetzungen geschah, darüber herrscht in Dokumentationen Uneinigkeit. Lediglich in Wales und Irland konnten sich keltische Stämme halten, ihre Sprache ist gälisch.

Heute erinnert uns noch so manches an dieses hochbegabte Volk, wie zum Beispiel die Begriffe »den Wein keltern«, »Galionsfigur« oder auch das Wissen über Heilkräuter.

Römer und Venezianer

Im ausgedehnten Römischen Reich gab es genug Salzbergwerke sowie Meeressalz, um das Volk zu versorgen und weiträumigen Handel zu betreiben. Die Römer wussten, dass Salinen wichtig für ein machtvolles Imperium waren und sicherten sich Salzmonopole. Besonders Rom, Genua und Venedig entwickelten sich durch das geschäftstüchtige Agieren bei Produktion und Handel zu mächtigen und dominanten Städten. In sogenannten Teichketten wurde Salz aus Meerwasser gewonnen. Bei diesem System reihten sich mehrere Becken aneinander, wobei sich die Salzkonzentration von einem zum nächsten Becken erhöhte. Das Salz kristallisierte rascher und konnte schneller geschöpft werden als bei natürlicher, normaler Verdunstung.

Über ein weitläufiges Straßennetz, die »Via Salaria«, wurde Salz von spezialisierten Kaufleuten bis in die entferntesten Teile des Reiches vertrieben. Ein stabiler Preis und eine regelmäßige Versorgung waren grundlegend für die Wirtschaftlichkeit des Salzhandels. Das Produktions- und Beförderungssystem funktionierte einwandfrei und verlieh dem Römischen Reich Autorität und Stärke. Die Dominanz zeigte sich im Verbot der Salzlieferung an Feinde des Imperiums. Die alten Römer bewerteten Salz höher als Gold und benutzten Salz als Zahlungsmittel. Beamte und Soldaten erhielten täglich eine gewisse Ration Salz als Entlohnung. Davon leitet sich das noch heute in der französischen und Schweizer Sprache zu findende Wort »Salär« für Lohn, Gehalt ab.

Bis 200 v. Chr. gab es im Römischen Reich keine Salzsteuer, da für den Kaiser die Grundversorgung des Volkes mit dem lebensnotwendigen Salz vorrangig war. In Zeiten der Kriegsführung – sehr oft war Salz der Auslöser dafür – waren Preiserhöhungen bei Salz zur Finanzierung der Feldzüge gebräuchlich. Von einem Salzkrieg um 58 n. Chr. hat bereits der römische Historiker Tacitus (55–120 n. Chr.) berichtet.

Bei Tisch wurde immer Salz gereicht. Diese Sitte ging so weit, dass der Gastgeber als unfreundlich und suspekt galt, wenn Salz beim Essen fehlte. Das Wort »Salat« geht möglicherweise auf die Tatsache zurück, dass die Römer Gemüse salzten. Sie legten Oliven, allerlei Gemüse und Fisch in Salz ein. Damit der Fisch rasch nach dem Fang eingesalzen werden konnte, entstand die Salzindustrie sehr oft in der Nähe von Fischfanggebieten. Fischreste wurden schichtweise mit Salz in Fässern gelagert und zu Soßen (= garum) verarbeitet. Die entstandene Soße wurde nicht nur zum Essen, sondern auch für Heilzwecke verwendet.

Im 13. Jahrhundert verlegten sich die Venezianer auf den Salzhandel, da dieser ertragreicher als die Produktion war. Venedig wurde ein wichtiger Handelshafen. Die Gründung einer Salzbehörde für die Kontrolle des Salzhandels und die Preisgestaltung war unumgänglich. Die Nachfrage nach Salz aus Venedig war groß. Einige Städte verpflichteten sich sogar, Salz nur von Venedig zu kaufen. Um die große Nachfrage zu befriedigen, mussten ständig neue Salzquellen in Besitz genommen werden. Nicht selten kam es zu Seekämpfen mit anderen Salzproduzenten, denn Venedig wollte seine Vormachtstellung am Salzmarkt nicht einbüßen. Der erfolgreiche Salzhandel ermöglichte den Bau der wunderschönen Stadt Venedig mit all ihren prächtigen Gebäuden und Statuen.

Zu dieser Zeit herrschte eine strenge staatliche Salzpolitik, ähnlich jener in China. Es wird vermutet, dass die Familie Polo, einflussreiche Leute in Venedig, diese Politikform einführten, denn der bekannte Marco Polo bereiste angeblich im 13. Jahrhundert China, wo er viel Wissen über Salzproduktion, -handel und -kontrolle erwarb und in seine Heimat mitbrachte.

Deutschland

Die deutschen Salzlagerstätten entstanden vor ca. 250 Millionen Jahren im Zeitalter des Trias und Perms. In Nord- und Mitteldeutschland herrschten Steinsalzschichten vor, die im damaligen Zechsteinmeer abgelagert wurden. Im süddeutschen Raum (Bayern, Baden-Württemberg) treten zusätzlich natürliche Solevorkommen auf. Funde belegen, dass in manchen Gegenden bereits in der Latène-Zeit Salz gewonnen wurde. Der intensive Steinsalzabbau sowie die Nutzung der natürlichen Solequellen beginnen großteils im 19. Jahrhundert Im Mittelalter scheinen nur vereinzelt Salzproduktionsorte auf. Die Liste der aktiven, der bereits geschlossenen oder in den vergangenen Jahren mit anderen Funktionen bedachten deutschen Salzbergwerke und Salinen ist lang.

Das erste deutsche Steinsalzbergwerk wurde 1825 in **Schwäbisch Hall** (Baden-Württemberg) in Betrieb genommen. Die Geschichte der Salzgewinnung reicht hier bis in die Latène-Zeit zurück. Vom Mittelalter bis in die frühe Neuzeit war Salz die stärkste Wirtschaftskraft dieser Region. 1823 stieß man außerhalb der Stadt bei einer Bohrung auf ein großes Steinsalzlager. König Wilhelm I. von Württemberg (1781–1864) beauftragte, einen Schacht zu bauen. Bereits Ende 1824 konnten große Mengen an Salz abgebaut werden. In der Folge wurden alle notwendigen Werksgebäude zur Solegewinnung sowie eine Soleleitung zur Saline in Schwäbisch Hall errichtet, wo Speisesalz hergestellt wurde. Im Oktober 1825 erhielt das Bergwerk den Namen »Wilhelmsglück«.

Die Abbaumengen steigerten sich jährlich, sodass sogar ein zweiter Schacht angelegt werden musste. Allerdings veränderte sich nach dem Deutsch-Französischen Krieg (1870/71) die Werkssituation ins Negative, denn das Salzbergwerk Friedrichshall entpuppte sich immer mehr als Konkurrent. 1895 konnte Wilhelmsglück nochmals aufblühen, als in Friedrichshall Wasser in den Schacht drang. Das endgültige Aus kam 1900 mit der Inbetriebnahme des Salzbergwerks Kochendorf.

Nicht weit von Schwäbisch Hall entfernt wurde 1817 die staatlich württembergische **Saline Bad Friedrichshall** gegründet, um die natürlich vorkommende Sole zu verarbeiten. Bei Bohrungen stieß man jedoch nicht nur auf Solequellen, sondern in Jagstfeld in 150 Metern Tiefe überdies auf ein Steinsalzlager. Der Initiator für die Grabung eines Schachts zur Steinsalzgewinnung war auch hier König Wilhelm I. von Württemberg. 1819 musste schließlich das Vorhaben aufgrund von Wassereinbrüchen beendet werden, obwohl mit verschiedenen technischen Maßnahmen dagegen angekämpft wurde. Vorläufig ersetzte der Betrieb einer Saline die Absicht eines Schachtbaus. 1820 erhielt die Saline den Namen »Friedrichshall« nach dem Vater des Königs. Aufgegeben wurde das Projekt der Steinsalzgewinnung trotz der Fehlschläge nicht und 1854 wurde der Schacht im Kocherwald von kompetenten Bohrtechnikern in Angriff genommen. Anfänglich gingen die Arbeiten problemlos vonstatten. Doch schon 1855 mussten die Arbeiten abermals wegen Wassereinbrüchen abgebrochen werden, was jedoch nicht das definitive Ende bedeutete. Bei den wiederbegonnenen Bohrarbeiten wurden die Schicht- und Oberflächenwässer genau im Auge behalten und vorausblickend Maßnahmen zur Verhinderung von

Wassereinbrüchen gesetzt. Im Frühling 1858 stieß man auf das Salzlager und ein Jahr später konnte das Salzbergwerk nach behördlicher Genehmigung den Betrieb aufnehmen. Das Steinsalz wurde in der über Tage befindlichen Salzmühle gemahlen, deren Vergrößerung bereits 1868 unumgänglich war. Für den kostengünstigen Abtransport des Salzes war die Nähe des Neckars sehr dienlich.

Doch 1895 kam es leider erneut zu einem Wassereinbruch in Jagstfeld und innerhalb von einigen Wochen war die Grube mit Wasser gefüllt. Auch die Gebäude über Tage mussten sicherheitshalber abgerissen werden, da sich der Senkungsbereich rasch mit Wasser füllte und den heutigen Schachtsee bildete.

Trotz all dieser wiederkehrenden Katastrophen stand eine endgültige Aufgabe des Steinsalzabbaus in diesem Gebiet nicht zur Diskussion.

Bereits 1896 wurden in Kochendorf abermals Bohrungen mit umfangreich gesetzten Vorsichtsmaßnahmen zur Verhinderung von Wassereinbrüchen unternommen. 1901 war das **Steinsalzbergwerk in Kochendorf** fertiggestellt und bereits von Anbeginn konnten große Steinsalzmengen gefördert werden. Nach dem Zweiten Weltkrieg wurde eine eigene Salzmühle notwendig. Die Saline Bad Friedrichshall ist bis in die Gegenwart aktiv. Im Werk in Kochendorf, in dem bis 1994 Steinsalz gefördert wurde, werden die durch den Salzabbau geschaffenen Hohlräume mit nicht verwertbaren Abfallreststoffen gefüllt und somit die Sicherheitsmaßnahmen zur Verhinderung von Katastrophen erfüllt. Außerdem bietet es heute als modernes Besucherbergwerk die unterschiedlichsten Attraktionen und Sensationen, wie zum Beispiel einen Kristall- und Kuppelsaal. Eine Ausstellung zeigt die Nutzung während des Zweiten Weltkrieges für die Rüstungs- und Flugzeugproduktion sowie zur geschützten Lagerung wertvoller Kunstschätze.

Ein weiteres bis in die Gegenwart sehr produktives Steinsalzbergwerk ist das **Steinsalzbergwerk Heilbronn** in Baden-Württemberg. Die Geschichte dieses Werkes begann 1803, als von einem Fachmann die Vermutung angestellt wurde, dass das Salzlager des Neckartales bis unter die Stadt Heilbronn reichen müsste. Jahrzehntelang wurden weder von der Stadt noch von anderer Seite Bohrungen durchgeführt, um diese Vermutung zu bestätigen oder zu widerlegen. Erst 1879 konnten Bohrungen Steinsalzvorkommen nachweisen. Weitere folgten und 1885 wurde der erste Schacht in Heilbronn in Betrieb genommen. Das geförderte Steinsalz wurde in einer Mühle gemahlen und in einer Saline über Tage wurde Sole produziert. Es wurde unumgänglich, die Endprodukte mit anderen Salinen zu koordinieren. Heilbronn erzeugte weiterhin Industrie- und Speisesalz und reagierte auf die steigende Nachfrage mit der Erhöhung der Abbaumengen.

Als 1901 das Werk in Kochendorf seine Arbeit aufnahm, war das für Heilbronn deutlich spürbar. Der Absatz sank. Erst 1908 ging es wieder bergauf. In den

Dreißigerjahren des 20. Jahrhunderts brachte der Transport auf dem Neckar nicht nur logistische, sondern auch finanzielle Erleichterungen. Zusätzlich verbesserte erhöhter Steinsalzbedarf der chemischen Industrie das Werksergebnis. Allerdings änderte sich im Zweiten Weltkrieg der gute Firmenverlauf: Die Saline in Heilbronn wurde zerstört und nicht mehr aufgebaut. Das Bergwerk hingegen wurde nach dem Weltkrieg sukzessive modernisiert und 1972 musste sogar ein zweiter Schacht in Betrieb genommen werden. Im Oktober 1984 glückte die unterirdische Verbindung von Heilbronn nach Kochendorf. Der positive Geschäftsgang in beiden Schächten machte Anfang des 21. Jahrhunderts einen dritten Schacht notwendig, um für die Zukunft bestens gerüstet zu sein. Seit mehr als 130 Jahren wird im Steinsalzbergwerk Heilbronn Steinsalz für die Verarbeitung zu Industrie-, Gewerbe- und Speisesalz gefördert, des Weiteren wird auch Siedesalz für die Saline in Bad Friedrichshall produziert.

Das **Salzbergwerk Stetten**, ebenfalls in Baden-Württemberg, zählt zu den ältesten Steinsalzbergwerken Deutschlands. Es ist heute ein modernes Werk für die Industrie- und Streusalzproduktion.

Der Preußenkönig Wilhelm IV. erteilte 1852 den Auftrag, nach mineralhaltigen Bodenschätzen im Gebiet von Stetten zu bohren. Im Frühjahr 1853 stieß man südlich von Stetten auf Steinsalzschichten. Als sich der Abbau als lohnend erwies, wurden an zentraler Stelle eine Schachtanlage und die dazugehörenden Betriebsgebäude gebaut. Nach anfänglichen Hindernissen, wie Grubenwasser und auftretende Kohlensäure, konnte 1854 mit der Förderung von Steinsalz zur Verwendung als Speise- und Viehsalz begonnen werden.

Bis Mitte des 20. Jahrhunderts veränderten allerlei technische Errungenschaften die Arbeitsabläufe, aber auch die Arbeitsbedingungen für die Bergmänner. 1960 wurde ausschließlich auf die Produktion von Industriesalz umgestellt. Der laufend steigende Salzbedarf machte abermals Modernisierungen und sogar den Bau eines zweiten Schachts notwendig, der 1968 seine Arbeit aufnehmen konnte. Seit 1858 war parallel zum Abbau des Steinsalzes auch eine Saline in Betrieb. 16 Jahre später mussten eine zweite Siedepfanne aufgestellt und die allgemeinen Salinenbauten erweitert werden, um die starke Nachfrage befriedigen zu können. Mitte des 20. Jahrhunderts wurde die Saline stillgelegt. Ein weiteres Produkt des Salzwerks Stetten war ab 1858 die sogenannte »Hallerde«, die als Düngemittel vor der Zeit des Kalidüngers sehr gefragt war. 1924 endete dieser Abbau. Die noch bestehenden alten Bauten des Salzbergwerks zeigen uns heute die Harmonie zwischen Bauweise und Landschaft und sind für die Geschichte der Salzförderung bedeutungsvoll.

Etwas nördlicher, im Bundesland Niedersachsen, liegt am Rand der Lüneburger Heide **Lüneburg**, das bis 1980 eine bedeutende Salzstadt im Norden Deutschlands war. Vor mehr als 1000 Jahren wurde ein Salzstock im Bereich der heutigen Altstadt entdeckt. Sein Salz wurde ausgelaugt und die Sole in der nahen Saline in Pfannen gesiedet. Bis ins 20. Jahrhundert hinein bestimmte Salz das Leben der Stadt und brachte Reichtum, verbunden mit Macht.

Besonders im Mittelalter profitierte Lüneburg von der Saline, was heute noch viele Bauten erzählen. Allerdings bewirkte die permanente Solegewinnung über Jahrhunderte eine Senkung im Altstadtteil, der zwischen Salzberg und Saline liegt. Anfänglich mussten Kirchen und Häuser aus Sicherheitsgründen abgerissen werden. Schlussendlich war 1980 eine Schließung der Saline aus Sicherheits- und auch Kostengründen unumgänglich. In kleinen Mengen wird noch Sole für den ansässigen Kurbetrieb gewonnen. Heute beherbergt Lüneburg, das in den Kriegen kaum beschädigt wurde, das Deutsche Salzmuseum. Hier lebt die salzige Vergangenheit nicht nur von Lüneburg weiter.

Ebenfalls in Niedersachsen, südlich von Lüneburg, befindet sich das bis heute aktive **Steinsalzbergwerk Braunschweig-Lüneburg** bei Grasleben, dessen Hauptprodukt nach wie vor Speisesalz ist. Bei Bohrarbeiten nach Kalivorkommen – Kalisalz war und ist als Düngemittel sehr gefragt – stieß man 1921 in der Schachtanlage Grasleben auf Steinsalz. Da es sich um qualitativ hochwertiges Kristallsalz handelte, wurde es das Hauptprodukt des Werks und der Kaliabbau wurde eingestellt. Das abgebaute Salz wurde hauptsächlich für Speisesalz und ein kleiner Teil für Industriezwecke verwendet. Der ständig zunehmende Steinsalzabbau erforderte die Errichtung notwendiger Produktionsstätten – von der Mühle bis hin zu Verpackungsgebäuden.

Der Zweite Weltkrieg beeinträchtigte die Werksarbeit. Nach dem Krieg bemühte man sich, die Kaliförderung wieder in Schwung zu bringen. Jedoch glückte das nicht, da die Qualität des Minerals nicht den Ansprüchen der Abnehmer entsprach. Die Kali-Erzeugung wurde 1953 beendet und der Steinsalzabbau wieder aufgenommen. Modernisierungsmaßnahmen waren erforderlich und wurden sukzessive durchgeführt. Im April 1959 wurden die Anlagen über Tage durch einen Brand großteils vernichtet. Nach anfänglichen Überlegungen, den Betrieb stillzulegen, entschied man sich doch für die Fortführung. Einen Monat später konnte bereits wieder Steinsalz gefördert und vertrieben werden. Im Laufe der kommenden Jahre erfolgten Verbesserungen bei Arbeitsprozessen und technischen Einrichtungen, um den modernen Anforderungen gerecht zu werden.

In Niedersachsen findet man heute noch neben den Steinsalzbergwerken die einzige aktive Pfannensaline Europas: die **Saline Luisenhall** in Grone. Beharrlich wird hier auf traditionelle Weise gesättigte Sole aus mehr als 400 Metern Tiefe gefördert, über Tage in Pfannen gesiedet und das kristallisierte und für seine Qualität bekannte Salz abgezogen.

1851 wurde in Grone, einem Stadtteil von Göttingen in Niedersachsen, mit Bohrarbeiten begonnen, weil es für den Geologen Philipp Rohns offensichtlich war, dass es an dieser Stelle Steinsalz gäbe. 1853 stieß man auf eine Steinsalzader sowie auf Sole, deren Sättigung für die sofortige Versiedung in Pfannen optimal war. Ein Jahr später war es bereits möglich, der permanenten Nachfrage nach Sole für den nahe liegenden Badebetrieb nachzukommen. Doch Rohns hatte sich mit der Gründung finanziell übernommen und musste den Betrieb an die Familie Laporte verkaufen. Nun erhielt die Saline den Vornamen der Mutter des Besitzers. Leider zehrte eine Katastrophe die Geldmittel rasch auf, und es folgten weitere Besitzerwechsel. Endlich rechneten sich die Investitionen und der Betrieb florierte. Gegen Ende des 19. Jahrhunderts erhielt die Saline sogar einen Bahnanschluss, was den Salztransport und die Anlieferung nötiger Betriebsmittel immens erleichterte. Während der beiden Weltkriege erschwerten sich für die Nachfolger die Geschäfts- und Produktionsbedingungen. Erst in der zweiten Hälfte des 20. Jahrhunderts konnten wieder Investitionen getätigt werden und die ideale Unternehmensform mit kompetenter Führung festigte sich.

Im Bundesland Nordrhein-Westfalen ist heute lediglich ein Steinsalzbergwerk in Betrieb. Nahe der Grenze zu den Niederlanden befindet sich das **Steinsalzbergwerk Borth**, wo 1897 erstmals bei einer Bohrung Steinsalz gefunden wurde. Seine Geschichte weist zahlreiche mehr oder weniger profitable Bohrungen, einige Katastrophen, verschiedenste Bohrtechniken, Inhaberwechsel, aber auch immer wieder durchgeführte Modernisierungsmaßnahmen und architektonisch interessante Betriebsbauten auf. Oftmals kam es zu Wassereinbrüchen, was aber niemals zur Aufgabe führte.

Im Zweiten Weltkrieg wurden viele der Werksbauten beschädigt, die danach nicht nur instand gesetzt, sondern teilweise auch merklich erweitert wurden. Hervorzuheben ist, dass die neuen Gebäude architektonisch gut an die bestehenden früherer Jahrzehnte angepasst wurden und somit die gesamte Anlage ein harmonisches Ensemble bildet. Seit 1964 wird in der zum Salzbergwerk gehörenden Saline aus dem geförderten Steinsalz in sehr ökologischer und energieeffizienter Technik Siedesalz gewonnen. Heute ist das Werk Borth ein wichtiges Unternehmen für die Region. Sein Salz findet hauptsächlich für Wasserenthärtung, weiters in der Pharmazie, Kosmetik und in der chemischen Industrie sowie ein Teil als Speisesalz Verwendung.

Im Bundesland Bayern sind die Saline Bad Reichenhall und das **Salzbergwerk Berchtesgaden** eng miteinander verknüpft, jedoch beide in verschiedenster Weise aktiv. Im Salzbergwerk Berchtesgaden wird seit Anbeginn das Salz im nassen Abbau gewonnen, das heißt im Berg wird das Salz durch Wasser herausgelöst und die entstandene Sole wurde und wird zu Salinen weiterbefördert und dort verarbeitet. Anfänglich floss die Sole zur Saline Schellenberg, später nach Frauenreuth und ab 1817 nach Bad Reichenhall, wo die Sole heute noch verarbeitet wird.

Bereits im 12. Jahrhundert wird über Salzbergbau in Berchtesgaden berichtet. 1517 wurde mit dem Betrieb des bis heute aktiven Salzbergwerkes durch den Fürstprobst Gregor Rainer begonnen. In den folgenden Jahrhunderten wiesen die Salzbergwerke von Berchtesgaden und Dürrnberg/Hallein samt dem Erzbistum Salzburg immer wieder eine gemeinsame friedliche Geschichte auf, aber auch mehr oder weniger konfliktreiche Situationen. Im 16. Jahrhundert gab es zwischen dem bayerischen Herzog Maximilian I. und dem Salzburger Erzbischof teilweise heftige Differenzen, die die Abbau- und Wegerechte sowie fixe Abnahmemengen des Halleiner Salzes durch die Bayern betrafen. Als Gewinner ging letztlich Maximilian hervor.

Anfang des 19. Jahrhunderts wechselten die Herrscher über das Berchtesgadener Land. Erst fiel es gemeinsam mit Salzburg an Österreich, 1810 schließlich an das Königreich Bayern, wo es verblieb. Der Königlich Bayerische Salinenrat übernahm die Geschäfte des Salzbergwerkes und wurde mit dem Bau einer Soleleitung von Berchtesgaden nach Reichenhall beauftragt. 1817 war die Leitung aus Holzrohren fertig. Zur Überwindung der geologischen Gegebenheiten wurden für die damalige Zeit fortschrittliche Pumpen eingesetzt. Bis 1927 konnte diese Leitung genutzt werden, was ihre wohldurchdachte Konstruktion bestätigt. Heute ist die Trasse der Soleleitung ein beliebter Wanderweg. Für interessierte – jedoch auserlesene – Personen wurde ab 1816 eine Besichtigung des Bergwerkes ermöglicht. Einige Jahrzehnte später war es jedermann gestattet, das Leben im Berg kennenzulernen. 2007 erfolgte die Eröffnung eines eindrucksvollen Erlebniszentrums im Bergwerk. Eine Reise durch das Bergwerk führt durch außergewöhnliche Stationen, miteingeschlossen sind auch die beliebten Rutschen oder eine Fahrt über den unterirdischen See. Zusätzlich können private Feiern oder Veranstaltungen im Berg abgehalten werden und das wohltuende Klima eines Heilstollens hilft bei verschiedenen Erkrankungen.

In den 1970er-Jahren brachten technische Erneuerungen im Salzbergwerk merkliche Produktionssteigerungen. Heute wird mit modernster Technologie Sole produziert, die in der Saline Bad Reichenhall verarbeitet wird.

Die Geschichte der **Saline Bad Reichenhall** reicht feststellbar aufgrund eines archäologischen Fundstücks bis in die Bronzezeit zurück. Dieses Exemplar belegt, dass in diesem Gebiet schon seit mehr als 2000 Jahren Solequellen genutzt werden. Den ersten schriftlichen Hinweis für Salzsiederei findet man im 7. Jahrhundert, als der Bayernherzog Theodo II. dem Bischof Rupertus von Salzburg Siedestätten und Anteile an den Solequellen schenkte. In den folgenden Jahren gab es immer wieder Konflikte um Ansprüche unter den ständig wechselnden Besitzern. Im 15. Jahrhundert kehrte Ruhe ein, als die beiden Herzöge Georg der Reiche und Albrecht IV. den Siedebetrieb übernahmen und technische Verbesserungen durchführten. Daraufhin entwickelte sich die Salzproduktion sehr gut. Ein wunder Punkt wurde das immer knapper werdende Brennholz für den Siedeprozess. Das war 1617 der Anstoß für den Bau einer Holzleitung nach Traunstein, um hier die Sole zu sieden, wo es noch genug Holz gab. Im 18. Jahrhundert gelang es Kurfürst Karl Theodor, das Brennholzproblem mit neuen Technologien zu lösen. 1834 zerstörte ein Großbrand in der Stadt auch viele Anlagen der Saline. König Ludwig I. ließ die Saline wiederherstellen.

1926 wurde eine Saline nach der neuesten Technik gebaut, die die Erträge steigern konnte. In der alten Saline entstand ein Salzmuseum. Ab 1975 bis ins 21. Jahrhundert hinein wurden laufend technologische Innovationen in den Betriebsanlagen der Saline durchgeführt. Die Folgen davon waren einerseits Produktionssteigerung und andererseits Vergrößerung des Sortiments, angepasst an die Erfordernisse des Marktes. 1950 wurde erstmals jodiertes Speisesalz angeboten, 1992 kam zusätzlich Fluorid in das Speisesalz und 2002 wurde noch Vitamin B zugesetzt.

Nach wie vor wird in Bad Reichenhall nicht nur die örtliche Sole, sondern auch jene von Berchtesgaden verarbeitet.

Erwähnenswert ist auch die nordwestlich von Berchtesgaden liegende **Saline Rosenheim**, die 1810 den Betrieb aufnahm. Anfänglich wurde hier mehr Sole produziert als in Reichenhall. In der Mitte des 19. Jahrhunderts waren aufgrund des guten Geschäftsganges Erweiterungen der Betriebsgebäude, aber auch der Wohnstätten für die Bergleute und deren Familien erforderlich. Zu Beginn des 20. Jahrhunderts war der Produktionsumfang sehr groß. Er ließ sich aber in den folgenden Jahrzehnten nicht halten und 1958 musste die Saline geschlossen werden.

Die Schließung einer Saline oder eines Salzbergwerkes bedeutete nicht immer das endgültige Ende der Produktionsstätte. Einige der nicht aktiven Standorte erhielten mehr oder weniger mit der ursprünglichen Nutzung verbundene Funktionen, sei es als Schaubergwerk oder Veranstaltungsort. Das oberste Gebot jedes Bergwerkbetreibers war und ist, die im Laufe der Jahrhunderte durch den Salzabbau oder durch die Auslösung des Salzes aus dem Gestein entstandenen Kavernen aufzufüllen, um Katastrophen durch Senkungen oder Einstürze zu verhindern.

In prähistorischer Zeit bis ins vergangene Jahrhundert hinein erfolgten die Vorsichtsmaßnahmen mit sogenanntem Betriebsabfall oder sonstigem harmlosem, natürlichem Füllmaterial. Seit Mitte des letzten Jahrhunderts gehen die Überlegungen in eine fatale Richtung, denn manche Salzbergwerke sollen für die Deponierung radioaktiver Abfälle verwendet werden.

Atommüll-Endlagerung ist global ein brisantes Thema, dessen der Mensch nicht Herr wird, weil die Bedrohung nie endet und es die absolut sichere Endlagerung noch nicht gibt. Trotzdem werden weiterhin weltweit Atomkraftwerke gebaut. Seit Jahrzehnten wird nuklearer Müll von Land zu Land verschoben, im Meer versenkt oder oberirdisch in Fässern in speziellen Hallen gelagert. Eigentlich sind das fahrlässige Lösungen für dieses gefährliche Material.

In Deutschland sind der Salzstock in **Gorleben** sowie andere Bergwerke geplante Endlager für den hochgefährlichen Abfall, jedoch sind noch viele geologische Unsicherheiten gegeben. Kosten- und zeitintensive Forschungen und Prüfungen sind im Gange, um die vielen Fragen für eine sichere Deponie zu beantworten. Unbekannt ist, wie ein Salzstock auf Erdbeben reagiert oder ob es Wassereinbrüche oder Erdgasentwicklung geben könnte. Ein weiteres Problem ist die Reaktion des Salzes auf die extreme Hitze des hochradioaktiven Mülls. Mit der Eigenschaft der Plastizität kommt das Salz diesen teuren Forschungen entgegen. Da Salz ein »fließendes« Mineral ist, würde es die Atommüllbehälter umschließen und schützen. Doch kein Vorteil, wo nicht auch ein Nachteil ist: In diesem Falle könnte das gefährliche Material nicht mehr aus dem Berg geholt werden, sollte sich eine bessere Lagermöglichkeit auftun. Versuche zeigten, dass Salz die Strahlung des Mülls aufnimmt, was zum Beispiel bei Kobalt eine dunkelblaue Verfärbung des Salzes sichtbar macht. Zahlreiche Problemstellungen müssen noch abgearbeitet werden, damit Umwelt und Menschen frei von Schäden bleiben.

Jedoch nicht nur der nukleare Abfall macht bei der Entsorgung Kopfzerbrechen, sondern auch Giftmüll aus Industrie, Forschung und Haushalten. Die Menge übertrifft jene des Atommülls. Auch für dieses Thema werden Salzstöcke herangezogen.

Es ist besorgniserregend, dass seit Jahrzehnten weltweit Abfall entsteht, den der Produzent Mensch nicht in den Griff bekommt. An dieser Stelle passt Goethes Gedicht »Der Zauberlehrling«. Der Zauberlehrling »Mensch« wird die Geister namens »Hochgefährlicher Müll« auf ewig nicht mehr los!

Frankreich

In Frankreich findet man zum ersten Mal bei den Basken im 7. Jahrhundert v. Chr. einen Hinweis auf Salzverwendung. Sie waren die ersten Walfänger und handelten im Mittelmeerraum mit gesalzenem Walfleisch. Später stießen sie bei ihren Fischfängen auf Kabeljau. Dieser wurde durch Einsalzen und Lufttrocknung steif, daher der Name »Stockfisch«.

Im 9. und 10. Jahrhundert kamen die Wikinger nach Frankreich. Sie waren im Mittelalter die »Straßenerbauer« der wichtigsten Handelsstraße von der Bretagne in den Norden, die noch in der Renaissance von großer Bedeutung war. Salz, das am Land- und Meerweg in andere Länder und auf Inseln gebracht wurde, wurde anfänglich in Verdunstungsbecken und später auch in Bergwerken gewonnen. Eine intelligente Methode, um das Verderben zu verhindern und mengenmäßig mehr Fische heimzubringen, geht auf die Wikinger zurück: Die Fischer fuhren mit Salz aufs Meer und kehrten mit gesalzenem Fisch zurück.

Die Salzsteuer (Gabelle), die im 13. Jahrhundert, ausgehend von Marseille, in immer mehr französischen Regionen eingeführt wurde und eine wichtige Einnahmequelle für den jeweiligen Herrscher war, hinterließ unangenehme Folgen. Jeder Bürger, ob arm oder reich, musste Salzsteuer zahlen, die von eigens dafür bestellten Steuereintreibern eingehoben wurde. Besonders hart traf es die Bauern, da sie viel Salz für ihr Vieh benötigten. Sehr oft kam es zu Kämpfen zwischen Eintreibern und Bevölkerung oder zwischen Inspektoren und Schmugglern.

Der nächste Zwang folgte im 17. Jahrhundert. Die Bürger wurden verpflichtet, pro Person und Jahr eine bestimmte vom Staat gesetzlich festgelegte Menge Salz zu kaufen, die weit größer war, als ein normaler Haushalt verwenden konnte. Es war streng verboten, mit dem Salz Lebensmittel einzusalzen und diese dann zu verkaufen. Diese Gesetze öffneten dem Salzschmuggel Tür und Tor, aber auch Aufstände, die teilweise brutal beendet wurden, waren Abwehrmechanismen der Bevölkerung.

Erst die Französische Revolution kippte die Gabelle. Die Salzsteuer wurde aufgehoben, bis Napoleon sie in kleinerem Ausmaß wieder einführte, weil er Geld für Kriegsführung und Herrscherleben benötigte.

Jede Region in Frankreich produzierte anders aussehendes Salz. Je nach Farbe und Körnigkeit wurde es zum Einsalzen für Fische oder Gemüse verwendet. Einige Salzsorten sind heute noch bekannt und begehrt, wie zum Beispiel das Baysalz, Fleur de Sel, Graues Salz (siehe Kapitel »Die zahlreichen Arten von Salz«). Das Baysalz, benannt nach dem Fundort Baie de Bourgneuf an der französischen Atlantikküste, wurde durch Sonnenverdunstung aus Meersalz gewonnen. Es war großkörnig und nicht reinweiß, aber es war preiswert für die Ärmeren. Wohlhabende Familien verwendeten Baysalz zum Pökeln und das weiße Salz, das teurer war, kam auf den Tisch.

Bei der Haltbarmachung von Gemüse muss das Sauerkraut erwähnt werden, das in Frankreich ab dem 16. Jahrhundert zu einem nationalen Gericht wurde und bei keinem festlichen Anlass fehlen durfte. Ebenso wie Salz und Salzfleisch wurde Sauerkraut zu einem wichtigen Exportartikel.

Eine weitere Salzverwendung ist unbedingt erwähnenswert: Frankreich war und ist bekannt für seine zahlreichen exquisiten Käsesorten. Im Land gab es genügend Milch von Kühen, Ziegen und Schafen sowie Salz. Die Ausgangsidee war die Haltbarmachung von Milch mit Salz, das Endprodukt war Käse. Die unterschiedlichen klimatischen Bedingungen und die vielfältigen Traditionen des Landes flossen in

Abb. 1: Die Welt der Salze ist artenreich.
Im Bild verschiedene Salzsorten im Überblick.

Abb. 2: Mittelgrobes Natursalz

Abb. 3: Salzsteine dienen zur Bereitung von Sole, die in verdünnter Form unterschiedlich eingesetzt werden kann, von Trinkkuren bis zur Haut- und Mundpflege.

Abb. 4: Ein Stück »Bergkern« (bergmännischer Fachausdruck für Steinsalz).

Abb. 5: Kleiner Salzbrocken

Abb. 6: Dieser stattliche Salzbrocken, der in den Salzwelten Hallstatt zu sehen ist, beeindruckt durch seine Größe und Farbe.

Abb. 7 und 8: Salz in Kristallform, das früher als »Königssalz« bezeichnet wurde, entstand durch langsames, regelmäßiges inneres Wachstum der Natrium- und Chlorid-Ionen ohne Gesteinsablagerungen.

Abb. 9: Das Steinsalzbergwerk in Kochendorf (Baden-Württemberg) ging Ende des 19. Jahrhunderts in Betrieb. Der Förderturm wurde nach dem regierenden König Wilhelm II. benannt.

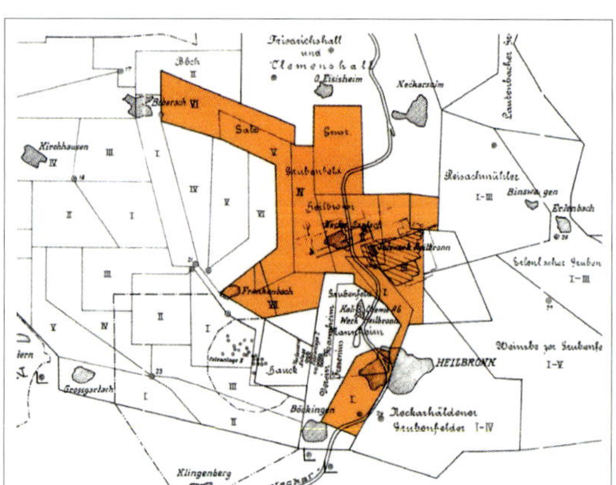

Abb. 10:
Erste Steinsalzförderung in Heilbronn (Baden-Württemberg), Plan von 1885.

Abb. 11: Das Salzbergwerk Stetten in Baden-Württemberg in den 1920er-Jahren. Gegründet 1854, ist es eines der ältesten und zugleich modernsten Salzbergwerke Deutschlands.

Abb. 12: Arbeitsalltag im Salzbergwerk Stetten in den 1920er-Jahren. Abtransport der Salzbrocken mit »Hunten«, die von Pferden gezogen wurden.

Abb. 13: Im modernen Bergbau, wie hier bei der Wacker Chemie AG in Deutschland, wird das abgebaute Salz unter anderem mit Radladern abtransportiert.

Abb. 14: Salzabbau im Salzbergwerk Stetten, das die Wacker Chemie AG betreibt.

Abb. 15: In der Salzlagerhalle der Salinen Austria AG in Ebensee wird das aus der Sole gewonnene und getrocknete Salz bei idealen klimatischen Bedingungen gelagert.

Abb. 16: Luftaufnahme der imposanten Anlagen der Saline Steinkogel/Ebensee im Salzkammergut.

Abb. 17: In den Salzwelten Altaussee in der Steiermark gelangt man über Bergmann-Rutschen zu einem unterirdischen Salzsee, der durch Licht- und Farbeffekte sowie Musikuntermalung verzaubert.

Abb. 18: Dieser bronzezeitliche Tragesack war aus Fell gefertigt und fasste bis zu 30 Kilogramm Salz. Die Bergmänner trugen damit das gebrochene Salz aus dem Berg.

die Käsemacherei ein und ließen die vielen delikaten, typisch französischen Käsesorten, wie zum Beispiel den Roquefortkäse, entstehen.

In allen Bevölkerungsschichten wurde gesalzen. Allerdings war Salz bei Tisch den Reichen vorbehalten. Das Salz durfte nicht mit bloßen Händen angriffen werden, weil dies als unhöflich und unheilbringend galt. Im Mittelalter und in der Renaissance war Salz das Zeichen für Gesundheit und Beständigkeit. Je nach Stand und Vermögen wurde dies in verschiedenster Weise präsentiert. So wurden Künstler von Herrschern beauftragt, kunstvolle Salzgefäße (meist in Schiffform) für die Tafel zu kreieren. Das Salzgefäß, dessen Ausführung meist aufwendig und kostspielig war, entwickelte sich zu einem Statussymbol. Gestaltung und Material des Salzschiffes spiegelte den Reichtum und Stand seines Besitzers wider.

Die Saliera, das weltberühmte Salzfass

Sehr bekannt ist die Saliera von Benvenuto Cellini (1500–1571). Sie ist im Kunsthistorischen Museum in Wien ausgestellt und erlangte vor einigen Jahren durch einen mysteriösen Diebstahl noch mehr Berühmtheit. Da die Saliera ein überaus interessantes Kunstobjekt ist, ist hier ein Ausflug in die Kunstgeschichte angebracht.

Die Saliera (italienisch: Salz- oder Pfefferfass) kann als Vorgängerin des heutigen Salzstreuers bezeichnet werden. Franz I. von Frankreich beauftragte den italienischen Bildhauer und Goldschmied Benvenuto Cellini, ein außergewöhnliches Salzgefäß für sein Tafelgeschirr zu gestalten. Cellini arbeitete von 1540–1543 an diesem edlen Stück, das alles bisher Geschaffene übertraf und die einzige erhaltene Goldschmiedearbeit Cellinis aus der Spätrenaissance darstellt. Die durch den Ebenholzsockel sieben Kilogramm schwere Saliera wurde aus Elfenbein, Email und einem Millimeter gleichmäßig starkem Goldblech gefertigt. Cellini beschreibt, dass er das Goldblech mit Hammer und Punzen geformt hatte, was 2007 durch eine Analyse der beiden Figuren auf dem Salzfass bestätigt wurde. Cellinis Geschicklichkeit war genial. Das Objekt fand nie Gleichwertiges.

Cellini erhielt sehr viele Aufträge von reichen Leuten und war finanziell gut abgesichert. Seine Biografie liest sich jedoch abenteuerlich. Er war ein unbeherrschter, skrupelloser Mann, den vor Mord nicht zurückschreckte. Er tötete seinen Konkurrenten, einen Goldschmied in Rom. Daraufhin musste Cellini Rom verlassen und konnte erst Jahre später zurückkehren und wieder eine Werkstatt eröffnen.

Die Saliera stellt allegorisch den Planeten Erde und das Zusammenspiel von Meer und Festland dar. Neptun, der Gott des Meeres, symbolisiert den Ursprung des Salzes. Er hält Netze und einen Dreizack in seinen Händen. Daneben steht ein Salzbehälter in Schiffform. Ihm gegenüber sitzt Tellus, die römische Göttin der Erde. Sie versinnbildlicht die Herkunft des Pfeffers. Die Beine beider sind ineinander verschlungen, was das Zusammentreffen von Meer und Land darstellt. Unterhalb von Neptun schwimmen vier Wesen mit Pferdeleib und Fischschwänzen sowie verschiedene Fische und Meerestiere. Cellini hat Tellus, die die Erde, die Nährende und Gebärende symbolisiert, in absoluter Schönheit mit Blumen als Symbol für Reichtum geschaffen. Seitlich befindet sich ein Tempelgebäude, das als Behälter für Pfeffer dient. Unter der Figur, die auf teils emaillierten, teils vergoldeten Klippen sitzt, sind verschiedene Tiere abgebildet. Die Erde berührt mit einer Zehe einen Salamander, der ein Zeichen des Feuers, aber auch Symbol für den französischen König war. Dieses Detail und das französische Wappen deuten klar auf den Auftraggeber, den französischen König Franz I., hin. Das blau emailliert dargestellte Meer verleiht dem Werk eine ganz besondere Attraktivität. Die Basis des Kunstwerkes ist aus Ebenholz und zeigt Figuren aus Gold.

Die Saliera war trotz der meisterhaften Ausführung ein Gebrauchsgegenstand mit praktischen Details. Als Griffe dienten die zurückgelehnten Körper. Um es von allen Seiten betrachten und Salz und Pfeffer entnehmen zu können, waren ursprünglich neun Elfenbeinkugeln auf der Unterseite des Sockels eingearbeitet. Heute sind nur noch fünf davon erhalten.

Wie kam die Saliera nach Österreich? Bis 1570 zur Vermählung von König Karl IX. von Frankreich mit Erzherzogin Elisabeth, der Tochter des Habsburger Kaisers Maximilian II., blieb die Kostbarkeit im Besitz der französischen Könige. König Karl IX. übergab an Ferdinand II. von Tirol kostbare Geschenke, darunter auch die Saliera. Lange Zeit war sie in der Kunstsammlung von Schloss Ambras zu besichtigen. Im 19. Jahrhundert wurde diese Sammlung aufgelassen und die Ausstellungsstücke wurden in das Kunsthistorische Museum nach Wien übersiedelt. Benvenuto Cellini und sein geniales Werk gerieten bald in Vergessenheit. Erst durch Johann Wolfgang von Goethe, der ein Buch über das Leben Cellinis ins Deutsche übersetzte, erwachte das Interesse an Cellinis Arbeiten und unter Kunstinteressierten setzte eine Suche nach dessen Kunstwerken ein. Dabei wurde auch die Kostbarkeit der Saliera wieder wahrgenommen.

Der vorerst rätselhafte Diebstahl der Saliera im Mai 2003 aus dem Kunsthistorischen Museum in Wien erregte weltweit Aufsehen und schärfte abermals das Bewusstsein für dieses einzigartige Werk. Erst nach knapp drei Jahren wurde der Fall gelöst und die Saliera mit leichten Beschädigungen an das Museum zurückgegeben. 2006 wurde die Saliera auf rund 50 Millionen Euro geschätzt!

England

In vorchristlicher Zeit gewannen die Briten – eher umständlich und kompliziert – Salz aus Meerwasser. Heute weisen noch Orte mit der Silbe »wich« auf die frühe Salzgewinnung hin. Als 43 n. Chr. die Römer ins Land kamen, lernten die Einheimischen »modernere« Methoden der Salzgewinnung. Der Salzbedarf der Briten war groß, nicht nur weil sie gerne salzig aßen, sondern auch viel Salz zur Konservierung der Fische sowie zur Butter- und Käseherstellung benötigten. Butter war für alle Bevölkerungsschichten ein wichtiges Nahrungsmittel und aus der Käserei dieser Zeit stammen die für England typischen Käsesorten Chesterkäse und Cheddar. Ab dem 16. Jahrhundert reichte die eigene Salzgewinnung nicht aus und Salz musste eingeführt werden. Im 17. Jahrhundert wurde auch hier das Einsalzen von Gemüse praktiziert und wieder trifft man auf das Sauerkraut. Die Briten setzten es nicht nur als Lebensmittel sondern auch als Heilmittel ein, wie es bei den Römern schon bekannt war. Zum Schutz vor Skorbut wurde es den Matrosen obligatorisch bei jeder Mahlzeit auf Seefahrten gegeben.

Fische wurden schon lange mit Salz konserviert. Neu hinzu kam die Anchovis-Soße aus eingesalzenen Anchovis, die zu Fleisch oder sonstigen Speisen gereicht wurde. Im 18. Jahrhundert erhielten diese Soßen die Bezeichnung *ketchup* oder *katchup*, wobei sich das Wort »*ketchup*« von der indogermanischen Fisch- und Sojassoße ableitet. Bei den Briten war die Basis eine dicke, stark gesalzene Fischsoße. Im Laufe der Zeit wurden andere Gewürze, die Händler aus dem asiatischen Raum brachten, der Soße zugesetzt und verliehen ihr einen delikaten Geschmack.

Im 18. Jahrhundert eroberte England durch Kriege die Kabeljau-Fanggründe Nordamerikas. Fische zum Einsalzen gab es nun zuhauf, doch die reiche Beute konnte nicht in vollem Ausmaß genutzt werden, da es an Fischern und Fangbooten mangelte.

Die Industrialisierung bewirkte in der Landwirtschaft nützliche Entwicklungsschritte, wie zum Beispiel eine ganzjährige Lebensmittelproduktion. Der Salzbedarf für die Haltbarmachung stieg und die Suche nach Salzlagern im Landesinneren begann, da die sehr günstige Meersalzgewinnung nicht mehr ausreichend war. Es dauerte nicht lange und Salz wurde zusätzlich in Bergwerken abgebaut. In Summe waren die gewonnenen Mengen immer noch zu gering und Importe, hauptsächlich aus Frankreich, waren unumgänglich.

Bemerkenswert ist, dass in der Literatur immer wieder der relativ hohe Salzbedarf für Heer und Marine deutliche Erwähnung findet. Die Soldaten und Pferde umfassende Truppengröße muss so beachtlich gewesen sein, dass die Versorgung mit Salz und salzkonservierten Lebensmitteln merkbar ins Gewicht der Salzproduktion fiel. Außerdem kam beim Thema Verteidigung noch die Herstellung von Schießpulver hinzu.

An dieser Stelle ist eine Bemerkung zur Entwicklung von Soßen erwähnenswert: Im 19. Jahrhundert wurde die noch heute bekannte Worcestersoße erfunden. Der Fisch verschwand aus der Soße und wurde durch andere Zutaten, wie zum Beispiel Nüsse, Pilze etc. ersetzt. Die Amerikaner ergänzten mit Tomaten und das heute so beliebte Tomatenketchup, das ebenfalls viel Salz enthielt, war erfunden.

Polen

In Polen waren nicht nur der Salzabbau, sondern damit verbundene Attraktionen für die Herrscher sehr lukrativ. Ab dem 17. Jahrhundert interessierten sich immer mehr Menschen für die Arbeit in Salzbergwerken. Um dem Interesse der Besucher nachzukommen, wurden einzelne Stollen einfacher zugänglich gemacht und sogar ausgeschmückt. Das ging so weit, dass im Bergwerk Säle aus Salz gemeißelt wurden. Decken, Wände, Luster und Figuren waren aus Salz. Teilweise sind diese Kostbarkeiten heute noch zu besichtigen.

Ein unterirdisches Wunderwerk ist das Salzbergwerk Wieliczka, das ca. 10 km östlich von Krakau liegt und seit 1978 UNESCO-Weltkulturerbe ist. Auf Deutsch bedeutet der Ortsname »Groß Salze«. Von 3500 v. Chr. bis zum 13. Jahrhundert wurde hier Salz aus oberirdischen Salzquellen gesiedet. Als diese nicht mehr ergiebig genug waren, wurde unter Tage gesucht und riesige Salzlagerstätten wurden entdeckt. In den folgenden Jahrhunderten wurden bis auf 340 Meter Tiefe Stollen zum Salzabbau gegraben.

Die Entdeckung dieser Salzlagerstätten sind einer Sage nach der Herzogin Kunigunde (polnisch: Kinga) zu verdanken. Nach ihr wurde später aus Dankbarkeit die größte Kapelle im Bergwerk benannt. Kunigunde (1224–1292) war die Tochter des ungarischen Königs Bela IV. und durch Heirat wurde sie polnische Herzogin. Sie war hoch religiös und trat nach dem Tod ihres Mannes in ein Kloster ein. 1999 wurde sie von Papst Johannes Paul II. heiliggesprochen. Die Einnahmen durch Salz im Laufe des jahrhundertelangen Abbaus waren auch hier enorm. Sie dienten zur Finanzierung der Befestigung und vieler Prachtbauten in Krakau. Im 18. Jahrhundert fiel Galizien mit den ertragreichen Salzbergwerken an Österreich. Die Habsburger verkauften das polnische Salz bis nach Russland, wo es aufgrund der Haltbarmachung von Fleisch und Gemüse für die langen Wintermonate großen Salzbedarf gab.

700 Jahre lang wurde in der königlichen Salzgrube Wieliczka ununterbrochen Salz abgebaut. Heute ist lediglich die Salzsiederei in Betrieb, wo aus dem Wasser, das auf natürlichem Weg in das Bergwerk eindringt, Salz gewonnen wird. Dieser Prozess hat nicht nur wirtschaftliche Gründe, sondern ist auch eine Sicherheitsmaßnahme, um einen Einsturz des Bergwerkes und somit Gefahr für den Ort zu verhindern.

Das Salzbergwerk selbst ist eine touristische Sensation. Es wird auch als Heilstollen zur Behandlung von Atemwegerkrankungen genutzt. In 320 Metern Tiefe, über einige Stockwerke, kann eine große unterirdische Stadt, die auch für Feste und Veranstaltungen zur Verfügung steht, besichtigt werden. Die Route für Touristen ist ein einzigartiges Erlebnis: unterirdische Seen, alte Abbauräume, prachtvolle Kapellen mit einmaligen Skulpturen aus Steinsalz, Geschäfte und sogar ein Kaffeehaus. Das beeindruckendste Bauwerk ist die Kapelle der hl. Kunigunde, die Hunderte Personen aufnehmen kann und deren Figuren, Luster und Reliefs aus Salz bestehen.

Frédéric Chopin, Johann Wolfgang von Goethe, der österreichisch-ungarische Kaiser Franz I. oder der russische Zar sind nur einige Berühmtheiten, die das Werk in früheren Zeiten bewunderten. Da sich mittlerweile sehr viele Menschen in der märchenhaften Bergwerkswelt aufhalten, muss das Stollenklima mit speziellen Systemen geregelt werden. Durch Atemluft und Körperwärme entstanden bereits Verfärbungen und auch Deformierungen an den Salzskulpturen und -formen.

Russland

Russland benötigte große Mengen an Salz zur Konservierung von Lebensmitteln, damit die Bevölkerung die langen, strengen Winter überstehen konnte. Das Sauerkraut war eine elementare Speise. Und zwar so bedeutend, dass die wirtschaftliche Situation einer Familie an der Sauerkrauterzeugung gemessen wurde. Die Reichen konnten mehr Salz einsetzen als Arme und außerdem verbesserten reiche Leute den Geschmack der Speisen noch mit Gewürzen, manchmal sogar mit Äpfeln.

Amerika

Inkas, Azteken, Mayas und viele andere Eingeborenenstämme in Nord- und Mittelamerika verfügten über Salz und handelten auch damit. Viele von ihnen verehrten eine Salzgottheit, die in den meisten Fällen weiblich war. Das Sammeln von Salz war mit Regeln und Ritualen verbunden.

Die Mayas verwendeten bereits Salz für Heilzwecke, ebenso bei Geburts- und Sterberitualen.

Wie in Europa, so wurden auch in Amerika wegen des Salzes Kriege geführt und andere Völker abhängig gemacht, denn Macht lag bei jenem Herrscher, der Salz besaß.

Salz und Unabhängigkeit

Die englischen Auswanderer besiedelten Landstriche mit Fischereigebieten und für viele bedeutete das die Voraussetzung für Wohlstand. Ebenso gewinnbringend war die Salzproduktion, weil Salz permanent für die Konservierung von Fischen und sonstigen Lebensmitteln benötigt wurde. Fachleute beider Wirtschaftszweige waren sehr gefragt. Mit den Ureinwohnern betrieben die Briten einen Handel mit Alltagsprodukten, wie zum Beispiel Felle und Pelze. Für das Gerben tat sich eine zusätzliche Salzverwendung auf.

Der Salzverbrauch der Siedler für die Haltbarmachung von Gemüse, Fisch und Fleisch, um die Wintermonate gut zu überstehen, steigerte sich. Bis ins 17. Jahrhundert hinein wurde englisches Salz importiert und Salzfisch nach England exportiert. Es herrschte nicht nur intensiver Handel mit dem Mutterland, sondern auch mit anderen Ländern Europas und Afrikas. Amerika lieferte Salzfisch und erwarb andere brauchbare Waren. Die regen Handelsbeziehungen wirkten sich auf die Unabhängigkeit von England aus, wogegen sich die Engländer mit verschiedenen Maßnahmen wehrten, die trotzdem die Unabhängigkeitsbestrebungen nicht einbremsten.

England sah sich gezwungen, Soldaten in die neuen Länder zu schicken. Die kriegerischen Auseinandersetzungen reichten von der Zerstörung der Salzbergwerke bis hin zu Seeblockaden. Das Leben der Einwanderer war unsicher geworden, der Wert des Salzes jedoch sehr hoch. Deshalb ließen sich die Salzarbeiter während des Unabhängigkeitskrieges den Lohn in Salz auszahlen.

Mitte des 19. Jahrhunderts brachte die Entdeckung einer riesigen Silbermine in Nevada einigen Menschen relativ rasch Reichtum. Und wieder spielte Salz eine tragende Rolle, denn Salz trennt Silber von Erz. Allerdings gab es kein Salz in Nevada, es musste aus Kalifornien gebracht werden. Viele kluge, vor allem unternehmerisch wagemutige Menschen, die sich rechtzeitig in den Prozess »Salz und Silber« einschalteten, kamen zu großem Vermögen. Aber auch das Gegenteil konnte eintreten. Wie für einen Unternehmer, dessen Idee in einem Desaster endete. Er wollte mit Kamelen einen verlässlichen Salztransport gewährleisten. Das war allerdings nur von kurzer Dauer, da die Kamele im dortigen Klima in den USA nicht überleben konnten.

Gegen Ende des 19. Jahrhunderts verbrauchten die Nordamerikaner weit mehr Salz als die Europäer. Der Salzverbrauch umfasste nicht nur den Ernährungsbereich; sondern große Mengen für die Kriegsführung, Desinfektion, Proviant und Tierfutter. Die landeseigene Salzproduktion war zu gering. Salz wurde immer knapper und folglich kostbarer. Die meisten Leute gingen sehr sorgsam mit den eigenen Vorräten um. Manche kamen auf die Idee, das Salz zum Beispiel mit Asche zu strecken, um größere Mengen verkaufen zu können. Neue technische Methoden sollten dem Mangel Einhalt bieten. In findigen Köpfen entstanden allerlei mehr oder weniger innovative Konservierungstechniken, die die Situation verbesserten.

Im 20. Jahrhundert begann man, das Salz mit Zusatzstoffen zu vermengen und das Produkt besser zu vermarkten. Um das Klumpen zu verhindern, wurde 1911 das Salz mit Magnesiumkarbonat versetzt. Durch eine Information auf der Packung erhielten die Käufer den entsprechenden Hinweis. Bald wurde Magnesiumkarbonat durch Kalziumsilikat ersetzt. 1924 empfahl die Ärztevereinigung Jod als Zusatz im Salz, um Jodmangel im Körper vorzubeugen. Die nächste Innovation war der Beginn der Vermarktung durch eine attraktive optische Aufbereitung. Das Salz wurde in einer zylinderförmigen Verpackung mit einem Gießaufsatz aus

Metall und ansprechender Beschriftung angeboten. Seit einigen Jahrzehnten dienen Salzbergwerke auch zur Konservierung bzw. Aufbewahrung diverser Rohstoffe. Die Voraussetzungen sind ideal. Das Klima ist konstant und zeichnet sich durch geringe Raumfeuchtigkeit, niedrige Temperaturen (solange nicht zu tief gebohrt wird, da die Temperaturen mit der Tiefe steigen) und Luftdichte (die Salzkristalle überziehen die Fugen) aus. Aufgrund dieser perfekten Bedingungen kam man in Amerika auf die Idee, Atommüll in Salzbergwerken zu lagern. Hier »ruht« er gut verschlossen und kann der Menschheit nicht schaden, solange diese Stellen nicht geöffnet werden. Doch wehe, wenn das Atommülllager in Vergessenheit gerät! Das Gefahrenpotenzial für die nachfolgenden Generationen ist unvorstellbar hoch.

Im Golf von Mexiko finden Salzdome eine außergewöhnliche Verwendung. Sie dienen zur Lagerung von Erdöl. Doch nicht jeder Salzdom hält dicht, das Öl tritt langsam aus und verseucht die Umwelt. Weder für das eine noch für das andere sollten Salzlagerstätten verwendet werden, da sie von Natur aus nicht dafür gedacht sind.

Indien

Indien hat seine besondere, mit Gandhi verbundene Salzgeschichte. Salz, sowohl aus Bergwerken als auch aus dem Meer, war in Indien ausreichend vorhanden, wobei das Meersalz bevorzugt verwendet wurde. Vor der britischen Kolonialherrschaft war die Salzsteuer sehr gering. Als die Briten im 19. Jahrhundert in Indien die politische Kontrolle übernahmen, wollten sie auch ihr britisches Salz an die Inder verkaufen. Jedoch fand es keinen Absatz und so vereinnahmten die Briten kurzerhand die damals größte Salzabbaustätte in Orissa und riefen das britische Salzmonopol aus. Die Fürsten dieser Region wehrten sich gegen die britische Vormachtstellung. 1817 kam es zu einem Aufstand der Salzarbeiter, den diese verloren. Illegal wurde im Untergrund weiterhin Salz gewonnen und gehandelt. Um der Situation Herr zu werden, wurden Zollbeamte von den Briten angewiesen, sich auf den Salzschmuggel zu konzentrieren und streng vorzugehen.

Die britischen Händler störte die indische Konkurrenz und sie drängten Mitte des 19. Jahrhunderts auf eine Reduktion der Salzproduktion in Orissa, um mehr Salz nach Indien verkaufen zu können. Für viele Inder bedeutete das den Verlust ihres Arbeitsplatzes. Hinzu kam noch die ungerechte Tatsache, dass die Inder mehr Steuern als die Briten zahlen mussten.

Der erste Protest der Inder gegen die britische Salzpolitik fand 1888 in Orissa statt, weitere Unruhen folgten. 1930 führte Gandhi eine Unabhängigkeitsbewegung an, deren Auslöser das Salz war. Gandhi marschierte mit seinen Anhängern zur Küstenstadt Dandi, wo sie Salz gegen das Gesetz schürfen wollten. Auf der

Marschstrecke gesellten sich immer mehr Menschen zur Gruppe. In Dandi sammelte Gandhi Salz an der Küste ein und verstieß mit dieser Handlung gegen das britische Salzgesetz.

Zur selben Zeit kam es auch in Orissa zu Aufständen. Die Inder sammelten Salz und wurden wegen dieses Gesetzesverstoßes von der Polizei eingesperrt. Auch das beendete die Proteste nicht. In ganz Indien fand Gandhis Tat Nachahmung: Salz wurde gegen das britische Gesetz von den Indern gesammelt und öffentlich verkauft. Als nächstes plante Gandhi, die staatliche Saline zu übernehmen. Dazu kam es nicht, denn er wurde inhaftiert, obwohl auch britische Medien gegen seine Verhaftung waren.

Die Proteste setzten sich fort. Die britische Regierung wusste keinen Ausweg und verhandelte mit Gandhi im Gefängnis. Das Resultat war ein Abkommen: Die an der Küste lebenden Inder durften Salz für den Eigengebrauch gewinnen, die Gefangenen wurden freigelassen. Die zahlreichen Proteste bewogen die Briten, die Verwaltung zu überdenken. 1947 erhielt Indien die Unabhängigkeit. Fünf Monate danach wurde Gandhi von einem Hindu ermordet. Seit der Unabhängigkeit bekamen die Inder Salz zu einem erschwinglichen Preis. Anfänglich wurde die Salzgewinnung von kleinen Organisationen geführt. Und wie die Entwicklung so ist, werden manche immer größer und kleine Systeme fallen weg. Heute ist die Salzproduktion in den Händen einiger mächtiger Händler. 1998 wurde verpflichtend die Jodierung eingeführt und 2000 wieder revidiert.

Totes Meer

Vor rund drei Millionen Jahren schloss sich durch ein tektonisches Ereignis die Verbindung zum Mittelmeer. Am tiefsten Punkt des Grabens entstand das Tote Meer, das für seinen hohen Salzgehalt bekannt ist. Das Tote Meer ist biologisch nicht tot. Es existieren einige Lebewesen, die unter diesen besonderen Umständen leben können, wie zum Beispiel halophile Mikroorganismen und gewisse Halophyten (Pflanzen, die nur auf kochsalzreichen Böden gedeihen). 1992 bewirkten Mikroorganismen und Algen eine Rotfärbung des Meeres und bewiesen damit deutlich, dass Leben möglich ist.

Das Tote Meer grenzt an Israel, das Westjordanland und Jordanien, es ist ein abflussloser See mit einer Größe von etwa 800 km2. Es liegt ca. 428 Meter unter dem Meeresspiegel in einer Senke des Jordangrabens und teilt sich in einen nördlichen und südlichen Teil. Für Wasserzufluss sorgt der Jordan. Durch das trockene Wüstenklima verdunstet das Wasser, Mineralien und Salze bleiben konzentriert zurück und ergeben den hohen Salzgehalt. Die Höhe des Wasserspiegels verändert sich je nach Regenfällen oder Trockenheit. Auf natürliche Weise würde sie sich einpendeln, wenn es keine negative Beeinflussung durch die künstliche Verdunstung der kommerziellen Salzgewinnung sowie durch die landwirtschaftliche Bewässerung gäbe.

Das Tote Meer ist der am tiefsten gelegene See der Erde, sein tiefster Punkt liegt auf 794 Meter unter dem Meeresspiegel. Es ist eines der salz- und mineralreichsten natürlichen Gewässer der Erde. Sein Salzgehalt liegt zwischen 28 und 33 Prozent, im Mittelmeer hingegen liegt der Wert bei durchschnittlich 3,8 Prozent. Die Mineralstoffzusammensetzung ist hygroskopisch, er kann Feuchtigkeit aus der Umgebung binden. Das heißt, dass das Wasser aus dem See bei normalen Temperaturen nie ganz verdunstet und sich daher auch keine Salzkrusten oder -kristalle bilden.

In der Zusammensetzung der Inhaltsstoffe gibt es deutliche Unterschiede zu Meerwasser. Das Wasser des Toten Meeres schmeckt bitter, ist ölig, klar und dickflüssig. Der bittere Geschmack wird durch das Magnesiumchlorid bewirkt, das mit knapp über 50 Prozent den Hauptanteil der Inhaltsstoffe ausmacht. Bekannt ist der therapeutische Einsatz des Wassers und Salzes aus dem Toten Meer, besonders bei Hautkrankheiten. Das darin enthaltene Kalzium (ca. 10 Prozent) wirkt hautberuhigend, Magnesium ist hautpflegend und der Bromanteil wirkt entspannend. Weitere Inhaltsstoffe sind mit ca. 30 Prozent Natriumchlorid und 4,4 Prozent Kaliumchlorid sowie zahlreiche Spurenelemente, allerdings wenig Sulfat und relativ viel Bromid. Industriell wertvolle Mineralstoffe, wie Kalium, Brom, Magnesium und Jod, weiters Pottasche, Industrie- und Speisesalz, werden aus dem Wasser des Toten Meeres gewonnen, Salz verbleibt als Ablagerung im Meer.

Das Tote Meer gliedert sich in einen nördlichen und südlichen Teil. Im nördlichen Teil sinkt der Wasserstand permanent durch den immer geringer werdenden Wasserzufluss aus dem Jordan, dessen Wasser für Trinkwasser und zur Bewässerung in der Landwirtschaft benötigt wird. Kontinuierlich wird die Oberfläche kleiner und die Badeorte liegen mittlerweile weit vom Ufer entfernt. Pläne zur Rettung vor einer Austrocknung gibt es bereits, jedoch sind sie noch nicht ausgegoren. Anders schaut es im südlichen Teil des Sees aus. Hier besteht die Gefahr der Überflutung der Badeorte, weil seit einigen Jahren der Wasserpegel durch Salzablagerungen auf dem Meeresgrund steigt.

Mitte des 20. Jahrhunderts wurden an den Süßwasserquellen Siedlungen gebaut und mit großem Aufwand Gärten mit tropischen Pflanzen und Bäumen angelegt. Zunehmend entwickelte sich der Tourismus, weil das heilsame Wasser des Toten Meeres bei vielen Beschwerden Hilfe und Heilung bringt. Aber auch die mit Magnesium aus dem Meerwasser angereicherte Luft verbessert so manche Beschwerden. Das Tote Meer ist ein unentbehrlicher Wirtschaftsfaktor für Israel geworden, einerseits wegen des Tourismus und der Kurbäder, andererseits wegen der Mineralstoffe im Meerwasser und der Salinen.

Nordafrika

In Nordafrika waren um 800 v. Chr. die Phönizier mit Stadtgründungen und Salzhandel aktiv. Ab 300 v. Chr. ist das Sieden von Salz und eine besondere Verpackungsform nachweisbar. Die abgelagerten Kristalle des gesiedeten Salzes wurden zu langen Rollen geformt und für den Transport in Strohmatten gewickelt. Ein rentabler Salzhandel basierte auf großen Salzmengen und geeigneten Transportwegen zu Wasser und zu Lande. Anfänglich wurde Salz mit Pferde- oder Ochsengespannen durch die Wüste transportiert, später kamen Kamele zum Einsatz. Im Mittelalter wurde Salz mehrere Hundert Kilometer mit Kamelkarawanen nach Zentralafrika befördert und gegen Gold, Baumwolle, Leder etc. getauscht.

Erwähnenswert ist die Salzstadt Taghaza im Norden Malis, die 1275 erstmals in Urkunden aufscheint. Taghaza war eine wichtige Station auf der Handelsroute von Nord nach Süd. Alle Gebäude der Stadt und auch die Moschee waren aus Salz gebaut. Im 19. Jahrhundert wurden lediglich einige Ruinen entdeckt. Im 16. Jahrhundert wurde die wichtige Salzmine in Taoudenni/Mali eröffnet, in der Salzabbau mithilfe von Sklaven betrieben wurde.

In der Sahara ist Salz heute immer noch ein wertvolles und rares Lebensmittel für Mensch und Tier, das an wenigen abseits gelegenen Wüstenoasen gewonnen, von Karawanen Hunderte Kilometer weit zu Märkten transportiert und gegen Getreide, Gewürze, Gemüse, Zucker, Datteln und Kleider getauscht wird. Die drei bekanntesten Salzhandelsrouten der Zentralsahara verbinden die Marktplätze im Sahel mit denen in der nördlich gelegenen Sahara, wo es kein Salz zu finden gibt. Hervorzuheben ist das sandgraue Tierfuttersalz aus dem Grundwasser der Salzoasen Bilma und Facci (Niger) mit einem immens hohen Salzgehalt. Das Salz wird zu grauen, kegelförmigen »Salzhüten« oder »Salzlaiben« gebacken.

Ägypten

In Ägypten sind die Toten in den ältesten Grabstätten aus 3000 v. Chr. außergewöhnlich gut erhalten. Dafür gibt es zweierlei Erklärungen: Entweder wurden die Leichen durch den trockenen, salzigen Wüstensand konserviert oder – wie manche Geschichtsschreiber annehmen – die alten Ägypter legten ihre Toten in eine Salzlösung zur Mumifizierung. Salz wurde auch als Grabbeigabe gefunden und lässt auch bei diesem Volk den hohen Stellenwert und die Notwendigkeit des Salzes erkennen. Die Ägypter gewannen Salz aus dem verdunsteten Meerwasser des Nildeltas und aus ausgetrockneten Salzseen in der Wüste. Außerdem importierten sie bereits Salz aus anderen Ländern. Ca. 2000 v. Chr. legten die Ägypter

Gemüse, Fleisch und Fisch in Salz ein und produzierten aus Fisch mit Salz eine Würzsoße. Anscheinend waren die alten Ägypter auch Feinschmecker, denn für ihre Speisenzubereitung verwendeten sie verschiedene Salzarten. Es gab Nord-, Rot- und Grausalz sowie Natronsalz, das seinen Namen durch die Fundstelle in einem ausgetrockneten Flussbett in der Nähe der Stadt Natrun erhielt. Natronsalz ist Kochsalz (Natrium-Chlorid). Diesem Salz wurden einerseits heilende Eigenschaften zugeschrieben, zum Beispiel half es bei Blähungen oder Magenbeschwerden, andererseits fand es praktische Anwendungen, wie die dauerhafte Einfärbung von Stoffen oder vermengt mit Öl zur Herstellung von Seife.

Die Ägypter exportierten sehr viele Lebensmittel und tauschten diese gegen Waren, die sie selbst nicht hatten. Das Einsalzen von Fleisch, Fisch, Gemüse ermöglichte weite Transport, ohne dass die Lebensmittel verdarben. Einen besonders regen Handel trieben sie mit den Phöniziern (1200–900 v. Chr.), einem Handels- und Seefahrervolk. Die Phönizier, die bekanntlich das Alphabet erfanden, hatten erstaunlich gute Ernährungskenntnisse und waren sehr fortschrittlich in den Bereichen Wirtschaft und Handwerk. Ihnen wird auch die Pflanzung von Olivenbäumen im Mittelmeerraum zugeschrieben. Die klugen Phönizier etablierten den Salzhandel im Mittelmeerraum und bauten ihre Meersalzanlagen in der Nähe der Fischfanggebiete, um vor Ort gleich die Fische einzusalzen, vor allem die vor Sizilien, Nordafrika und Griechenland gefangenen Thunfische.

China

In China wurde bereits vor 6000 Jahren Salz aus Salzseen gewonnen. In alten Berichten tauchen erste Salinen 800 v. Chr. auf. Zum Großteil wurde über Jahrhunderte jedoch Meersalz gewonnen. Das beste Salz kam aus der Gegend Sichuan (früher Szetschuan), wo nachweislich bereits 3000 v. Chr. aus Quellen Salz gewonnen wurde. 252 v. Chr. gab es hier weltweit die erste Bohrung eines Salzbrunnens, weil dem damaligen Herrscher klar wurde, dass der Ursprung des Salzes nicht in den Quellen lag. Bei den Bohrungen stieß man auf Gas, das – durch Bambusrohre in Siedehütten geleitet – zum Sieden der Sole in Eisenkesseln diente. Dieses Röhrensystem war einzigartig und fand in ganz China auch für Bewässerungs- und Wasserleitungssysteme Einsatz. Um 1000 n. Chr. ist über eine andere Verwendungsart des Salzes bei den Chinesen zu lesen. Das Schießpulver, eine Mischung aus Salpeter, Schwefel und Holzkohle, wurde erfunden.

Der Salzverbrauch der Chinesen, und ebenso jener der Japaner, ist seit jeher sehr groß. Wie in anderen Ländern auch, war das Salz sehr teuer. Die Reichen protzten mit Salz, die Armen protestierten. Immer wieder kam es zu Volksaufständen, die jedoch keine langfristigen Veränderungen brachten. Die Armut ließ wieder einmal kreative Ideen entstehen, in China zu dieser Zeit die Sojasoße. Um den Salzbedarf ärmerer Familien zu decken, wurde Salz mit Soja verlängert: Die Haltbarmachung von Lebensmitteln ging bekannte Wege. Gemüse legten die alten Chinesen mit Salz in irdenen Gefäßen ein und beschwerten es mit Steinen, damit kein Sauerstoff dazukam. Heutzutage wird das immer noch in privaten Haushalten beispielsweise mit Sauerkraut praktiziert. Eier wurden in Salzlake gelegt, Fisch und Fleisch ebenso mit Salz konserviert.

Der chinesische Staat besaß das Monopol für Salz und Eisen, wobei das Salzmonopol von manchen Herrschern abgeschafft und von anderen wieder eingeführt wurde. Möglicherweise gab es bereits einige Jahrhunderte v. Chr. die Salzsteuer, die über Jahrhunderte eine lukrative Einnahmequelle für den Aufbau des Reiches bildete und den Bau der Chinesischen Mauer ermöglichte sowie das Heer finanzierbar machte.

Anfang des 20. Jahrhunderts waren Chinas Staatskassen leer. Die Herrscher besannen sich auf früher und führten wieder die Salzsteuer ein. Die Salzgewinnung war Staatsmonopol, jedoch aufgrund der Größe des Staates konnte die Salzgewinnung nicht überall überwacht werden. Eigene Händler wurden beauftragt, das Salz von der Produktionsstätte bis zum Verbraucher zu kontrollieren. Mit dieser Maßnahme wollte man wenigstens den Handel im Auge behalten und aus dem besteuerten Transport Einnahmen erzielen. Das zeigte nicht die erwartete Wirkung, denn der Schmuggel blühte.

Heutzutage kontrolliert der Staat die Jodierung des Salzes. Denn laut WHO und UNICEF muss in China ebenfalls Salz mit Jod angereichert werden, um Jodmangel zu verhindern. Auch hier ist die Skepsis gegenüber jodiertem Salz groß, bevorzugt wird auf natürliches Salz zurückgegriffen. Der Geschmack der Speisen wurde in China von alters her ausbalanciert. Im Zentrum steht der salzige Geschmack, der die anderen Geschmacksrichtungen im Gleichgewicht hält. Gegensätzliches wird gemischt: Salz verstärkt das Süße und lindert das Saure. China ist das Land der zahlreichen Würzmittel, deren wichtigster Inhaltsstoff Salz ist. Das bekannteste traditionelle Würzmittel ist die Sojasoße aus Sojabohnen und Salz.

Die Verwendung von Salz

Im Lauf der Jahrhunderte entwickelten sich unzählige Verwendungsmöglichkeiten für das Salz. Anfänglich lag seine Bedeutung in der Konservierung von Lebensmitteln und in religiösen Bräuchen. Seit dem 18. Jahrhundert ist Salz nicht nur ein unersetzbares Würz- und Konservierungsmittel, sondern auch ein viel gefragtes Industrieprodukt. Ab dem 19. Jahrhundert findet man in Zeitschriften und Büchern immer häufiger nützliche Anwendungsmöglichkeiten für den Alltag und praktische Haushaltstipps: gekochtes Gemüse behält die Farbe, Schlagobers und Eiklar werden rascher steif, Kerzen tropfen nicht. Häufig wird sein großer Nutzen als bewährtes Hausmittel bei Verstauchungen, Halsweh und vielen anderen Beschwerden empfohlen.

Heute spricht man von mehreren Tausend Einsatz- und Verwendungsmöglichkeiten in allen Lebensbereichen. Unzählige nützliche Alltagsgegenstände basieren auf Salz. Es ist erstaunlich, wo die beiden Hauptelemente Chlor und Natrium Einsatz finden und bequeme Vorteile schaffen. Natrium wird in der Glas-, Leder-, Waschmittel-, Textil- und Zellstoffindustrie benötigt; Chlor für die Kunstfaserherstellung. Natronlauge aus Salz ist in der Aluminiumerzeugung erforderlich. Nicht zu vergessen sind die Steinsalz-Lecksteine für das Vieh der Bauern und das Wild im Wald. Und erleben wir einen langen und schneereichen Winter, werden mehrere Tausend Tonnen Salz für eis- und schneefreie Straßen benötigt.

Befasst man sich mit all den Anwendungs- und Verwendungsmöglichkeiten, kommt man zu dem Schluss, dass ohne Salz das Leben und der Alltag fast nicht möglich sind. Als Lebens- und Genussmittel macht es nur einen kleinen Teil aus. Den Großteil des Salzes benötigt Industrie und Gewerbe, wo es ein nicht mehr wegzudenkender Rohstoff ist.

Die folgende Aufstellung zeigt die vielfältigen Verwendungsmöglichkeiten von Salz:

- circa 60 Prozent als chemischer Rohstoff für Industrie und Gewerbe: für Lacke, Farben, Wasch- und Putzmittel, PVC, Chlor, Natronlauge. Soda für die Glas-, Textil- und Reinigungsmittelherstellung. Natriumbicarbonat für die Herstellung von Backpulver, Medikamenten, Feuerlöschpulver etc.
- ca. 12 Prozent als technisches Hilfsmittel: Wasserenthärtung (Regeneriersalz), Trocknungsprozesse, Kühlung, Textilveredelung, zum Färben und Bedrucken von Stoffen (Salz erhöht die Intensität der Farben), Ledergerberei (Salz entzieht Häuten und Fellen das Wasser, die Lebensgrundlage von Bakterien), Glasproduktion und zum Glasieren von Keramik
- ca. 15 Prozent im Straßenwinterdienst: Streusalz oder Streusole
- ca. 6 Prozent als Speisesalz: Würzstoff, Geschmacksverbesserer und Konservierungsmittel für Käse, Fleisch, Fisch, gepökelte Lebensmittel, Backwaren, Konserven
- ca. 5 Prozent in der Landwirtschaft: Düngemittel, Salz als Zusatz im Kraftfutter, Lecksalz
- ca. 2 Prozent für sonstige Anwendungen: Haushalt und Medizin (für Infusionslösungen und Inhaltsstoff vieler Medikamente).

Unser Speisesalz – ein verändertes Mineral

Handelsübliches Speisesalz wird aus der Sole gewonnen. Die Inhaltsstoffe, die in sinnvoller, sich ergänzender Kombination vorhanden sind, werden bis auf Natrium und Chlorid herausgelöst und verschiedene synthetische Stoffe, wie zum Beispiel Rieselhilfen, Jod und Fluor hinzugefügt. Mit dieser Veränderung wird die harmonische natürliche Ganzheit zerstört und das Salz wirkt aggressiv. Das melden auch unsere Geschmacksnerven: Speisesalz schmeckt scharf, Natursalz mild.

Die Hauptelemente Natrium und Chlorid sind sehr wohl von großer Bedeutung für den Körper, allerdings nicht im isolierten Zustand. Natrium und Chlor regulieren den Flüssigkeitsdruck im Organismus, schützen vor zu großem Wasserverlust und regeln das Verdauungssystem. Ohne Natrium könnten die Nerven keine Signale weiterleiten. Nützlich für unseren Körper ist die Gesamtheit aller Elemente, in separierter Form sind sie unserem Körper fremd.

Zusätze im Speisesalz

Um die Rieselfähigkeit zu bewahren, werden dem Kochsalz chemische Stoffe hinzugefügt, wie zum Beispiel Calciumcarbonat, Magnesiumcarbonat oder Aluminiumhydroxid. Letzteres lagert sich in unseren Gehirnwindungen ab und beeinträchtigt die Gedächtnisleistung. Dieses Schwermetall ist weiters in manchen Impfstoffen enthalten und kann sich auch aus Getränke- oder Konservendosen lösen. Ein natürlicher und effektiver Zusatz, um das Klumpen von Salz zu verhindern, ist den meisten bekannt: Einige Reiskörner im Salzstreuer entziehen dem Salz die Feuchtigkeit.

Jod

In Österreich darf Speisesalz seit einigen Jahren grundsätzlich nur jodiert in den Handel gebracht werden, um Jodmangel bei der Bevölkerung vorzubeugen.

Jod ist ein Spurenelement und Bestandteil des Schilddrüsenhormons Thyroxin, das für Stoffwechselvorgänge sowie für die körperliche und geistige Entwicklung bei Kindern und Jugendlichen zuständig ist. Im Erwachsenenalter unterstützt es Gesundheit und Leistungsfähigkeit. Jod wird von allen Organen und besonders vom Nervensystem benötigt.

Wie viel Jod jeder Einzelne braucht, ist individuell unterschiedlich und hängt von verschiedenen Faktoren ab. Auf jeden Fall handelt es sich um äußerst kleine

Mengen. Die empfohlene Menge für Erwachsene beträgt 180–200 Mikrogramm pro Tag. Der tägliche Jodbedarf bei gesunden Menschen sollte auf natürliche Weise durch den Verzehr von Seefisch, Eiern, Milch, Meerestang und -algen sowie Schalentieren gedeckt werden.

Zu viel Jod kann zu Schilddrüsenüberfunktion und den daraus resultierenden Problemen führen, wie Unruhe, Reizbarkeit, Schlafstörungen, schneller Puls bis Herzrasen, Heißhunger, Gewichtsverlust, Knochenschmerzen etc. Ein achtsamer Umgang mit dem herkömmlichen angereicherten Speisesalz ist ratsam, denn es ist von Haus aus in sehr vielen Nahrungsmitteln enthalten (Teil- und Fertiggerichte, Konserven, Backwaren, Wurst, Käse etc.).

In Dänemark wurde eine Zunahme der Schilddrüsenüberfunktion seit der Jodierung des Salzes verzeichnet. Ein deutscher Arzt vertritt die Meinung, dass Jod ein Medikament sei und nicht allen Speisen durch Salz zugesetzt werden solle. Wissenschaftliche Studien belegen erhöhte Neigung zu Allergien durch vermehrte Jodaufnahme.

Fluorid

Für den Aufbau von Knochen und Zähnen benötigt unser Körper auch Fluor. Da über die tägliche Ernährung der benötigte Bedarf angeblich nicht gedeckt werden kann, wird Fluor Lebensmitteln oder Wasser prophylaktisch zugesetzt. Begonnen wurde mit dieser Beimengung kleiner Mengen Natriumfluorid oder Kaliumfluorid 1950 in der Schweiz, es folgte Frankreich und später auch andere europäische Länder. In Österreich wird manchem Salz Natriumfluorid hinzugefügt.

Die Fluoridierung ist ebenso wie die Jodierung ein sehr umstrittenes Prophylaxe-Programm. Über die Auswirkungen des synthetischen Fluors gibt es die unterschiedlichsten Aussagen, Studien und Erfahrungsberichte. Es ist zu überdenken, ob synthetisches Fluor in solchen Mengen für unseren Organismus wirklich notwendig ist, denn zu viel Fluor kann so manche Beschwerden auslösen, wie zum Beispiel die Nieren schädigen oder die Schilddrüsentätigkeit beeinträchtigen. Doch nicht nur Nahrungsmittel, sondern auch Zahnpasten und Kosmetika sind mit Fluor versehen.

Es ist klar, dass ein Lebensmittel, wie es die Natur uns bietet, allemal gesünder ist als von uns Menschen konstruierte Nahrungsmittel. Natursalz ist ein ideales Lebensmittel, genauso wie Vollkorn oder Gemüse, und bedarf keiner Veränderungen. Besser für eine stabile Gesundheit ist eine vielseitige Ernährung, die nicht zur Übersäuerung des Körpers führt. Schon bei Kleinkindern sollten Naschen und der Konsum süßer Säfte auf ein Minimum reduziert werden. Zucker ist ein Kalziumräuber und schwächt die Knochen. Ich rate, täglich so viel frisches Obst und Gemüse zu essen, wie der Organismus verarbeiten kann, und »empfohlene« Mengendiktate zu hinterfragen. Wenn dann auch noch eine ordentliche Zahnpflege nicht zu kurz kommt, sind die wichtigsten Voraussetzungen für gesunde Zähne gegeben.

Geringe Mengen an natürlichem, für den Körper gut verwertbarem Fluor sind in Walnüssen, Mandeln, Radieschen, Blattgemüse und Wildpflanzen enthalten. Greifen wir zu!

An dieser Stelle passt ein Spruch, dessen Autor mir nicht bekannt ist:
»Es liegt in der Natur der Elemente, dass ihre makellose Schönheit unserem Bemühen überlegen ist.« Anders ausgedrückt: Die Natur braucht keine Verbesserung durch Menschenhand und -gehirn.

Das Wertvolle am Natursalz

Seit jeher wussten die Menschen, dass ohne Salz kein Leben möglich ist. Alles Leben und auch das Salz haben ihren Ursprung im Urmeer. Folglich ist die Zusammensetzung der Elemente in unseren Körperflüssigkeiten ebenso wie im Salz dem Meerwasser ähnlich. Menschliches Leben entsteht im Fruchtwasser, das eine warme Solelösung ist. Unser Körper benötigt Salz für vielerlei Funktionen. Unsere Tränen und das Blut schmecken salzig, und nach intensivem Schwitzen bleibt ein feiner Salzfilm auf der Haut.

Gegenwärtig ist Natursalz aus Bergstollen der Vorrang gegenüber Meersalz zu geben. Für die Österreicher sollte das österreichische, naturbelassene Bergsalz aus verschiedenen Gründen das Salz erster Wahl sein. Der Hauptgrund ist seine Reinheit aufgrund der durch das Gestein geschützten Lagerung über Millionen von Jahren im Berg. Durch den sorgsamen traditionellen Abbau bleibt es das reinste »Lebensmittel«, das wir heute noch haben. Es ist ein regionales Produkt aus den Alpen, weite Transportwege über Kontinente entfallen.

Meersalz ist heutzutage aufgrund von Meeresverunreinigungen verschiedenster Art belastet, besonders durch Schwermetalle, Plastik oder Abwässer, im schlimmsten Fall durch radioaktives Wasser oder Atommüll.

Natursalz zeichnet sich in vielerlei Hinsicht aus. Das heterogene Gemisch von Mineralien und Spurenelementen sowie das spezielle elektromagnetische Schwingungsfeld jedes einzelnen Elementes im Natursalz fördern die Homöostase (Selbstregulation des Körpers zur Erhaltung des Gleichgewichts innerhalb einer Zelle bzw. eines Organs). Viele gesundheitliche Beschwerden können durch Natursalz daher leichter behoben werden. Die elektrisch geladenen Salzteilchen treten mit dem körpereigenen Schwingungsfeld in Resonanz und bewirken die bioenergetische Zirkulation durch die Aufrechterhaltung der Spannung innnerhalb und außerhalb der

Zelle. Wenn Salz und Wasser in Spannungsgleichheit sind, kann der Organismus funktionieren, wie zum Beispiel die Nerven- oder Muskeltätigkeit.

Die organische und kolloidale Form aller Mineralien und Spurenelemente im Natursalz gewährleistet eine gute Zellversorgung (kolloidale Stoffe sind mikrofeine Teilchen oder Tropfen, die die Zellwände leicht passieren und von der Zelle aufgenommen werden können). Eine zentrale Funktion in diesem Prozess hat Wasser als Transportmittel. Es bringt das Salz mit den anderen für die Abläufe notwendigen Stoffen in die Zelle und befördert alle nicht benötigten Stoffe (Schlackenstoffe) aus der Zelle.

Das Zusammenspiel dieser natürlichen, perfekt kombinierten Elemente im Salz ist für den Körper lebenswichtig und bedarf keiner Nachbesserung durch den Menschen. Die Redewendung »Salz des Lebens« reflektiert die Bedeutung für den menschlichen Organismus. Biochemisch profitiert der Organismus von all den natürlich enthaltenen Elementen im Salz; biophysikalisch von der eingebundenen Sonnenenergie, die im Salz im Zuge der Entstehung vor Jahrmillionen gespeichert wurde.

Salz ist Leben

Dass Salz eine lebensnotwendige Substanz für jedes biologische Leben auf der Erde ist, zeigen die vielen »würzigen« Redewendungen in unserer Sprache: »Salz der Erde« oder »wie das Salz in der Suppe«.

Unveränderte, naturbelassene Lebensmittel sind die Brennstoffe für unseren Körper. Von Hippokrates stammt der Satz: Deine Lebensmittel sollen deine Heilmittel und deine Heilmittel deine Lebensmittel sein. Das Wort »Lebensmittel« beschreibt genau, dass das, was wir essen, ein Mittel zum Leben sein soll. Die Nahrung soll Lebendiges enthalten, damit unser Körper über die Ernährung ausreichend Energie für alle Funktionen bekommt. Natursalz – und noch dazu aus der Region – zählt zu den unersetzbaren Lebensmitteln. In der Ernährung hat Natursalz in den vergangenen Jahren sehr an Bedeutung und Aufmerksamkeit gewonnen. Verwendung findet es aber nicht nur in der Küche, sondern verstärkt auch in der Medizin, wo es bereits in der Antike eine tragende Rolle spielte.

Der menschliche Körper enthält ca. ein Prozent Salz. Davon verliert er täglich drei bis zwanzig Gramm, was durch die Ernährung wieder ersetzt werden muss. Unter normalen Umständen benötigt der Mensch für einen funktionierenden Stoffwechsel ca. drei bis fünf Gramm Salz pro Tag. Die tägliche Salzzufuhr sollte jedenfalls nicht weniger als 2,5 Gramm betragen, damit die Verluste ausgeglichen und alle notwendigen Körperfunktionen erfüllt werden können. In Extremfällen kann sich der Tagesbedarf auf bis zu 20 Gramm erhöhen, wenn verstärkt geschwitzt oder anderweitig viel Flüssigkeit ausgeschieden wird. Bis zu dieser Menge regulieren die Nieren rasch auf natürliche Weise ein Ungleichgewicht und stellen den geeigneten Zustand im Wasser- und Elektrolythaushalt wieder her.

Sinkt der Kochsalzspiegel im Blut unter den Normalwert von einem Prozent, dann können gravierende gesundheitliche Beschwerden auftreten, wie zum Beispiel Vergiftungserscheinungen.

Bei zu hoher Salzaufnahme reagiert der Körper mit Kopfschmerzen, Hautentzündungen oder bei manchen Menschen mit Bluthochdruck. Von einer toxischen Salzbelastung spricht man ab einer Verzehrmenge von mindestens 0,5 Gramm Natriumchlorid pro Kilogramm Körpergewicht und Tag. Umgerechnet auf eine 75 kg schwere Person wären das 37,5 Gramm Natriumchlorid. Dieser Wert ist jedoch schwer zu erreichen, weil der Geschmackssinn uns daran hindert.

Mitte des 20. Jahrhunderts bekam das Salz einen schlechten Ruf. Es wurde festgestellt, dass hoher Salzkonsum bei manchen Menschen für Bluthochdruck und Folgeerkrankungen verantwortlich wäre. Bei dieser Thematik, die immer noch aktuell ist, muss genau zwischen Natursalz und Kochsalz differenziert werden. Das industriell bearbeitete Koch- oder Speisesalz, auch als Natriumchlorid bezeichnet, ist in vielen Nahrungsmitteln und Speisen enthalten, oft in versteckter Form als Konservierungsmittel – auch in Keksen und manchen Süßspeisen. Viel unnötiges Speisesalz kann eingespart werden, wenn man die Speisen selber zubereitet und nicht auf Halb- und Fertigprodukte sowie Snacks zurückgreift.

Der Anstieg des Blutdrucks und eine Beschleunigung der Herztätigkeit sind auf den hohen Natriumgehalt des Koch- oder Speisesalzes zurückzuführen, das Wasser im Körper bindet, was das Blutvolumen und den Druck in den Gefäßen erhöht. Kalium arbeitet normalerweise dagegen, es verlangsamt den Puls und senkt den Blutdruck. Im herkömmlichen Speisesalz fehlen jedoch essenzielle Bestandteile, darunter auch der Gegenspieler von Natrium, das Kalium, mit seinen ausgleichenden Aufgaben. Der zweite Grund für diese negativen Auswirkungen ist die Tatsache, dass der Salzkonsum allgemein stark angestiegen ist und unsere Nahrung viel verstecktes Salz enthält.

Mittlerweile gibt es mehrere handfeste Argumente, die von einer salzlosen Ernährung abraten. Untersuchungen liefern Ergebnisse, dass sich kochsalzarme Diät durch steigende Werte bei Blutfett, Insulin und Harnsäure negativ bemerkbar macht. Jüngste Forschungen zeigen sogar ein Anwachsen des Schlaganfallpotenzials, da der Körper Hormone ausschüttet, die den Blutdruck erhöhen. Des Weiteren ist bewiesen, dass nur ca. 30 Prozent der Bluthochdruck-Patienten salzsensitiv sind. Bei diesen Patienten kann durch Salzreduktion eine Senkung des Blutdruckes erzielt werden. Bei der Mehrheit jedoch hat der Bluthochdruck andere Ursachen. Nicht unbeachtet darf die Tatsache bleiben, dass durch salzarme oder salzlose Kost Mangelerscheinungen auftreten können, wie zum Beispiel Koordinationsstörungen bei älteren Menschen.

Der Salzkonsum ist heutzutage aufgrund unserer Essgewohnheiten sehr hoch, dennoch leidet der Körper an Salzarmut. Da sich in Nahrungsmitteln, wie Wurst, Käse, Brot, Gebäck, Teil- und Fertigprodukten etc., herkömmliches Speisesalz (also Natrium-Chlorid) als Würz- und Konservierungsmittel befindet, liegt eine Überbelastung dieser beiden Stoffe vor. Zugleich besteht ein Mangel an anderen wesentlichen Elektrolyten. Natriumchlorid ist wohl für den menschlichen Körper unentbehrlich, allerdings nicht in selektierter Form.

Über die Ernährung wird täglich – und das über Jahre – um ein Vielfaches mehr an Speisesalz aufgenommen, als die Nieren im gesunden Zustand verarbeiten können und vom Organismus benötigt wird. Der Rest verbleibt unverarbeitet im Körper. Dieser ist aber bestrebt, diese Stoffe so schnell wie möglich auszuscheiden, weil der Zustand sonst eine »Vergiftung« für ihn bedeutet. Für den Abbau hat er sich zwei Strategien zurechtgelegt: In erster Linie schützt er sich durch Hydratisierung und in zweiter Linie durch Kristallisation. Bei der Hydratisierung isoliert und bindet der Organismus das Zuviel an Salz in körpereigenem Wasser. Unnützes Wassergewebe entsteht, das auch den Nährboden für Ablagerungen und Bakterien bildet und ein Teil des Übergewichtes ist. Wird der Körper weiterhin mit Salz überbelastet, dann kommt der Zeitpunkt, wo der Körper kein eigenes Wasser mehr für die Einlagerung der überschüssigen Salzmenge zur Verfügung hat und das Salz kristallisiert. Die Salzkristalle lagern sich in Gelenken und auf Knochen ab. Im schlimmsten Fall verbindet sich das Natriumchlorid mit tierischer Aminosäure und das Resultat daraus sind Nierensteine, Gallensteine oder Verkalkungen. Die Dunkelfeldmikroskopie, die die Lebendigkeit des Blutes veranschaulicht, zeigt auch den Aufbau dieser Kristallisation.

Um dem Körper diese unnötige Arbeit zu ersparen, sind die Ess- und Zubereitungsgewohnheiten zu überdenken. Einfach und wirkungsvoll ist die Verwendung von Natursalz in der eigenen Küche. Dieses belastet den Körper nicht, da natürliche Prozesse sich von selbst regulieren.

Die wichtigsten Inhaltsstoffe und ihre Funktion im Körper

Im natürlichen Zustand besteht Salz zu 97 Prozent aus Natriumchlorid. Der Rest von drei Prozent enthält wichtige Mineralien und Spurenelemente in kleinen Mengen. Aus chemischer Sicht beinhaltet jedes Salz – egal ob Berg- oder Meersalz – etwa die gleichen Elemente. Einen Unterschied gibt es in der ungleichen Menge einzelner Elemente, was sich vor allem in Farbe und Geschmack des Salzes ausdrückt.

Die Hauptakteure für die Tätigkeit jeder Körperzelle sind Natrium und Chlorid, unterstützt werden sie von anderen Elementen. Natrium ist zuständig für den Transport der Nährstoffe und des Sauerstoffes sowie für die Weiterleitung von Nervenreizen, weiters für die Aktivitäten der Muskeln und des Herzens. Chlorid sorgt für eine funktionierende Verdauung und Atmung.

Mit Kalium geht Natrium eine weitere zweckgerichtete Partnerschaft ein. Gemeinsam arbeiten sie wie eine Pumpe: Natrium scheidet aus den Zellen Wasser mit Säuren und Schlacken aus und Kalium versorgt die Zellen mit frischem Wasser. Wird zu salzreich gegessen – vor allem das herkömmliche Speisesalz –, dann trocknen die Zellen aus, weil Natrium dem Körper Wasser entzieht.

Bei Natursalz kann dieses Ungleichgewicht nicht entstehen, weil einerseits die Elemente in idealer Kombination zusammenwirken und andererseits man bei der Verwendung von Natursalz nicht übermäßig salzen muss. Das große Verlangen nach intensivem Salzgeschmack in den Speisen hängt mit dem Bedarf des Körpers nach funktionellen Mineralstoffen und Spurenelementen zusammen, die im herkömmlichen Koch- und Speisesalz fehlen. Übersteigertes Salzen ist mit dem Hungerstillen durch eine Semmel vergleichbar. Isst man eine Semmel aus Vollkorngetreide, stellt sich das Hungergefühl erst um vieles später ein, als wenn man eine Semmel aus Weißmehl isst. Volles Korn ist sättigender als Weißmehl. Bei Natursalz ist es ähnlich: Natursalz liefert alle Stoffe, die der Körper benötigt.

Die wichtigsten Begleit- und Spurenelemente im Salz sind Eisen, Jod, Schwefel und die Elektrolyte, wobei alle in sehr geringer Menge enthalten sind und der Körper seinen Bedarf über die Ernährung deckt. Schwefel ist für das Bindegewebe und die Entgiftung wichtig. Eisen spielt bei der Blutbildung und in Folge beim Sauerstofftransport eine große Rolle. Jod wird von der Schilddrüse für viele Aufgaben benötigt. Die Elektrolyte sorgen für einen funktionierenden Elektrolythaushalt.

Salz steuert im Körper viele Prozesse, deren korrekter Verlauf sich in einem stabilen Körper, ausgeglichenem Energiehaushalt und starken Abwehrkräften bemerkbar macht. Der folgende Überblick zeigt die zahlreichen Funktionen auf:

- Salz reguliert die Verdauung im Magen und schafft die Basis für die Aufnahme und Verwertung von Nährstoffen.
- Salz ist für die Leitfähigkeit unserer Nervenbahnen zur Impulsübertragung wichtig. Ohne Salz wären die Nerven lahmgelegt.
- Auch das Gehirn braucht Salz für seine Aktivitäten. Die Wechselwirkung von Natriumchlorid ist für unser Denken wichtig: im Nerv ist Natrium, außerhalb des Nervs ist Chlorid. Es bedarf unzähliger Aktionen, bis ein Gedanke in die Tat umgesetzt wird. Es werden Wellenlängen und Frequenzmuster aufgebaut und mit Lichtgeschwindigkeit über die Nervenleitbahnen transportiert, bis schlussendlich die Handlung ausgeführt werden kann.
- Ohne Salz könnte unser Herz nicht schlagen! Alle Muskeln benötigen für die Kontraktionen Salz, miteingeschlossen unser wichtigster Muskel, der Herzmuskel.
- Salz ist bei der Regulierung des Blutdruckes hilfreich und trägt zur Stabilität des Kreislaufs und der Blutzirkulation bei. Anders betrachtet: Macht der Stoffwechsel Probleme, so können über die Regulierung des Salz-Wasser-Verhältnisses Verbesserungen erreicht werden.
- Ein Tipp für den Alltag: Bei einer momentan auftretenden Müdigkeit oder Kreislaufschwäche kann etwas Salz, auf die Zunge gestreut, helfen.
- Salz steuert die Nierenfunktion und regelt Entgiftung und Ausscheidung. Mithilfe von Salz können die Nieren Übersäuerung abbauen und der Säure-Basen-Haushalt wird ausgeglichen. Speziell bei Rheumatikern ist diese Problematik besonders entscheidend. Alte Natriumchlorid-Ansammlungen, die sich über Jahre hinweg als kristalline Ablagerungen an Knochen und Gelenken aufgebaut haben, können mit einer Sole-Trinkkur gelöst werden.
- Salz reguliert den Flüssigkeitshaushalt im Körper und sorgt für eine ausgewogene Flüssigkeitsverteilung in und um die Zelle (Osmose – sie bezeichnet den Fluss gelöster Stoffe durch eine feinporige Trennwand. In der Natur ist dieser Vorgang bei Lebewesen zur Regulation des Wasserhaushalts in Organen und Zellen von zentraler Bedeutung). Wasser passiert die Zellwände leichter als Salz. Es transportiert Salz in die Zelle und entfernt Schlackenstoffe aus der Zelle.
- Salz fördert in Verbindung mit ausreichender Wasseraufnahme die Reinigung und Entschlackung des Gewebes.

Die große Bedeutung von Salz für den menschlichen Organismus zeigt sich darin, dass es in der Medizin, ja sogar in der Notfallmedizin, ein lebenserhaltender Stoff ist. Bei großen Blutverlusten nach Operationen, Unfällen oder Krankheit wird eine Kochsalzlösung als erste Hilfsmaßnahme eingesetzt, sie hilft Leben zu retten. Eine Infusion aus Kochsalzlösung enthält neun Gramm Salz pro einem Liter Flüssigkeit – das entspricht der Salzkonzentration des menschlichen Bluts.

Aber auch eigene Beobachtungen beweisen die Notwendigkeit von Salz. Landläufig bekannt ist, dass bei verstärktem Schwitzen oder Durchfall dem Körper Salz zugeführt werden muss. Bei anstrengender, schweißtreibender Arbeit oder beim Sport verliert der Körper über den Schweiß wertvolle Mineralstoffe und Spurenelemente, die wieder ergänzt werden müssen.

Der Wasserhaushalt

Salz zeichnet für einen ausgeglichenen Elektrolyt- und Wasserhaushalt verantwortlich. Unser Körper kann mit einer Batterie verglichen werden, die permanent geladen werden muss. Wasser und Salz liefern die Energie. Wasser ist genau wie Salz eine enorm wichtige Substanz für unseren Organismus. Das Gleichgewicht des Wasserhaushaltes wird durch die regelmäßige Aufnahme von Wasser, Obst und Gemüse, das auch zu einem Teil den Vitaminbedarf des Körpers deckt, und natürlichem Salz erreicht. Salz bewirkt die erforderliche elektrische Leitfähigkeit und sorgt für die Resorption der lebenswichtigen Nährstoffe aus der Nahrung und deren Transport mit dem Wasser in die Zellen. Werden Wasser- und Salzanteil im Körper konstant gehalten, funktioniert der Stoffwechsel mit all seinen Aufgaben.

Der Wasserhaushalt des Menschen ist kompliziert. Für viele Körperfunktionen wird Wasser benötigt und eine gewisse Menge muss als Depot vorhanden sein. Über das Durstgefühl wird normalerweise dieser Mechanismus reguliert, was bei Kindern oder im zunehmenden Alter nicht mehr so gegeben ist. Ideal ist es, laufend geringe Mengen an Flüssigkeit (Wasser, Kräutertee, kohlensäurefreies Mineralwasser) zu trinken, als viel auf einmal, da durch verstärkte Ausscheidung Mineralstoffe ausgeschwemmt werden.

Um dem Körper über Flüssigkeiten ausreichend Mineralstoffe zuzuführen, brauchen wir nur eine selbstverständliche Essgewohnheit früherer Generationen aufzugreifen, nämlich die tägliche Suppe. Leichte Suppen mittags und abends dienen dem Wasserhaushalt, der Mineralstoffzufuhr und – was sehr viele anstreben – reduzieren Übergewicht. Lassen wir eine bewährte Tradition wieder zu unserem Wohle aufleben! Zu beachten ist, dass der Wasserhaushalt durch die entwässernde Wirkung von Kaffee und alkoholhaltigen Getränken gestört wird. Aus diesem Grund gehört in gut geführten Kaffeehäusern ein Glas Wasser zum Kaffee zum Service, ebenso wie in guten Restaurants ein Glas Wasser zum Wein.

Der Elektrolythaushalt

Der Elektrolythaushalt, der für das Vorhandensein und die Verteilung sowie Ausscheidung der Elektrolyte im Organismus zuständig ist, wird von vielen Systemen überwacht und beeinflusst. Verschiedene Hormone, die vor allem im Gehirn, in der Schilddrüse und in der Nebenniere gebildet werden, regeln Aufnahme, Ausscheidung und Konzentration der Kationen und Anionen außerhalb und indirekt auch innerhalb der Zelle. Im idealen Zustand herrscht ein pH-Wert von ca. 7,4. Organische Säuren können eine pH-Wert-Änderung verursachen, die bis zu einem gewissen Bereich ausgeglichen werden kann.

Für einen gesunden Körper sind Elektrolyte unbedingt notwendig. Sie werden im Normalfall mit der Nahrung in ausreichender Menge aufgenommen. Die Elektrolyte setzen sich aus den negativ geladenen Anionen und den positiv geladenen Kationen zusammensetzen und sind in der Lage, in wässriger Lösung elektrischen Strom zu leiten. Prinzipiell herrscht im Körper ein Gleichgewicht an Anionen und Kationen, das auch als »elektrische Neutralität« bezeichnet wird.

Die mengenmäßig wichtigsten Elektrolyte im Blut sind die Kationen: Natrium, Kalzium, Magnesium und Kalium. Die Anionen (Phosphat, Sulfat und Chlorid) sind schwer messbar und in geringerer Konzentration vorhanden.

Verschiedene Vorgänge oder Krankheiten nehmen Einfluss auf die Ionenkonzentration im Körper, wie zum Beispiel Schwitzen, Erbrechen, Durchfall und Nierenerkrankungen. Um eine korrekte Aussage über den Mengenanteil der Elektrolyte im Körper zu erhalten, ist eine Bestimmung über Blut und Harn ideal. Ist die Gesamtkonzentration der Elektrolyte sehr niedrig, können lebensgefährliche Situationen auftreten, von Krämpfen bis zu Gehirnschwellungen. Parallel dazu muss auch auf die Wasseraufnahme geachtet werden, was insbesondere bei Säuglingen, Kleinkindern, aber auch bei älteren Menschen vermehrter Aufmerksamkeit bedarf.

Eine Mischung aus Apfelsaft, kohlensäurefreiem Mineralwasser und etwas Natursalz ergibt ein natürliches Elektrolytgetränk. Auch Elektrolyte in hochwertigen isotonischen Getränken, die eine ähnliche Konzentration an Mineralstoffen wie das menschliche Blut enthalten, werden rasch aus dem Magen-Darm-Trakt resorbiert.

Natrium

Natrium ist vorwiegend im Extrazellularraum (außerhalb der Zellen) sowie in den Knochen angereichert, im Gegensatz zu Kalium, das innerhalb der Zellen konzentriert ist. Daher ist in zellreichen Organen (Leber, Niere, Muskel) mehr Kalium und in zellärmeren Organen (Lunge, Haut, Knorpel) mehr Natrium vorhanden. Natrium ist für die Muskelreizbarkeit und -kontraktion verantwortlich.

Zu viel Natrium bewirkt die Ausscheidung von Kalium, wodurch das Gleichgewicht im Elektrolythaushalt gestört wird. Erhöhte Natrium-Konzentration verursacht auch höheren Blutdruck, weil das Wasser im Extrazellularraum zurückgehalten wird. Deshalb wird bei Bluthochdruck jedem empfohlen, der Aufnahme von Kochsalz in Speisen (Fertigprodukte, Käse, Speck, Wurst etc.) mehr Aufmerksamkeit zu schenken und Salz sparsam einzusetzen. Doch nicht immer ist Salz der Auslöser für Bluthochdruck. Auf der sicheren Seite ist man mit der Verwendung von Natursalz.

Bei Natrium-Mangel ist die Aufnahme von Kalium mit der Nahrung unbedingt anzuraten. Natriummangel über längere Zeit kann die Sauerstoffnutzung im Gehirn verringern. Zusätzliche Einnahme von Natrium darf nur über ärztliche Anordnung erfolgen.

Wenn schwere Arbeiten oder sommerliche Hitze verstärkt den Schweiß aus den Poren treiben, ist nicht nur das Trinken wichtig, sondern auch ausreichende Natriumaufnahme, denn Natriummangel verursacht Krämpfe. Dasselbe gilt für Leistungssportler, sowohl im Training wie auch im Wettkampf. Am einfachsten wird mit Natursalz gegengesteuert. Entweder wird Salz dem Trinkwasser zugefügt oder man schleckt an einem Natursalz-Brocken. Regelmäßige Salzaufnahme hält die Natriumkonzentration im Blut konstant und der Blutfluss zur Muskulatur bleibt erhalten.

Oft wird empfohlen, Salzgebäck in solchen Ausnahmesituationen – auch bei Durchfällen – zu essen. Doch ist davon abzuraten, da Salzgebäck aus herkömmlichem Speisesalz, aus Geschmacksverstärkern und anderen Zutaten besteht, die nicht dienlich für unseren Körper sind, gerade dann, wenn er eine optimale Versorgung benötigt.

Vorkommen: Mineralwässer, Schalentiere, Artischocken, Karotten, Rote Rüben, Niere, getrocknetes Rindfleisch, Speck. Ganz besonders ist auf die Qualität des Salzes zu achten. Naturbelassenes Salz ist in der eigenen Küche zu bevorzugen!

Kalium

Kalium ist der Gegenspieler von Natrium und insbesondere innerhalb der Zellen zu finden. Kalium ist ein wichtiger Mineralstoff, der im Wasserhaushalt, im Zellstoffwechsel, für den Herzrhythmus, zur Weiterleitung von Nervenimpulsen und für die Muskelarbeit eine große Rolle spielt. Der Körper regelt mit verschiedenen Prozessen das richtige Maß des Kaliumgehaltes.

Kalium wird über die Nahrung aufgenommen und hauptsächlich über die Nieren mit dem Harn ausgeschieden, nur ein kleiner Teil über den Darm. Normalerweise erfolgt die Kaliumbestimmung über eine Blutanalyse. Wird dabei festgestellt, dass die Werte weit von der Norm abweichen, sollte Kalium im Harn bestimmt werden. Beide Analysen verdeutlichen folgende Tatsache: Wenn Kalium im Blut zu hoch und im Harn zu niedrig ist, ist anzunehmen, dass die Niere zu wenig Kalium ausscheidet. Im gegenteiligen Fall, wenn Kalium im Blut zu niedrig ist, jedoch eine hohe Ausscheidung im Harn vorliegt, geht Kalium über die Nieren verloren.

Ein Anstieg des Kaliumspiegels kann in Nierenschwäche, schweren Infektionen oder Insulinmangel begründet liegen. Sehr hohe Kaliumwerte wiederum führen zu Muskelermüdung, Herzrhythmusstörungen oder Krämpfen.

Zu einer Unterversorgung von Kalium kann es bei großem Flüssigkeitsverlust, Nierenerkrankungen oder durch die regelmäßige Einnahme von Entwässerungsmitteln (Diuretika) und Abführmitteln sowie durch Erbrechen, Durchfall, erhöhten Koffeinkonsum kommen. Auch übermäßiger Alkoholgenuss und viel Stress reduzieren den Kaliumgehalt. In diesen Fällen ist eine Kaliumzufuhr unter Aufsicht eines Arztes erforderlich.

Die Folgen von zu wenig Kalium sind Müdigkeit, Schwäche, Schwindel, Muskelschwäche bis hin zu Muskellähmung, Appetitlosigkeit, Darmträgheit, Vermehrung der Harnmenge, Herzrhythmusstörungen, Absinken des Blutdruckes und des Blutzuckers.

Vorkommen: Obst (Bananen), Gemüse, Hülsenfrüchte, Kartoffel, Trockenobst, Champignons, Milch, Kakao, Innereien, Vollkornprodukte, Natursalz, Nüsse, Fleisch, Fisch etc.

Achtung: Durch langes Wässern und Kochen von Lebensmitteln geht Kalium verloren. Über eine schonende Speisenzubereitung durch Dünsten, Dämpfen oder nur kurzes Anbraten ist unser Organismus sehr dankbar.

Magnesium

Magnesium, der Gegenspieler von Kalzium, ist an ungefähr 300 Enzymreaktionen in unserem Körper beteiligt. Aber auch Knochen, Zähne und Sehnen benötigen dieses chemische Element.

Viele Beobachtungen belegen mittlerweile deutlich, dass bei Aufregung und Stress vermehrt Magnesium aus den Zellen ins Blut ausgestoßen wird. Auch Blutdruckveränderungen sind immer mit Magnesiumverlusten verbunden, wenngleich sich hier individuelle Unterschiede zeigen.

Tritt Magnesiummangel auf, kann sich das durch folgende Beschwerden bemerkbar machen: Reizbarkeit, Schwäche, Ruhelosigkeit, Nervosität, Muskelkrämpfe und Herzrhythmusstörungen bis hin zu Herzinfarkt. Noch mehr Aufmerksamkeit muss man dieser Tatsache bei hypertonen Typ-2-Diabetikern schenken, da sich deren Elektrolythaushalt durch die Stoffwechselstörung nicht im Gleichgewicht befindet und es bei Aufregung zu stärkerem Magnesiumverlust kommen kann.

Liegt offensichtlicher Magnesiummangel vor, werden zusätzlich Nahrungsergänzungsmittel oder Medikamente empfohlen.

Vorkommen: Vollkornprodukte, Nüsse, Fisch, Geflügel, Leber, grünes Gemüse, Milchprodukte und Mineralwasser.

Kalzium

Kalzium, dessen Gegenspieler Magnesium ist, ist ein äußerst wichtiger Mineralstoff für Knochen, Blutgerinnung, Erregbarkeit von Nerven- und Muskelgewebe und Muskelkontraktion sowie Hormonhaushalt. Auch Herz, Nieren und Lungen benötigen Kalzium. Kalziummangel, der bei unausgewogener Ernährung auftreten kann, kann sich durch Krampfneigungen und schlechten Knochenzustand bemerkbar machen. Bekanntlich wird Kalzium prophylaktisch oder zur Behandlung bei Osteoporose eingesetzt, wobei außerdem Bewegung und der Aufenthalt in der Sonne für gesunde Knochen wichtig sind.

Vorkommen: Milch und Milchprodukte, Brokkoli, Kohl.

Chlorid

Chlorid wird über alle Nahrungsmittel, die Salz enthalten, aufgenommen und steht in engem Zusammenhang mit Natrium. So wie Natrium ist auch Chlorid im Extrazellularraum zu finden. Beide Stoffe sind für den Elektrolythaushalt von großer Bedeutung. Die Chloridwerte geben Auskunft über den Zustand des Wasser-, Elektrolyt- und Säure-Basen-Haushaltes. Überhöhte Werte weisen auf eine Übersäuerung des Bluts, Nierenerkrankungen oder Hormonstörungen hin. Durch Erbrechen oder auch Hormonstörungen vermindert sich der Chloridgehalt im Blut.

Salz in der Medizin

Die Verwendung von Salz für Heilzwecke ist wahrscheinlich so alt wie seine gesamte Nutzung. Schon in der Antike galt Salz als bewährtes Heilmittel. Der älteste medizinische Bericht geht ins zweite Jahrtausend v. Chr. zurück und stammt aus Ägypten. Zur Zeit von Hippokrates (460–377 v. Chr.) wiesen therapeutische Verordnungen für Salz ein breites Spektrum auf: bei Übelkeit, Milzerkrankungen, Geschwüren, Bissen, Warzen, Blutergüssen, Nervenleiden, als Gurgelmittel, Abführmittel oder als schleimlösendes Präparat. Im Mittelalter wurde Salz von den Ärzten meist in Kombination mit anderen Produkten, wie Honig, verschrieben. Auch

Hildegard von Bingen (1098–1179) befasste sich eingehend mit der Notwendigkeit von Salz für den Organismus. Paracelsus (1493–1541) war der Erste, der Solebäder gegen Hautkrankheiten empfahl. Im 16. Jahrhundert erkannte man die mannigfache Wirkung der verschiedenen Salzsorten, die in Apotheken erhältlich waren. Der Begründer der Homöopathie, Samuel Hahnemann (1755–1843), therapierte damit die unterschiedlichsten Erkrankungen, wie Blutarmut, Kopfschmerzen oder Nierenbeschwerden. In der Naturheilkunde und Volksmedizin wurde das Wissen um die Heilkraft des Salzes über Jahrhunderte hinweg bis in die Neuzeit weitergegeben. Natursalz hat sich als unverzichtbares Hausmittel gehalten und bewährt sich bei vielen Beschwerden, auch weil es stets rasch zur Hand ist.

Heutzutage nimmt der therapeutische Einsatz von Natursalz wieder zu. Es wird vermehrt auf Therapien der großen Ärzte früherer Zeiten zurückgegriffen. Immer mehr ganzheitlich praktizierende Ärzte beziehen dieses wertvolle Naturprodukt in ihre Behandlungen ein. Allerdings liegt das heilende Potenzial von Natursalz weit höher und es ist zu hoffen, dass der Trend wächst. Bei Hautkrankheiten, wie Schuppenflechte, Neurodermitis und dergleichen sind Solebehandlungen seit mehr als 150 Jahren das Mittel erster Wahl. Aber auch bei Erkrankungen der Atemwege, des Verdauungstraktes oder bei Stoffwechselerkrankungen sind Therapien mit Natursalz Erfolg versprechend. Aufgrund seiner vielfältigen Eigenschaften kann es innerlich und äußerlich angewandt werden.

Hebammen empfehlen schwangeren Frauen Natursalz, weil es wertvolle Spurenelemente und Mineralstoffe für Mutter und Kind enthält. Und Zahnärzte raten ihren Patienten, Salz- oder Sole-Zahncremes sowie Sole-Mundspülungen zur Stärkung des Zahnfleisches und zur Desinfektion des Mundraumes zu verwenden. Täglich Gutes für das Wohlbefinden kann – ohne besondere Therapieempfehlungen – mit der Verwendung von Natursalz in der Küche getan werden.

Salzige Heilmethoden

Gradieranlage

»Gradieren« wird abgeleitet von »Grad« und bedeutet »auf einen höheren Grad bringen, anreichern«. In diesem speziellen Fall ist gemeint, den Kochsalzgehalt in der Sole durch Verdunstung zu erhöhen (anzureichern).

Der Kern der Anlage ist ein Holzgerüst, das mit Tannenreisig bedeckt ist, über das Sole tropft. Durch das langsame Fließen der Sole wird die Luft mit feinsten Salzpartikeln angereichert und ätherische Öle des Nadelwerkes werden freigesetzt. Beim entspannten Sitzen oder langsamen Gehen wird diese angereicherte Luft eingeatmet. Die winzigen Soleteilchen erweitern die Lungenbläschen und es kann mehr Sauerstoff ins Blut aufgenommen werden.

Der Aufenthalt in einer Gradieranlage ist jedem zu empfehlen, auch wenn keine Beschwerden vorliegen. Es ist ein angenehmes Erlebnis und sollte bei Gelegenheit in Anspruch genommen werden. Negative Auswirkungen sind keine bekannt. Lediglich Asthmakranken ist eine vorherige Arztkonsultation anzuraten. Besonders gute Erfolge werden bei allergiegefährdeten Kindern verzeichnet. Akute oder latente Allergien sind durch das Einatmen solehaltiger Luft leichter in den Griff zu bekommen.

Die Sinnhaftigkeit einer kurmäßigen Anwendung, d. h. ein täglicher Aufenthalt in einer Gradieranlage über einen längeren Zeitraum, sollte mit einem Arzt abgeklärt werden.

In letzter Zeit konnten zwei weitere therapeutische Effekte beobachtet werden: Die durch das Wasser verursachte Kühlung des umgebenden Raumes wirkt blutdrucksenkend und durch das Einatmen der salzreichen Luft kann die Einnahme von Medikamenten reduziert werden.

Die Wirkung einer Gradieranlage ist mit Seeluft vergleichbar, ergänzt um den angenehmen, beruhigenden Duft des immer feuchten Reisigs. Wer dieses spezielle Mikroklima mit seinem wohltuenden Aroma einmal genossen hat, wird eine Gradieranlage immer wieder gern aufsuchen.

Anwendungsbereiche: Hilfreich für Allergiker, bei Erschöpfungszuständen, bei Herz-Kreislauf-Beschwerden, nach Krankheiten und Operationen, bei übermäßiger körperlicher und geistiger Arbeit, Linderung bei Erkrankungen der Atemwege, entzündungshemmend, schleimlösend, beruhigend und reizlindernd.

Heilstollen

Im 19. Jahrhundert stellte ein polnischer Arzt fest, dass Arbeiter in Salzbergwerken kaum an Atemwegserkrankungen litten. In den folgenden Jahren wurden immer mehr aufgelassene Salzstollen für Kurzwecke eingesetzt. Es entstanden viele mehr oder weniger prominente Kurorte, die das heilsame Klima ehemaliger Stollenanlagen nutzten.

Die Therapie in Naturhöhlen oder stillgelegten Bergwerksstollen wird Speläotherapie genannt und hauptsächlich zur Behandlung von Atemwegserkrankungen empfohlen. Weitere Bezeichnungen sind Höhlentherapie, Untertage-Klimatherapie oder Heilstollentherapie. Die gesundheitsfördernden Effekte des Klimas in einem Stollen beruhen auf folgenden Faktoren: Die Luft ist staub- und allergie-/pollenfrei; die Luftfeuchtigkeit ist konstant und relativ hoch (70 Prozent) und die Temperatur ist ebenfalls gleichbleibend bei ca. zehn Grad Celsius.

Das Zusammenspiel dieser natürlichen Gegebenheiten wirkt antiallergisch, entzündungshemmend sowie schleim- und krampflösend auf die Atemwege. Zum Gesunden trägt zusätzlich die ruhige Atmosphäre bei.

Der heilsame Effekt der Luft im Stollen basiert auf der Ionisationswirkung von Salz. Salz bewirkt den Aufbau von gesättigten Ionenfeldern mit negativen Ionen. Aufgrund elektrischer Geräte (Fernseher, Handy, Computer etc.) überwiegen in Innenräumen üblicherweise die positiven Ionen, was eine Staubbelastung der Innenraumluft verursacht. Durch Lüften verschiebt sich wohl der Anteil der positiven hin zu mehr negativen Ionen, im Stadtbereich jedoch nicht wesentlich.

Ein weiterer Punkt des gesundheitsfördernden Klimas im Heilstollen ist die Frequenzgleichheit des Salzes mit unserem Körper. Das Salz unterstützt den Körper, die natürlichen Regulationsprozesse bei der Selbstheilung in Gang zu bringen. Auf alle Fälle muss ein kurmäßiger Aufenthalt mit einem Arzt abgeklärt werden. Empfehlenswert ist eine dreiwöchige Kur mit täglichem Besuch im Heilstollen, da der Körper eine gewisse Zeit braucht, bis das Wohlbefinden dauerhaft hergestellt ist. Wie schon bei der Gradieranlage konnte auch bei dieser Therapie eine Reduktion des Medikamentenverbrauches festgestellt werden.

Für folgende Beschwerden wird das Heilstollenklima genutzt: Husten, Atemnot, Schlafprobleme, allergische Reaktionen der Haut, Bronchitis, Heuschnupfen oder einfach – vorbeugend – zum Entspannen. Eine Heilstollentherapie sollte nicht durchgeführt werden, wenn psychiatrische Störungen, Panikanfälle, Klaustrophobie, schwere Herzprobleme oder akute Infekte vorliegen.

Salzgrotten

Seit einigen Jahren tauchen im Gesundheitsbereich immer öfter die sogenannten »Salzgrotten« auf. Die Wände einer Salzgrotte sind mit Salzziegel ausgekleidet. In meist bequemen Liegen, bei sanftem Licht und angenehmer Musik wirkt die Atmosphäre wohltuend und entspannend.

Das Klima in einer Salzgrotte ist mit dem in einem Heilstollen oder am Meer zu vergleichen. Die Luft wird mit feinem Salz (aus unterschiedlichsten Salzproduktionsstätten) angereichert. Die Salzpartikeln sind so klein, dass sie bis in die Bronchien gelangen können. Über ein Gerät wird die Salzkonzentration der Flüssigkristalle in der Raumluft gesteuert und niveaugleich gehalten.

Salzgrotten werden zur Entspannung, bei Atemwegserkrankungen, Asthma und Hautproblemen empfohlen.

Trockensalzinhalation

Die Trockensalzinhalation, eine noch junge Salztherapieform, passiert in normalen Räumen. Drei wesentliche Merkmale machen den Unterschied zu herkömmlichen Salzgrotten aus:

Die Raumluft wird mit max. 30 Prozent Luftfeuchtigkeit gezielt trocken gehalten. Dies gewährleistet, dass die Salzpartikeln mikroskopisch fein bleiben.

Die Salzkonzentration der Raumluft, basierend auf pulverisiertem Salz in trockener Form, beträgt 15 mg/m³. Modernste Techniken sorgen für eine Beibehaltung dieses Niveaus sowie für optimierte Luftqualität durch ständige Zufuhr von Frischluft in den Raum.

Verwendung findet ausschließlich medizinisch reines, naturbelassenes Siedesalz. Die Partikelgröße des Salzes ist so klein, dass die mikrofeinen Salzpartikeln die feinsten Lungen- und Bronchienäste erreichen.

Trockensalzinhalationen dienen zur Immunstärkung, Entspannung und Verbesserung der Regeneration. Sie helfen bei Atemwegs- und Hauterkrankungen, ganz besonders bei Asthma, Bronchitis, COPD oder Emphysem. Auch bei Entzündung und Überbelastung der Stimmbänder, Allergien, Heuschnupfen, Schlafstörungen, Stress oder Migräne werden gute Erfolge erzielt. Erwähnenswert ist auch die Unterstützung von Sportlern in der Vorbereitung und Regeneration sowie von Rauchern in der Entwöhnungsphase. Wie bei anderen Naturheilmethoden kann auch diese Therapieform die Wirkung von Medikamenten unterstützen und die Lebensqualität verbessern.

Floating-Anlagen

In jüngster Zeit hört und liest man viel über Floating-Anlagen. Es handelt sich um eine Entspannungsmethode, bei der Personen in ruhiger Atmosphäre mit angenehmen Licht- und Toneffekten auf konzentriertem Salzwasser »schweben«. Dieses Verfahren wird zurzeit bei Burn-out, im Stressmanagement, in der Schmerzmedizin, im Leistungssport sowie in der Orthopädie und Dermatologie getestet, um mittels physischer und mentaler Tiefenentspannung bei diversen Krankheitsbildern Verbesserungen zu erzielen.

In einer entsprechend großen Wanne treibt der Körper auf einer warmen Sole aus reinstem Meersalz oder Magnesiumsulfat, wobei Letzteres einen leicht unangenehmen Geruch hat. Die Sole muss eine entsprechende Sättigung aufweisen, damit der Körper auch wirklich schwebt. Außerdem ist auf eine wohltuende Temperierung der Sole zu achten, die mit ca. 35 Grad Celsius der Hautaußentemperatur entsprechen sollte. Der schwerelose Zustand, die ruhige, reizfreie Umgebungsatmosphäre und vor allem das wirkungsvolle Salz lindern viele Gesundheitsprobleme, wie Hexenschuss, Kreislaufstörungen, Hautleiden, Zerrungen oder Neuralgie. Außerdem ist eine tiefe Entspannung gegeben, da das Gehirn und die Nerven durch keinerlei Reize beansprucht werden.

Bedenkenloses Schweben ist bei gewissen Krankheiten abzuraten. Um seiner Gesundheit bei bestehenden Beschwerden wirklich Gutes zu tun, ist auf alle Fälle eine Arztkonsultation notwendig. Ohne gesundheitliche Probleme ist die Floating-Anlage im Wellnessbereich sicherlich ein wohltuendes Angebot.

Baden im Meer

Urlaub am Meer bedeutet schwimmen in einer leichten Salzlösung und einatmen der salzhaltigen Luft. Bei Erkrankungen der Atmungsorgane, der Haut oder des Bewegungsapparats werden Kuraufenthalte am Meer empfohlen. Durch das Einatmen solehaltiger Luft werden die Atemwege gereinigt, das salzhaltige Wasser beruhigt die Haut.

Salzige Empfehlungen für das Wohlbefinden

Die Anwendungsmöglichkeiten von Natursalz für die Erhaltung und Wiederherstellung der Gesundheit sind sehr umfangreich. Die Volksmedizin bietet ein großes Repertoire an nützlichen Hausmitteln, die auf Salz basieren. Im medizinischen Bereich überzeugt Salz unter anderem bei Kuranwendungen oder in der Notfallmedizin. Als Schönheitsmittel soll es sich schon bei Helena von Troja, einer Tochter des griechischen Göttervaters Zeus, bewährt haben. Bei Salz ist nichts ausgeschlossen!

Alle folgenden Tipps sind Empfehlungen. Im Zweifelsfall sollen Anwendungen mit dem Hausarzt abgesprochen werden. Sie ersetzen keine Arzt- oder Therapeutenkonsultation.

Feines Natursalz tut wohl

- **Körper-Peeling und Vitalisierung:** Nach dem Duschen die noch feuchte Haut mit feinem Natursalz abreiben, kurz einwirken lassen und dann abduschen. Noch leichter lösen sich Hautschuppen, wenn der Körper mit einer Mischung aus Natursalz und Olivenöl im Verhältnis 2:1 abgerieben wird. Die Effekte sind eine feinere Haut und neue Vitalkraft!
- **Vitalisieren über die Fußsohlen:** Feines Natursalz in der Handfläche leicht anfeuchten und damit die Fußsohlen bis hin zu den Zehen einige Minuten massieren. Abspülen und keinerlei Seifen oder Cremes verwenden. Sehr erfrischend für die Füße!
- **Massage:** Feines Natursalz mit hochwertigem Oliven-, Avocado- oder Haselnussöl und Quellwasser vermischen. Eine andere Variante ist das Mischen von hochwertigem Öl mit konzentrierter Sole. Beides ist bei Sportlern zur Muskelmassage sehr effizient, natürlich aber auch im Alltagsleben nach anstrengender Arbeit.
- **Lavendelöl-Peeling:** Mit einer Mischung aus 50 Prozent feinem Natursalz, 45 Prozent Macadamianussöl und fünf Prozent hochwertigem ätherischen Lavendelöl den ganzen Körper oder Körperteile gut einreiben. In ein Tuch und in eine warme Decke einwickeln und eine halbe Stunde ruhen. Danach nur mit lauwarmem Wasser abduschen. Wirkung: Entschlackt, entspannt und regeneriert die Haut. Anwendung: Bei unreiner Haut, Faltenbildung.
- **Kreislaufschwäche:** Bei spontaner Kreislaufschwäche durch Anstrengung, Schwitzen, ungewohnte Tätigkeit oder seelische Belastung eine Prise Natursalz auf die Zunge. Schwindel und Schwäche bessern sich. Diese Maßnahme ersetzt jedoch keinesfalls eine Abklärung durch den Arzt.
- **Wärme- und Kältesäckchen:** Zum Kühlen oder Erwärmen erkrankter Körperstellen feines Natursalz in ein Baumwollsäckchen füllen. Das Wärmesäckchen wird im Backofen erwärmt und mehrmals täglich möglichst heiß aufgelegt. Es hilft bei Erkältungen (auf die Brust legen), Ohrenschmerzen und Muskelverspannungen. Für das Kältesäckchen das Natursalz in einem gut verschlossenen Plastiksack ins Gefrierfach legen. Gut verschlossen ist wichtig, weil Natursalz im Gefrierschrank rasch Wasser anziehen würde. Einsatzbereiche sind Prellungen, Schwellungen, Sportverletzungen und Blutergüsse.
- **Salzsocken** haben eine durchblutungsfördernde Wirkung. Einen Esslöffel Natursalz in einem Liter warmen Wasser auflösen. Baumwollsocken eintauchen, gut auswringen und über die Füße streifen, dicke trockene Wollsocken darüberziehen. Eine Stunde ruhen und danach die Füße lauwarm abduschen. Anwendung: Bei chronisch kalten Füßen, Entzündungen der Zehen und Gicht.
- **Fußbäder** stärken den Körper bei Verkühlungen und Grippe. Außerdem sind

sie empfehlenswert bei Müdigkeit und verbessern die Hautqualität (gegen harte und rissige Haut an den Sohlen). Für einen Liter Wasser wird ein Esslöffel Natursalz empfohlen. Das Wasser sollte anfangs erträglich heiß sein, bei Bedarf während des Fußbads heißes Wasser nachgießen. Dauer des Fußbads: 30 Minuten. Danach die Füße nicht abtrocknen, sondern dick in ein Tuch einwickeln und nachdunsten lassen, um die Wirkung zu verstärken.

- **Inhalation mit Natursalz** wirkt sich positiv auf die Atemwege aus, ist schleimlösend und entzündungshemmend. Diese Art der Anwendung ist hilfreich bei Schnupfen, Erkältungen, Husten, Grippe, Raucherhusten, Nebenhöhlen- und Ohrenerkrankungen. Auch bei Asthma und Bronchitis sind wohltuende Effekte bekannt. Zum Inhalieren können Vernebler-Systeme verwendet werden oder die klassische Methode, bei der man mit bedecktem Kopf über einem Gefäß inhaliert. Wem diese Art zu heiß im Gesicht ist, kann einen Trichter über das Gefäß stülpen und über den Trichterhals tief einatmen. Nach dem Inhalieren den Kopf warm halten. Ideal ist es, wenn mehrmals täglich inhaliert wird. Empfohlen wird pro einem Liter kochendes Wasser ein Esslöffel Natursalz. Die ideale Dauer einer Sitzung beträgt 10 bis 15 Minuten.
- **Reinigen und Vitalisieren des Gesichts:** Feines Natursalz in der Handfläche leicht anfeuchten und mit sanften Bewegungen auf das Gesicht auftragen. Je nach Empfinden auf der Haut belassen, danach mit klarem, lauwarmem Wasser abspülen. Falls danach Eincremen erforderlich ist, dann mit einer dem Hauttyp entsprechenden Naturkosmetik.
- **Dekolleté-Peeling:** Drei Esslöffel feines Natursalz, fünf Tropfen Zitronenöl, zehn Tropfen Sanddornöl und etwas Olivenöl gut vermischen, auf die feuchte Haut auftragen und mit leichten massierenden Bewegungen das Dekolleté abrubbeln. Mit lauwarmem Wasser abwaschen. Die Haut wird glatt und geschmeidig.
- **Natursalz-Honig-Peeling:** Dieser Mischung wird nachgesagt, dass sie Helena von Troja zu ihrer blendenden Schönheit verholfen hat: Zwei Teelöffel feines Natursalz sowie je einen Teelöffel Honig und Olivenöl gut vermischen. Diese Paste kann entweder als Gesichtsmaske verwendet oder am ganzen Körper einmassiert werden. Kurze Zeit einwirken lassen und dann abspülen. Die Haut fühlt sich danach sehr weich und belebt an.
- **Schlafregulierung:** Vor dem Zubettgehen ein Glas Wasser trinken, ein paar Salzkörner auf die Zunge legen und Sie schlafen wunderbar!
- **Zähneputzen:** Mit speziellen Sole-Zahngels. Das Zahnfleisch wird gestärkt und Karies, Parodontose sowie Mundgeruch werden verhindert. Karies tritt bei Übersäuerung im Mund auf, die Säure greift den Zahnschmelz an.

Natursalz-Brocken, die Energiespender

Brocken werden einerseits zur Herstellung von Sole verwendet, andererseits kann durch Schlecken am Stein der Elektrolythaushalt unterstützt werden.

Herstellung von Sole: Salzsteine in hochwertigem (Quell-)Wasser auflösen. Ideal ist ein Glas mit Schraubverschluss (kein Metall!). Die Steine lösen sich bis zur Sättigung des Wassers auf, d. h. es können Steine im Glas liegen bleiben, dann wiederholt Wasser nachfüllen. Die einfachere Variante ist die Verwendung von fertiger Sole, die von speziellen Händlern angeboten wird (siehe Bezugsquellen).

Verwendung der Sole

Trinkkur

Bei gesundheitlichen Problemen oder Unsicherheit, ob eine Trinkkur für den Körper zuträglich ist, sollte unbedingt eine Absprache mit einem naturheilkundlich arbeitenden Arzt oder Therapeuten erfolgen. Soleanwendungen reinigen, entgiften und entschlacken. Sie unterstützen das Immunsystem und dienen zum Ausgleich des Elektrolyt- und Wasserhaushalts. Täglich morgens, gleich nach dem Aufstehen, also noch vor dem Frühstück, einen Teelöffel Sole mit mindestens einem viertel Liter Wasser verdünnen und schluckweise trinken. Mineralstoffe und Spurenelemente stehen dem Körper sofort zur Verfügung, da diese in organischer und kolloidaler Form im Natursalz enthalten sind.

Die Effekte einer Sole-Trinkkur: Der Elektrolythaushalt des Körpers wird auf natürliche Weise ausgeglichen, die Darmtätigkeit angeregt, der Kreislauf stabilisiert und das Immunsystem unterstützt.

Empfehlenswert ist eine Trinkkur über drei bis vier Wochen, danach weiterhin Natursalz in der Küche verwenden.

Wichtig: Um den Entschlackungseffekt der Trinkkur zu optimieren, wird geraten, in dieser Zeit auch die Ernährung umzustellen, um den Darm so wenig wie möglich zu belasten. Außerdem ist es wichtig, tagsüber mindestens zwei Liter Flüssigkeit zu trinken, um den Körper beim Ausscheiden der deponierten Schlackenstoffe zu unterstützen. Die Flüssigkeitsmenge soll aus gesundem Wasser (ohne Kohlensäure) oder ungesüßten Kräutertees (Früchtetees enthalten Säure) gedeckt werden.

Es kann zu Erstverschlimmerung und/oder Durchfall kommen, was als positive Reaktion des Körpers auf den Reinigungsprozess erklärt werden kann.

Bei extrem hohem Blutdruck ist definitiv von Solekuren abzuraten. Bei erhöhtem Blutdruck gibt es positive Erfahrungen der Senkung durch Soleanwendungen. Auf der sicheren Seite ist man mit einer Konsultation bei einem Ganzheitsmediziner oder Naturheil-Therapeuten. In der Homöopathie wird Sole als sogenannte »Urtinktur« weiterverarbeitet und »potenziert«. Die Information der Urtinktur wird durch Verschütteln und Verreiben auf Wasser oder Milchzucker übertragen. Das homöopathische Heilmittel wird »Natrium muriaticum« oder »Natrium chloratum« bezeichnet.

Weitere Verwendungsmöglichkeiten von verdünnter Sole:

- **Rachenputzer:** Die Sole nach eigenem Geschmack mit Wasser verdünnen, sodass sie nicht scharf salzig schmeckt. Drei Mal täglich gurgeln, danach den Mund nicht ausspülen. Hilfreich bei Erkältung, Heiserkeit, Entzündungen im Mund- und Rachenraum.
- **Hautpflege** (bei trockener Haut und Hautproblemen): Mit Sole bewahrt die Haut ihre Geschmeidigkeit und Vitalität. Falten oder trockene Haut entstehen, weil die unteren Hautschichten dehydriert sind. Mit Natursalzanwendungen wird das natürliche Gleichgewicht wiederhergestellt. Um das zu erreichen, ist die Sole mit Wasser (1:1) zu verdünnen und die Haut im Gesicht oder an anderen Körperstellen mit dieser Mischung zu benetzen. Die sich bildenden feinen Salzkristalle sollten so lange wie möglich auf der Haut bleiben, bevor sie abgewischt werden. Die Mineralstoffe dringen in die Hautzellen ein. Es kann anfängliches Ziehen und Spannen der Haut auftreten, was nach einigen Anwendungen verschwindet.
- **Akne:** Eine rasche Besserung tritt ein, wenn jeden zweiten Tag die betroffenen Stellen mit Sole betupft und täglich mit verdünnter Sole gewaschen werden. Außerdem hochwertige, auf den Hauttyp abgestimmte Naturkosmetik verwenden. Der Ernährung ist zusätzlich großes Augenmerk zu schenken. Empfehlenswert ist auch eine Soletrinkkur.
- **Hautleiden:** Die Haut ist bekanntlich der Spiegel der Seele, deshalb sollte bei jedem Hautleiden auch der seelische Zustand beleuchtet werden. Zur wirklichen Ursachenfindung ist vorrangig ein Ganzheitsmediziner oder naturheilkundlicher Therapeut zu konsultieren. Einige nützliche und wohltuende Begleitmaßnahmen für Haut und Seele:
  - ein Solebad zur Entspannung und Regeneration nach belastenden Zeiten
  - eine Soletrinkkur zur Pflege des Darms
  - Hautstellen mit Sole (in einer verträglichen Konzentration) betupfen
  - zum Würzen Natursalz verwenden.
- **Haarpflege bei fettem Haar:** Zur Kräftigung von Haar und Kopfhaut ist es ideal, einen Tag vor dem Haarewaschen die Kopfhaut mit verdünnter Sole einzureiben.
- **Mund- und Zahnpflege:** Sole ist ein altes und bewährtes Mittel für die tägliche Mund- und Zahnpflege. Die kolloidalen Mineralstoffe fördern die Durchblutung,

kräftigen das Zahnfleisch und beugen Parodontose (Zahnfleischschwund) vor. Zahnstein oder sonstige Ablagerungen werden beseitigt. Die Zähne werden sauber und erhalten schonend ein natürliches Weiß. Bei Zahnfleischbluten und Mundgeruch ist es ratsam, mit verdünnter Sole die Zähne zu putzen.

- **Salzhemd:** Ein gut passendes Baumwollhemd wird in Salzwasser getaucht, ausgewrungen und angezogen. Zusätzlich noch in ein Badetuch einwickeln und ca. eine Stunde ruhen. Der Stoffwechsel wird angeregt und über die Haut wird entschlackt. Die positiven Zusatzeffekte: Die Haut wird wunderbar weich und Entspannung pur macht sich breit. Personen mit schwacher Konstitution sollen immer Rücksprache mit dem Hausarzt halten.
- **Bei Wanderungen, Sport und Bergtouren:** Apfelsaft mit Quellwasser und einigen Tropfen Sole ergibt ein natürliches Elektrolytgetränk, oder immer wieder an einem Salzstein lecken. Das gibt Energie und gleicht den Elektrolythaushalt aus.
- **Energetisieren von Trinkwasser**, Obst- und Gemüsesäften mit einigen Tropfen Sole. Auch frisches Obst und Gemüse kann man mit Sole beträufeln.
- **Als nützliches Hausmittel** bewährt sich Sole auch bei:

- **Warzen:** Mehrmals täglich die Warzen mit Sole betupfen.
- **Insektenstiche:** Betroffene Stelle mit Sole (verträgliche Konzentration) betupfen
- **Fußpilz:** Ein Salzfußbad nehmen.

Das Solebad, ein Entspannungs- und Heilbad

Über Jahrtausende sind mit Solebädern sehr gute Heilerfolge bei verschiedenen Krankheiten nachgewiesen. Die balneologische Therapie ist eine der ältesten Heilanwendungen überhaupt. Bereits der griechische Arzt Hippokrates (460–377 v. Chr.) lehrte die »Heilkunde der Sole« in der Ärzteschule auf der Insel Kos. Damals diente kaltes und warmes Meerwasser in Form von Bädern und Dampfinhalationen, um rheumatische Erkrankungen zu behandeln. Im 19. Jahrhundert erlangten durch die Heilwirkung der Sole zahlreiche Badeorte Berühmtheit und einen wirtschaftlichen Aufschwung. Trinkkuren und Solebäder erleichterten vielerlei Beschwerden.
Sehr viel Forschungsarbeit und daraus resultierendes Wissen über Balneologie (Lehre von den Heilbädern) ist dem Wiener Arzt Dr. Franz de Paula Augustin Wirer (1771–1844) zu verdanken. Er war wohl nicht der Erste, der sich mit dem Salz und seinen heilenden Wirkungen auseinandergesetzt hat, aber er hat dies sehr umfassend und gründlich getan wie kein anderer vor ihm. Gemeinsam mit dem Ischler Arzt Dr. Josef Götz begründete er das Kurwesen in Bad Ischl.

Die guten Heilerfolge der Solebäder lassen sich durch die Beeinflussung des vegetativen Nervensystems und des Hypophysen-Nebennieren-Systems erklären. In folgenden Fällen bewähren sich Solebäder:

- Erkrankungen des Bewegungsapparats
- Stärkung des Immunsystems
- Hauterkrankungen (Akne, Neurodermitis, Hautirritationen)
- Gelenkserkrankungen und Rheuma
- Rekonvaleszenz nach Operationen
- Entschlackung (Ausgleich des Säure-Basen-Haushalts)
- Frauenleiden
- Vorbeugung bei Infektanfälligkeit
- psychische Erschöpfungszustände und Konzentrationsschwäche
- zur Beruhigung und bei Schlafstörungen.

Wer sich zuhause sein eigenes Solebad bereitet, sollte einige wesentliche Punkte berücksichtigen, damit es wirklich zu einem Entspannungs- und Schönheitsbad wird. Als Entspannungsbad ist es ein bis zwei Mal die Woche empfehlenswert. Vorrangig ist das persönliche Befinden zu beachten. Bei Kreislaufproblemen oder häufigeren wöchentlichen Anwendungen ist eine vorherige Absprache mit einem Arzt unumgänglich.

Ein Solebad regt Entschlackungs- und Durchblutungsprozesse an, was die Basis für Wohlbefinden und ein schönes Hautbild darstellt. Durch das Einbeziehen all unserer Sinne (Ruhe, Wärme, Duft, Klang) während der Badedauer kann der Erholungswert wesentlich gesteigert werden.

Das Solebad kann mit Blüten, Kräutern oder ätherischen Ölen ergänzt werden. Je nach Zusatz wird die Wirkung über den Geruchssinn angehoben. Die Wärme des Wassers bedeutet ohnehin Ruhe und Entspannung. Eine angenehme, individuell passende Musik rundet das Badeerlebnis ab. Auf keinen Fall darf das Badewasser mit irgendwelchen herkömmlichen Badezusätzen vermischt werden.

Solebäder können bei jedem Hauttyp – egal ob trocken oder fett – angewendet werden. Um eine optimale Wirkung zu erzielen, ist für ein Solebad in der eigenen Badewanne (80-100 Liter) zwischen 800–1000 Gramm Salz notwendig. Mit dieser Menge ist der Salzgehalt im Wasser ausgewogen, um die Haut nicht auszulaugen. Im Gegenteil, die Haut fühlt sich nach einem Solebad weich und frisch an. Die kolloidalen Mineralstoffe des Salzes dringen in die Haut ein, natürliches Zellwachstum wird durch die osmotischen Reize gefördert und die Selbstregulation des Körpers (Homöostase) wird unterstützt. Auch die entschlackende Wirkung darf nicht unerwähnt bleiben.

Die Wassertemperatur sollte bei ca. 37 Grad Celsius liegen, damit der Körper über den Temperaturausgleich nicht belastet wird und unnötige Energie aufwenden muss. Zu beachten ist, dass das Natursalz – je nach Größe der Körnung – Zeit zur Auflösung braucht. Daher entsprechend rechtzeitig vor Badebeginn das Salz ins Badewasser geben. Die empfohlene Badedauer liegt bei 20 bis 30 Minuten. Während des Bades auf gleichbleibende Wassertemperatur achten.

Um die Wirkung zu verstärken, ist es vorteilhaft, sich nach dem Bad nicht abzutrocknen, sondern in ein Tuch einzuwickeln und nachzuschwitzen. Die Verwendung von Seife, Lotion oder dergleichen nach dem Bad ist unnötig, ja sogar kontraproduktiv, denn die Haut fühlt sich weich und geschmeidig an und bedarf keines weiteren Pflegemittels. Wer ein Sprudelbad sein Eigen nennt, kann den Effekt des Solebads noch verstärken. Durch die Sprudelbläschen werden die kleinen, gelösten Salzteilchen in der Luft zerstäubt, was anregend auf die Atmungsorgane wirkt.

Salzsteinlampen

Salzsteinlampen bringen warmes, harmonisches Licht in jeden Raum und wirken beruhigend und harmonisierend. Im Gesundheitsbereich werden sie immer häufiger zur Verbesserung des Therapieerfolges eingesetzt. Die positiven Auswirkungen haben unterschiedliche Gründe. Einerseits wird die Atemluft verbessert und andererseits die angenehm sanfte Lichtquelle in natürlichen Farbtönen über Augen, Geruchssinn und Wärmeempfinden wahrgenommen. Die persönliche Wahrnehmung wird als beruhigend, konzentrationsfördernd und heilsam beschrieben.

Aus der Farbtherapie sind die wohltuenden Effekte der Farben bekannt, so zum Beispiel fördert weißes Licht die Konzentration und klärt den Kopf. In angespannten oder depressiven Phasen konnten nachweislich Verbesserungen erzielt werden. Ebenso sind Erfolge mit Salzlampen bei hyperaktiven Kindern zu verzeichnen, deren Konzentration sich wesentlich steigerte und deren Schlafstörungen sich verringerten.

Die uns umgebende Luft setzt sich in einem bestimmten Verhältnis aus negativen und positiven Ionen zusammen. Wissenschaftliche Untersuchungen belegen, dass die negativen Ionen für unser Wohlbefinden maßgeblich sind. Eine gute Atemluft, wie sie im Wald, am Meer, an Wasserfällen, Flüssen oder im Gebirge zu finden ist, weist eine hohe Konzentration an negativen Ionen auf. In unserer technisierten Zeit besteht die Raumluft hauptsächlich aus positiv geladenen Ionen, verursacht durch elektrische Geräte, Staub, Zigarettenrauch, Kunststoffe etc. Bei guter Außenluft erhöht regelmäßiges Lüften den Anteil der negativen Ionen. Jedoch ist heutzutage die Außenluft in bewohnten Gebieten nicht im Idealzustand. Durch verschiedene Maßnahmen kann die Raumluft ausbalanciert werden, eine davon sind Salzlampen.

Salz besteht aus den positiv geladenen Natriumionen und den negativ geladenen Chloridionen. Durch die Erwärmung der Salzsteinlampen mit Kerzen oder Glühbirnen werden negative Ionen freigesetzt, das Raumklima verbessert sich. Um wirklich eine wohltuende Atmosphäre durch die erwärmten Salzlampen zu erreichen, muss die Lampengröße an die Raumgröße angepasst sein. So rechnet man ein Kilogramm Salz pro fünf Quadratmeter Raumgröße.

Salzlampen eignen sich für trockene Innenräume; im Außenbereich sollten sie aufgrund der Luftfeuchtigkeit nicht verwendet werden. Passiert es doch einmal, dass die Salzlampe mit Feuchtigkeit in Berührung kommt, dann einfach die Lampe einige Stunden brennen lassen und die losen Salzkristalle trocken wegbürsten.

Die Wirkung der Farben:
- *Rot:* anregend, stärkt die Lebenskraft; aktiviert Herz und Kreislauf
- *Orange:* sanft anregend und belebend, stimmt heiter und fröhlich; aktiviert Nieren, Blase und Dünndarm; stimuliert die Meridiane
- *Gelb:* aufmunternd, lebensbejahend, steht für Glück; stimuliert Magen, Leber, Galle, Milz, Bauchspeicheldrüse, vegetatives Nervensystem; fördert das Auffassungsvermögen und die Intelligenz
- *Rosa:* fördert die zwischenmenschliche Aufmerksamkeit, Partnerschaft und Liebe
- *Weiß:* wirkt reinigend, schützt Bestehendes, fördert Konzentration und Klarheit; steht für Heilung
- *Braun:* hilft die eigene Mitte zu finden, fördert die Bodenständigkeit.

2. Teil: Österreichische Salzgeschichte

Salz spielt in der österreichischen Geschichte seit mehreren Jahrtausenden eine große Rolle. Das Mineral bescherte jenen Macht und Geld, auf deren Territorium Salz, das weiße Gold, abgebaut wurde. Es füllte Staats- und Kirchenkassen und war leider auch des Öfteren Anlass für heftige Kriege. Häufig war Salz jedoch die Initialzündung für einen technischen Entwicklungsschritt oder es war die Basis für neue Materialien. Auch auf der Landkarte hat das weiße Gold seine Spuren hinterlassen: Salzburg, Salzach, Hall, Hallstatt, Hallein und das Salzkammergut – um nur einige zu nennen – verdanken ihre Namensgebung dem Mineral Salz.

Die österreichischen Salzlagerstätten entstanden vor ca. 250 Millionen Jahren. Sie erstrecken sich in den nördlichen Kalkalpen über mehr als 300 Kilometer zwischen dem Halltal/Mariazell und Hall/Tirol (Karwendelgebirge). Die Mineralablagerungen eines urzeitlichen Meeres wurden von Gebirgsauffaltungen eingeschlossen und durch tektonische Bewegungen in höhere Bereiche gerückt. Die Lagerstätten liegen mehr oder weniger tief und dadurch geschützt vor Verunreinigungen im Berginneren. Das österreichische naturbelassene Salz ist somit das reinste und »biologischste« Lebensmittel, das wir heute haben.

Die ostalpinen Salzlagerstätten in Tirol, im heutigen Salzkammergut und in Berchtesgaden werden von den Geologen auch »Haselgebirge« genannt. Typisch ist hier die abwechselnde Schichtung von Steinsalz und tauben Gesteinslagen aus Ton, Sandstein, Anhydrit und Gips. Ein weiterer geologischer Terminus in den folgenden Texten ist das »Heidengebirge«. Von den Archäologen wird das Haselgebirge, gemischt mit dem hinterlassenen Betriebsabfall der Knappen im Berg, als Heidengebirge bezeichnet.

Über den Salzabbau in prähistorischer Zeit gibt es dank unermüdlicher Arbeit zahlreicher Archäologen ausführliche Nachweise. Ruhig ums Salz wird es in den ersten nachchristlichen Jahrhunderten. Anscheinend spielte während der Völkerwanderungszeit die Salzförderung keine bedeutende Rolle in den österreichischen

Alpen. Erst 903 findet man einen Eintrag in einer Urkunde, dass Salzschiffe die Traun befahren. Die Forscher vermuten den Transport von Quellsole. Einen genaueren Beleg für den Handel mit Quellsole aus dem Halltal/Admont gibt es aus dem Jahr 931. Heute existieren die meisten Salzabbaustätten aus der damaligen Zeit nicht mehr. Lediglich in Altaussee wird durchgehend seit 860 Jahren Salz abgebaut und in Hallstatt wird auch heute noch Siedesalz gewonnen.

Der Rohstoff Salz, der als Gewürz und auch zur Konservierung von Fleisch und Gemüse unentbehrlich war, später auch in der Medizin und für Industrieprodukte benötigt wurde, zählt zu den ältesten und begehrtesten Handelswaren der Menschheit. Im antiken Europa gab es eine Vielzahl an Salzwegen, auf denen Meersalz aus Italien und Gallien ebenso gehandelt wurde wie Bergsalz aus dem Noricum. Salz stellte somit das erste Exportgut Österreichs dar.

Viele dieser antiken Handelswege sind heute noch bedeutende Verkehrsverbindungen. Die Salzstraßen führten von der Ostsee über die Alpen in den Süden nach Italien und in den Osten auf den Balkan. Auch auf Flüssen und Gebirgspfaden wurde Salz transportiert. So waren kleine, abgelegene Orte im Gebirge, wie Hallstatt oder Dürrnberg, mit der Welt jenseits der Alpen verbunden und Salz fand seinen Weg über die Berge ins Flachland. Städte, Erzbistümer und Länder kamen zu Reichtum, nicht nur über den Salzabbau und -handel, sondern auch über die damit in Verbindung stehenden, unbedingt notwendigen Handwerkstätigkeiten. Im Mittelalter war das Salz die wichtigste Handelsware.

Salzbergbau im Wandel der Zeit

Die heutige Technik im Salzbergbau und die Art der Salzgewinnung basieren auf dem Wissen der prähistorischen und mittelalterlichen Knappen. Wissen aus diesen Zeiten fließt auch heute noch in den modernen Salzabbau ein. Die Bergarbeitersprache hat – so wie jedes Handwerk – ein ganz besonderes Vokabular entwickelt, dessen Ursprung weit in der Bergbaugeschichte zurückreicht.

Prähistorischer Bergbau

Steinsalz lagert tief im Berg, geschützt und umgeben von unterschiedlichstem Gestein. In prähistorischer Zeit wurden unter Tage von Bergmännern, genannt »Hauer«, mit relativ einfachen Werkzeugen händisch Stollen und Schächte in den Berg gehauen, um an das Salzlager zu kommen.

Fachlich wird dieser Prozess, der bis ins 19. Jahrhundert hinein beschwerliche Arbeit war, als »Vortrieb« bezeichnet. In den Grundzügen sieht heute der Bau einer Bergwerksanlage immer noch so aus wie damals. Ein Bergwerk erstreckt sich über mehrere Ebenen, die bergmännisch korrekt als »Horizonte« bezeichnet werden. Die senkrechte Verbindung zwischen den Horizonten bilden die »Schächte«, die eine Höhe von bis zu 400 Metern haben können. In jeder Ebene gibt es neben dem Hauptschacht noch seitliche Schächte. Bevor die Technik mit Fördermaschinen für den Arbeiter- und Lastentransport ins Bergwerk einzog, ging es über schräge Stiegen oder Rutschen von einem Horizont zum anderen. Letztere sind heute bei den Besuchern von Schaubergwerken besonders beliebt.

Die Abbautechnik der prähistorischen Bergknappen brachte in Kombination mit einer gut durchdachten Organisation profitable Erträge, was die teilweise recht kostbaren Grabbeigaben beweisen. Deutlich nachvollziehbar ist jedoch, dass die Arbeit aufgrund der einfachen Werkzeuge anstrengend und sehr zeitintensiv war. In Berichten über prähistorischen Bergbau ist nachzulesen, dass Stollensysteme bis zu 3000 Meter lang waren. Eine gewaltige Leistung, wenn man bedenkt, dass acht Bergleute bei einem zwölfstündigen Arbeitstag einen Monat benötigten, um einen Meter Streckenvortrieb (Stollenstrecke) zu hauen. Heute wird für diese Strecke mithilfe von Sprengungen und Spezialmaschinen lediglich ein Tag benötigt. Dem Abbau folgte der Transport der aus dem Gestein geschlagenen großen Steinsalzbrocken. Von Bergknappen oder Frauen wurden sie in Förderkörben oder in aus Tierhäuten hergestellten Säcken aus dem Berg getragen.

Bergbau im Mittelalter und in der Neuzeit

Im 12. Jahrhundert wurde im Alpenraum nachweislich wieder mit dem Salzbergbau begonnen, allerdings mit geänderter Methode. Nicht mehr das trockene Steinsalz wurde mit enormer Anstrengung wie in prähistorischer Zeit abgebaut, sondern Salz wurde aus Sole gewonnen. Dieses Verfahren, das 1311 erstmals urkundlich in Hallstatt erwähnt wurde, wird als »nasser Abbau« oder »Laugverfahren« bezeichnet und war bis Mitte des 20. Jahrhunderts in Verwendung. Heute wird grundsätzlich immer noch so gearbeitet, jedoch mit moderner computergesteuerter Technik. Der nasse Abbau, der ein besonderes bergbautechnisches Wissen voraussetzte, erforderte organisatorische und bauliche Veränderungen. Die Saline (anfangs als Pfannhaus bezeichnet) wurde – vom Bergwerk getrennt – bei Flüssen gebaut, um ausreichend Wasser für die Solebereitung zur Verfügung haben. Zudem waren Flüsse wichtige Transportwege für den Salzhandel und den Holztransport, denn zum Erhitzen der Pfannen war reichlich Holz erforderlich.

Salzgewinnung aus Sole

Beim nassen Abbau wurde in gegrabene Hohlräume, den sogenannten »Laugwerken«, Wasser gefüllt und Salz aus dem aus Steinsalz, Ton, Gips und Anhydrit bestehenden Gestein ausgelaugt. Beim Laugwerksbetrieb gab es zweierlei Techniken: das Schöpfwerk und das Sinkwerk. Bei beiden Methoden wurde immer Bedacht auf die Grädigkeit (Salzkonzentration im Wasser) der Sole genommen. Nach ungefähr fünf Wochen war die Sole vollgrädig, d. h. ca. 33 kg gelöstes Salz in 100 Liter Wasser, und zur Salzgewinnung geeignet. Der Fachmann unter den Bergmännern für die richtige Grädigkeit der Sole war und ist der »Wässerer«. Vor Einzug der Technik in den Salzbergbau kontrollierte er mit dem Sole-Messtrog den Salzgehalt in den Laugwerken, heute vereinfacht sich seine Tätigkeit mit der Bohrlochsondentechnik.

Die unlösbaren Rückstände, überwiegend aus Ton und Anhydrit bestehend, sanken zu Boden und bildeten eine wasserundurchlässige Schicht, den grauen Werklaist, der damals nützliche Verwendungsmöglichkeiten für Wehrdämme oder Heilzwecke fand. Beim Laugvorgang wurde der Boden durch den Werklaist angehoben und die Decke des Hohlraums ausgewaschen. Bei jedem Durchgang wanderte die Decke weiter nach oben.

Bei der einfacheren Schöpfwerktechnik wurde die Sole mittels Schöpfeimern und einer Seilwinde aus dem Berg geholt. Bei der im Salzkammergut entwickelten Sinkwerktechnik wurde die gesättigte, gereinigte Sole im untersten Horizont gefiltert und über spezielle Leitungen zur Saline geleitet, wo durch Verdampfen des Wassers Salz gewonnen wurde. Besonderer Aufmerksamkeit bedurften bei beiden Prozeduren die im Berg zurückgebliebenen Kavernen (Hohlräume), um Katastrophen im Berg und außerhalb zu verhindern.

Für die Salzgewinnung aus Sole waren große Mengen Holz notwendig, deshalb wurden Saline und Forstwirtschaft als eine betriebliche Einheit geführt. Nicht nur die Befeuerung der Siedepfannen erforderte Holz, sondern auch die Befestigung der Stollen. Außerdem benötigten die Bergleute Bauland, Felder und Weideflächen. Alles zusammen bewirkte eine großflächige Abholzung der Wälder.

Pfann- oder Sudhaus

Aus der beim nassen Abbau gewonnenen vollgrädigen Sole wird in der Saline (früher Pfann- oder Sudhaus genannt) das Salz abgeschieden. Der korrekte salinentechnische Ausdruck »das Salz sieden« gibt den Arbeitsablauf bereits an. Die Sole wird in eine oben offene Pfanne mit großer Grundfläche geleitet und so lange erhitzt, bis das Wasser verdampft und reines Siedesalz übrig geblieben ist. Ein an und für sich relativ einfacher Prozess, der in der Natur in Salzgärten oder Salzbecken von der Sonne angetrieben wird.

In den Anfangszeiten dieser Methode waren die Pfannen eher klein, weil jeder, der eine Salzquelle besaß, selber Salz siedete. Später, im Zuge des Bergwerksbetriebs, hatten Pfannen oft eine gigantische Größe von bis zu 200 m². Von der Hallstätter Pfanne aus dem Jahre 1524 ist bekannt, dass sie eine Fläche von mehr als 300 m² hatte. Die Konstruktion der Pfanne war eine technische Meisterleistung. Die Pfannen waren aus Eisenplatten, die mit Nägeln und Bolzen verbunden waren. Um den Boden abzudichten, wurde er mit »Kalkbrot« bestrichen, einer Mischung aus Kalk, Sole und Werg (minderwertige Fasern von Leinen, Hanf, Jute).

Der gesamte Bau des Sud- oder Pfannenhauses war eine bauliche Sensation aus Holz und diente auch zum Schutz gegen Wind und Wetter. Dieser Bautyp wurde als Hallensudhaus bezeichnet. Über der Pfanne wurde eine massive Konstruktion aus Holz errichtet, das sogenannte »Überzimmer«. Von hier hingen bis zu 80 Haken herab, an denen die Pfanne aufgehängt war. Die riesige, schwere Pfanne nur von oben zu halten, war nicht ausreichend, deshalb bedurfte es auch einer Befestigung von unten. Wuchtige Steinsäulen, die Pfannensteher, von denen pro einem Quadratmeter Pfannenfläche ein Steher notwendig war, dienten der Pfanne als Stütze. Man stelle sich vor: bei ca. 300 m² stützten mehr als 300 Steinsäulen die Pfanne – ein beachtlicher Säulenwald unter der Riesenpfanne! Mitte des 18. Jahrhunderts wurden Ziegel statt Steine für die Steher eingesetzt und später im 19. Jahrhundert verwendete man Gusseisen.

Unter der Pfanne waren Eisenroste für die Feuerung. Bis zum 19. Jahrhundert wurde hauptsächlich mit Holz aus den salineneigenen Wäldern geheizt. Im 18. und 19. Jahrhundert probierte man in Aussee mit Torf zu heizen, doch die Heizleistung war viel zu gering. Die Feuerung mit Kohle wurde erst Mitte des 19. Jahrhunderts mit der Anbindung der Saline ans Eisenbahnnetz rentabel. Davor waren die Transportkosten viel zu hoch. 100 Jahre später erfolgte die Umstellung auf Öl.

Bis zum 18. Jahrhundert waren die Pfannen rund. Sie wurden »österreichische Pfannen« genannt. Ende des 18. Jahrhunderts entwickelte der Haller Salinendirektor eine rechteckige Pfanne, die »Tiroler Pfanne«, die aber erst nach 30 Jahren die runde Pfanne ablöste. Wie so oft werden Neuerungen, auch wenn sie praktischer als Althergebrachtes sind, aus Skepsis ungern sofort übernommen.

Für die Tiroler Pfanne war eine andere Bauform des Sudhauses erforderlich: ein Etagensudhaus mit zwei Stockwerken. Im oberen Stockwerk war die Pfanne, im Erdgeschoß befanden sich die Feuerung und die Dörranlagen. So konnte die Wärme der Pfannenfeuerung gleich zum Trocknen verwendet werden – eine ökonomische Bauart.

Die Salzsieder

Anfänglich war von Montag bis Samstagabend die Pfanne in Betrieb. Kräftige Männer, aber auch Frauen, drehten das Schöpfrad mit den Kübeln, die die Sole in die Pfanne schöpften. Der Sonntag war für die Pfannenarbeiter frei, so wie es von der Kirche vorgeschrieben war. Später wurde aus Rationalisierungsgründen zwei Wochen durchgesiedet. Diese Entscheidung missfiel dem Klerus.

Mehrmals täglich wurde Salz abgezogen und frische Sole dazugeleitet. In den siedefreien Zeiten wurde die Pfanne gereinigt. Einige Male pro Jahr wurden der Pfannenzustand kontrolliert und Schäden repariert. Überprüfung und gleichzeitige genaue Reinigung nahmen gut zwei Wochen in Anspruch. Einmal im Jahr erfolgte eine Generalüberholung, die bis zu 15 Wochen dauern konnte. Zählt man alle »Leerzeiten«, in denen die Pfanne nicht betrieben werden konnte, zusammen, kommt man auf eine jährliche Betriebsdauer von ungefähr 30 Wochen.

Das von der Pfanne abgezogene Salz war noch feucht und musste getrocknet – gedörrt – werden. Dafür waren mehrere Arbeitsschritte, vom Füllen in eine Holzform bis hin zum Trocknen in der Dörre oder Pfiesel (Trockenkammer) erforderlich. Weit ins 20. Jahrhundert hinein wurde der Pfannhausbetrieb geführt. Die Technik des Salzsiedens ist im Prinzip seit dem Mittelalter bis auf zeitgemäße Veränderungen, die meistens Verbesserungen im Prozessverlauf brachten, gleich geblieben.

In den ersten Jahrhunderten wurde beim Sieden aus Unwissen viel Energie verschwendet. Die Abwärme der Feuerung und der heißen Sole verpuffte ohne Verwertung. Im 19. Jahrhundert fanden kluge technische Köpfe vorerst eine Lösung des Problems der ungenutzten Abwärme: Sie wurde zum Trocknen der Fuder (in Kegel- oder Pyramidenform gepresstes Salz, bis zu 64 kg schwer) genutzt. Durch weitere Versuche gelang Peter Ritter von Rittinger (1811–1872), einem Beamten im k. u. k. Ministerium für Landeskultur und Bergwesen, eine bedeutende Erfindung. Mit einer Art Wärmepumpe legte er den Grundstein für ein ökonomisches System, das lediglich aufgrund der Verkrustung der Heizflächen noch nicht hundertprozentig ausgereift war. Es wurde weiter geforscht und entwickelt und 1979 konnte Rittingers Wärmepumpe mit praktischen Korrekturen als Thermokompressionsanlage in der größten Saline Österreichs in Ebensee in Betrieb genommen werden. Der Energieverbrauch reduzierte sich um ein Vielfaches im Vergleich zu den bisher gebräuchlichen Sudpfannen. Zur Erinnerung und Ehrung des Erfinders Ritter von Rittinger wurde in Ebensee eine Bronzebüste aufgestellt.

Soleleitungen

Die Feuerung der Pfannen mit Holz verminderte im Mittelalter sehr rasch den Baumbestand in der Umgebung des Sudhauses. Überlieferte Angaben machen deutlich, welche Holzmengen für die Feuerungen benötigt wurden: für 150 kg Siedesalz war ein Festmeter Holz notwendig. Aber nicht nur im Pfannenbetrieb war Holz ein wichtiger Stoff, auch im Stollenbau und später beim Bau der Soleleitungen. Um den Salinenbetrieb aus Feuerholzmangel nicht einstellen zu müssen, wurden Soleleitungen dorthin gebaut, wo es noch reichlich Holz gab. Als älteste Pipeline der Welt wird die im 13. Jahrhundert gebaute Soleleitung vom Bergwerk Altaussee zu den Sudhäusern in Aussee bezeichnet. Bei dieser sieben Kilometer langen Leitung wurden noch keine Holzrohre, sondern halbierte, mit Holz abgedeckte Baumstämme verwendet.

Die nächste bauliche Meisterleistung einer Soleleitung im Mittelalter initiierte Maximilian I., der nicht nur ein großer Reformer des Beamtenwesens, sondern auch bekannt für seine Optimierungsmaßnahmen im Salzbetrieb war. Kostengünstige Erzeugung, wettbewerbsfähige Salzpreise und technische Verbesserungen umfassten seine Reformen. Sie mündeten in der Überlegung, eine zentrale Saline dort zu bauen, wo Holz ausreichend vorhanden war oder kostengünstig und einfach angeliefert werden konnte. Das technische Wissen über ausgereifte Konstruktionen für Holzleitungen über lange Strecken war verfügbar. Ende des 16. Jahrhunderts erfolgte unter Rudolf II. der Bau der Soleleitung von Hallstatt zur Saline Ebensee. 1607 floss in Ebensee die erste Sole aus Holzrohren in die Pfanne.

Entlang der Soleleitung standen die Solestuben, die mehrere Zwecke erfüllten. Um frühzeitig Leitungsschäden zu erkennen und Soleverlust zu vermeiden, wurden von diesen Stuben ausgehend die Leitungen permanent kontrolliert und die Durchflussmengen gemessen. Für Schadensfälle lagen immer einige fertige Holzrohre auf den sogenannten Röhrenplätzen entlang der Strecke bereit, um kaputte rasch austauschen zu können. Um ein Einfrieren zu verhindern, war es im Winter stellenweise unerlässlich, die Rohre zu erwärmen. Das Problem wurde recht praktisch gelöst, indem unter der Leitung in einer speziellen Feuerstelle Feuer angezündet wurde. Hin und wieder mussten die Leitungen mit Wasser durchgespült werden, um ein Verkrusten zu vermeiden. Im Laufe der Jahrhunderte änderte sich – angepasst an den technischen Stand der Zeit – das Material der Rohre. Anfänglich war es Holz, dann folgte Gusseisen, später Eternit und heute ist es Kunststoff.

Das Industriezeitalter zieht in den Berg ein

Ab dem 18. Jahrhundert wurden traditionelle Arbeiten nach und nach durch neue Techniken abgelöst oder eine Zeit lang parallel ausgeführt, bis die neue Erfindung siegte. So auch im Bergbau. Im Laufe der Jahrzehnte erleichterten die aufkommenden technischen Neuerungen die Arbeit der Knappen.

Beim Stollenvortrieb sind heuzutage riesige Spezialmaschinen im Einsatz. Im Gegensatz zu früher, wo die Stollen mit Hand geschlagen wurden, wird die schwere Arbeit samt Transport des abgebauten Materials von Geräten erledigt. Trotz aller Techniken, Geräte und Elektronik sind das Wissen und die Erfahrung der vergangenen Jahrhunderte ein immenser Schatz.

1770 begann man mit Sprengungen und der händische Abbau verschwand allmählich. Heutzutage wird dieses Hilfsmittel je nach Salinenbetreiber im notwendigen Quantum oder im Übermaß, um rasch große Mengen abzubauen, eingesetzt. Seit Jahrzehnten wird kein Salz mehr von Hand abgebaut, da dies zeitintensiv und äußerst anstrengend ist – und eigentlich unbezahlbar wäre. »Von Hand abgebaut« wird häufig aus werbewirksamen Gründen bei Natursalz benutzt, ist jedoch falsch. »Handarbeit« passiert in einem gewissen Ausmaß bei der Weiterverarbeitung (Transport, Zerkleinern, Mahlen, Sortieren, Wiegen und Verpacken). Korrekt sollte der Hinweis lauten: »von Hand weiterverarbeitetes Salz« und nicht »von Hand abgebaut«!

Für den Transport aller Lasten unter Tage wurden ab dem 16. Jahrhundert offene quaderförmige Waggons, die »Hunten«, eingesetzt. Anfangs wurden die schweren mit Salz beladenen Hunten von Knappen gelenkt. Später erleichterten auf einem weiträumigen Schienensystem die dampfbetriebenen Grubenloks die Beförderung der schweren Salzbrocken. Das mühevolle Auf- und Abklettern der Bergwerksarbeiter zwischen den Horizonten wurde durch die elektrischen Lifte Geschichte. Nicht nur im technischen Bereich kam es zu Arbeitserleichterungen, sondern auch die soziale Situation der Bergleute verbesserte sich. In Altaussee und Hallstatt wurden Erbstollen im Ort, am Fuße des Berges, angeschlagen. Die Bergleute waren nicht mehr tage- bzw. wochenlang allein am Berg, sondern konnten bei ihren Familien leben.

Bohrlochsondentechnik

Die größte Innovation in der modernen österreichischen Salzbergbaugeschichte ist die Förderart der Bohrlochsondentechnik, die sehr kostengünstig und hocheffizient ist. Die wichtigste Voraussetzung für eine optimale Wirtschaftlichkeit ist ein hoher Salzgehalt im Gestein, wie er im Haselgebirge vorkommt. Die Methode ist von der Erdölförderung bekannt und hat sich bei Tiefbohrungen nach Salz in der Ebene schon bewährt.

Bei der Bohrlochsondentechnik wird in ein Bohrloch von 30 cm Durchmesser und oft bis zu einer Tiefe von 200 Metern ein Rohr mit Innenrohr gesteckt. Durch das äußere Rohr fließt Wasser in das Bohrloch und löst Salz aus dem Gestein. Sole bildet sich und sinkt zu Boden, weil sie schwerer als reines Wasser ist. Durch das tiefer liegende Innenrohr steigt die Sole mit einer Konzentration von 316 kg/m^3

nach oben, von wo sie durch Leitungen zur Saline fließt. So wie beim einfachen Laugverfahren »wandert« der Hohlraum entlang des Bohrlochs nach oben, da sich von oben das Salz aus dem Gestein löst und unten das unlösbare Material aus der Sole ablagert. Dieser hervorragenden Technik zum Trotz wird seit einigen Jahren in Altaussee wieder Steinsalz nach herkömmlicher bergmännischer Art abgebaut, da die Nachfrage nach naturbelassenem Salz steigt.

Salztransport zu Wasser und zu Lande

Salz wurde nicht nur im eigenen Land, sondern auch über Grenzen hinaus transportiert. In einer Zollordnung aus dem Jahr 905 scheint Salz als das wichtigste Handelsgut auf, für das auch Zölle bei Grenzübertritten bezahlt werden mussten. Das füllte einerseits die Kassen des Landesherren oder Erzbischofs, andererseits stieg der Salzpreis und machte das Mineral nicht mehr für alle leistbar.

Die permanente Ausweitung der Absatzmärkte machte ein gut angelegtes und gewartetes Streckennetz erforderlich. Im Laufe der Jahrhunderte änderten sich mit den technischen Entwicklungen althergebrachte Transportpraktiken. Neue Verkehrsmittel und Maschinen lösten nach und nach die herkömmlichen Berufe und Beförderungsmittel ab. Einstmals unersetzbare Salzfertiger, Schiffs- und Fuhrleute wurden immer weniger benötigt.

Von der prähistorischen Schifffahrt zur modernen Eisenbahn

Schon in prähistorischer Zeit richteten sich in Gebirgslandschaften Transportstrecken nach Flüssen und deren Tälern aus. Das setzte sich im Mittelalter fort. Ab dem 9. Jahrhundert bis hinein ins 19. Jahrhundert waren die Flüsse wichtige Transportrouten, da sich alle Salzproduktionsstätten – mit Ausnahme von Aussee – an Flüssen befanden. Der Transport auf Flüssen war kostengünstiger und weit problemloser als auf den schlechten Straßen. Im Lauf des 19. Jahrhunderts löste nach und nach die Pferde- oder Dampfeisenbahn die Flussschifffahrt ab. Schienenstränge durchzogen die Landschaft, die natürlichen Wasserwege wurden überflüssig.

Über 1000 Jahre lang wurde das Salz mit Schiffen auf den wichtigen Wasserstraßen Inn, Traun, Salzach, March und Donau zu bestimmten Orten, den Ladstätten, befördert, von wo es private Händler – in Wien wurden sie »Salzschießer« genannt –

weitertransportierten. Je nach Fluss hatten die Salztransportschiffe spezielle Namen. Salzschiffe auf der Salzach wurden als Hallasch, Salzschiffe auf der Donau als Schwemmer bezeichnet. Der florierende Salzhandel machte die Schifffahrt zu einem wichtigen Wirtschaftselement. Oder umgekehrt gesehen, die Schifffahrt ermöglichte den weitreichenden Handel mit Salz. Flussabwärts fuhren die mit Salz beladenen Zillen meistens in Gruppen und flussaufwärts kehrten die leeren Zillen, der »Gegentrieb«, beladen mit Getreide und anderen Lebensmitteln zurück.

Für die relativ risikoarme Befahrung der Wasserwege, ihre Pflege und permanente Kontrolle waren viele Arbeitskräfte notwendig. Während des Transportes musste das Salz mehrfach umgeladen werden, bis es endlich beim Letzten in der Kette ankam. Passierte doch einmal ein Unglück und das Salz wurde feucht, waren es die »Salzfertiger«, die das weiße Gold umluden und dörrten. Die Salzfertiger waren prinzipiell für das Zusammenstellen der Fracht zuständig. War das Schiff am Zielort angekommen, bedeutete das Arbeit für die »Fasselstößer«, sie entluden und beluden neu.

Traun

Die Traun, die im Toten Gebirge entspringt und bei Linz in die Donau mündet, war samt ihren Nebenflüssen sowohl für den Hallstätter als auch für den Kammergut-Bergbau die Hauptverkehrsader und Ausgangsachse für das Wegesystem.

Von 1500 v. Chr. bis 400 n. Chr. profitierten in einem weiten Umfeld viele Menschen von der Salzmetropole Hallstatt. Die Traun mit ihren Nebenflüssen verband das Hallstätter Bergbaugebiet mit Erzeugern von Geräten, Lebensmitteln und sonstigen wichtigen Alltagsgegenständen naher und ferner Regionen.

Die rege Nutzung der Traun machte schon in der Frühgeschichte Wasserbauten und deren laufende Instandhaltung notwendig. Funde in jüngster Vergangenheit belegen ein gut ausgebautes Wegesystem von Hallstatt nach Norden und Süden. Am Oberlauf der Traun zeigen uns Metallfunde und die noch heute streckenweise sichtbare Wegtrasse den Verlauf der Transportroute vom Ödensee bis Hallstatt. Sogar Reste römischer und bronzezeitlicher Siedlungen entlang des Weges wurden entdeckt. Nördlich des Hallstätter Sees war die Streckenführung wegen der weiten Landschaft wesentlich einfacher.

Ab Ebensee konnten die Handelsgegenstände zum Teil mit Booten über den Traunsee befördert werden, was Funde einer Seeufersiedlung bestätigen. Entlang anderer Streckenabschnitte wiederum beweisen Bestattungs- und Opferplätze sowie Siedlungsreste Niederlassungen in prähistorischer und römischer Zeit. Heute werden Teile dieser uralten Wegtrassen, die eine schwer zugängliche, gebirgige Region mit der weiten Welt verbanden, noch immer benutzt.

Im Kammergut lag die Zuständigkeit für das gesamte Transportwesen, miteingeschlossen Schiffsgröße, Instandhaltung und Pflege der Schiffe sowie Transportpreis, beim Salzamt in Gmunden, wo sich auch der Mittelpunkt des österreichischen Schiffbaus befand. Hier wurden von den »Schiffbauern« nicht nur Zillen, Schiffe, Boote und Plätten für friedliche Zwecke, wie dem Salztransport, gebaut, sondern auch Frachtkräne zur Kriegsführung, wie zum Beispiel für die Türkenkriege. Die Transportschiffe für Salz wiesen beachtliche Dimensionen auf und waren aus Fichten- oder Tannenholz bester Qualität gefertigt. Riesenzillen bis zu 30 Metern Länge und für 28 Tonnen Fracht befuhren die Traun.

Das Wissen der Wasserbauingenieure und Schiffsleute aus dem Kammergut war für die damalige Zeit erstaunlich hoch und bescherte ihnen in der gesamten Monarchie einen meisterhaften Ruf. In alle Teile des Reiches wurden die Experten zum Bau von Wasserwegen berufen. Auch die Erschließung der March ging auf ihr Konto, was den Salztransport nach Schlesien vereinfachte.

Manche Flüsse, besonders die stark befahrene Traun, waren schwer schiffbar. Die Traun, die wichtigste Transportstrecke seit prähistorischer Zeit, sticht als spektakulärer Fluss in vielen Punkten hervor. Ihr Verlauf stellte streckenweise große Herausforderungen dar, die im Laufe der Jahrhunderte durch künstliche Wasserbauten entschärft wurden. Die baulichen Maßnahmen, wie zum Beispiel Schleusen- und Wehranlagen, machten Fahrten nicht nur für die Schiffer, sondern auch für die Salzfracht risikoärmer. Manche Wasserbauten mussten jährlich erneuert werden, da die Traun stellenweise wilde Strömungen aufwies. Dies brachte den Flusszimmerleuten laufend Beschäftigung. Die Neubauten, die Instandhaltung, aber auch die Wartung des Treppelweges für den Gegentrieb waren sehr kostenintensiv. Im Winter wurde die Schifffahrt eingestellt und erst im Frühjahr, wenn der Wasserstand wieder stieg, setzte der Transport auf der Traun wieder ein.

Eine imposante Leistung vollbrachte der beeindruckende Thomas Seeauer im 16. Jahrhundert. Seine besonderen Baumaßnahmen »entschärften« die Traun und machten Transportfahrten sicherer und häufiger. Seeauer, geboren um 1500, war ein Bauer aus reichem Haus und mit seinen besonderen Fähigkeiten ein Multitalent. Im Lauf der Jahre wurde er für den Salinenbetrieb ein unersetzbarer Könner, egal welche Arbeit er anpackte. Anfänglich war er für die Holzbeschaffung zuständig. Nach und nach wurde seine technische Fähigkeit im Umgang mit Wasser immer gefragter. Er avancierte zum Wehrmeister und war für die Gewässerregulierung zuständig. Seine Kenntnisse erwarb er sich durch praktische Erfahrungen und logisches Denken. Eine bauliche Meisterleistung war die Schleusenanlage in Steeg, die auch heute noch eine nützliche Funktion – wenn auch anderer Art – hat. Er hatte auch keine Bedenken, den Traunfall zu entschärfen, der alle Schiffer mit großen Ängsten erfüllte. Zur ruhigeren und sicheren Befahrung konstruierte er eine Fahrrinne neben der Traun. Unfälle mit Todesfällen gab es wohl immer noch, doch weit weniger als auf dem Wildwasserweg. Dieser von dem hochbegabten, jedoch sehr emotionsstarken Seeauer gebaute »Seitenarm« war bis zum Zeitalter der Eisenbahn von großem Nutzen. Thomas Seeauer werkte nicht nur im Kammergut, seine genialen Ideen und Konstruktionen waren auch in anderen Ländern gefragt. Die Familie Seeauer zählte zu den einflussreichsten Familien im Salzkammergut und erwarb im Lauf der Jahrhunderte aufgrund ihrer vielseitigen Tüchtigkeit zahlreiche Anerkennungen. Sie durfte ein eigenes Wappen führen und schaffte es vom Bauern- in den Adelsstand. Die Familie brachte Salzfertiger, Marktrichter und Bürgermeister hervor. Die Erfolgsgeschichte als Hotelbesitzer in Hallstatt und Ischl sowie als Betreiber des ersten Dampfschiffbetriebes in Hallstatt setzte sich bis ins 20. Jahrhundert fort.

Die Riesenschiffe mussten auf der »holprigen« Traun mit größter Aufmerksamkeit gesteuert werden. Ablenkung konnte verheerende Folgen haben. Von großem Nutzen waren die »Wasserseher«, die während der Fahrt die Wasserbewegungen kontrollierten. Eine Gefahr für die Salzschiffe bedeuteten die Flößer mit den Holztransporten. Ihre Fahrweise war roher und andere behindernd. Gut vorstellbar, dass sich dadurch oftmals unfeine Auseinandersetzungen zwischen Flößern und Salzschiffern ergaben.

Bis zur Neuzeit gab es zusätzliche Einschränkungen aufgrund zu geringer Wasserführung auf gewissen Teilstrecken flussaufwärts, sodass Menschen oder Tiere zu Lande den Transport übernehmen mussten. In manchen Flusstälern wiederum stellten Steinschläge, Schneeschmelze und heftige Regenfälle, die zu Hochwasser führten, eine ständige Gefahr dar.

Das Salz aus dem Kammergut wurde über die Traun und den Traunsee nach Gmunden befördert. Meistens ging die Fahrt über den See sehr ruhig dahin, nur bei geeignetem Wind wurden Segel für eine flottere Fahrt gesetzt. In Gmunden, dem zentralen Umschlagplatz, packten die Salzfertiger das Salz um. Die weitere Fahrt führte über den spektakulären Traunfall nach Stadl-Paura, wo das Kloster St. Lambach einen Umschlag- und Stapelplatz betrieb. An dieser Station wurde das Salz in Zillen umgeladen, die bis zur Donau fuhren, wo das weiße Gold in größere Schiffe für den Weitertransport verfrachtet wurde. Die vom Salz geleerten Zillen fuhren beladen mit notwendigen Lebensmitteln für das Salzkammergut im »Gegentrieb« oder »Gegenzug« retour, der Anfang des 16. Jahrhunderts von Maximilian I. eingeführt wurde. Bis zum 17. Jahrhundert wurden die Schiffe des Gegentriebs von Menschen gezogen, welche entlang der Ufer marschierten. Danach übernahmen Reiter diese Aufgabe, die im Bereich der Traun »Traunreiter« hießen. Die Anzahl der Pferde hing von der Größe des Schiffes ab.

Diese vernünftige Maßnahme des Gegentriebs brachte viele Vorteile. Die wichtigsten waren Holzersparnis durch weniger Schiffsbauten und Versorgung der Kammergütler mit Nahrungsmitteln. Das Transportgeschäft auf der Traun wurde als lukrativer Verdienst an Bauern vergeben. Sie wussten um ihre Unentbehrlichkeit und forderten immer höheres Frachtgeld vom Staat (damals Ärar). Mitte des 18. Jahrhunderts verließen Gmunden mehr als 20 Schiffe täglich.

Als einer der Ersten beschrieb der Arzt und Naturforscher Josef August Schultes (1773–1831) in seinem Reisebuch eine Fahrt auf der Traun zur Donau bis nach Wien. Für schwache Nerven war eine Traunfahrt, besonders der Traunfall, keinesfalls geeignet, vielmehr für Abenteurer und Grenzgänger. Schultes' begeisternde und ausschweifende Beschreibung der spektakulären Traunschifffahrt lockte mutige Touristen an. Um auf einem kaiserlichen Salzschiff mitfahren zu können, war eine Genehmigung des Salzoberamtes erforderlich.

1825 wurde der Gegentrieb aufgrund der steigenden Kosten für die Erhaltung des Treppelweges und der Uferbereiche eingestellt. Mehr als 100 Schiffsleute verloren Arbeit und Lebensunterhalt. Der nächste massive Einschnitt kam 1836 mit der Pferdeeisenbahn von Lambach nach Gmunden, die wiederum zahlreiche Menschen im Traunbereich arbeitslos machte. Bis zu diesem Jahr wurde fast die komplette Salzfracht aus dem Salzkammergut mit Schiffen nach Gmunden befördert. Dann allerdings entzog die Pferdeeisenbahn der Schifffahrt die Attraktivität. Das endgültige Aus für die gesamte Traunschifffahrt und die damit verbundenen Betriebe kam mit der im Oktober 1877 eröffneten »Erzherzog-Rudolph-Bahn«. In der Folge verloren Schiffbauer, Traunreiter und Salzschiffer wegen der neuen Verkehrsmittel ihre Beschäftigung und mussten sich nach anderen Tätigkeiten umsehen. Wasserbauten verwilderten und die Treppelwege entlang der Traun verwucherten.

In der Berufswelt trat ein markanter Wechsel ein: alte Berufe wurden nutzlos und neue Arbeitsplätze durch die neue Technik geschaffen. Es mussten Schienen gelegt und Bahnhöfe gebaut werden. Vorausblickende Kammergütler schufen sich im aufkommenden Tourismus und Kurbetrieb neue Lebensgrundlagen.

Inn

Auf dem Inn in Tirol fuhren die Salzschiffe in einem ruhigeren Wasser als auf der Traun. Neben Salz wurden auch Lebensmittel, Holz, Baumaterial, Marmor und zeitweise Personen befördert.

Salzach

In Hallein war das Schiffswesen zur Zeit der Salzburger Fürsterzbischöfe anders organisiert. Der Eigentümer der Schiffe war der Erzbischof, der auch die Schiffbauer beschäftigte und bezahlte. Lediglich die Schifffahrt selbst war an einige bevorzugte Familien aus Laufen als erzbischöfliches Lehen vergeben. Das Salz wurde in Fässern, den Halleiner Kufen, verpackt und auf erzbischöflichen Schiffen bis nach Prag transportiert. Laufen war der erste wichtige Handelsplatz. Eine Fahrt von Hallein nach Laufen und wieder retour dauerte ungefähr zwei Tage. Mehr als tausend Pferde standen für den Gegentrieb bereit. Von Laufen wurde das Salz auf der Salzach nach Burghausen und von hier auf dem Inn nach Passau gebracht. Aufgrund seiner zentralen Lage an Donau, Inn und Am Goldenen Steig entwickelte sich Passau zu einem bedeutenden internationalen Zentrum für den Salzhandel und zugleich wichtigen Warenumschlagplatz für Getreide. In der Blütezeit lieferten jährlich Hunderte Schiffe mehrere Tausend Tonnen Salz aus Hallein an. Ausgehend von Passau, das seinen Reichtum dem weißen Gold verdankt, wurde die Bevölkerung in Bayern über den Landweg bis Regensburg oder sogar bis nach München versorgt, wo das Reichenhaller Salz eine starke Konkurrenz darstellte.

Eine andere Transportroute zum böhmischen Markt führte landeinwärts bis Budweis und weiter über die Moldau bis Prag. Als die Habsburger sich im 17. Jahrhundert das Salzmonopol in Böhmen aneigneten, war dieser Geschäftsplatz für die Erzbischöfe verloren.

Oberndorf/Salzach

An dieser Stelle ist ein kurzer Abstecher nach Oberndorf/Salzach angebracht, das einstmals eine Schiffersiedlung war und als der Geburtsort des weltberühmten Liedes »Stille Nacht, heilige Nacht« bekannt ist. In der alten St.-Nikola-Kirche erklang 1818 während der Christmette dieses wunderschöne Lied zum ersten Mal. Für die Schiffer gab es wöchentlich drei Messen in dieser Kirche, bei denen sie sich den Segen für eine gefahrlose Fahrt holten. Neben der Kirche stand ursprünglich ein Spital, später kamen eine Schule sowie eine von den Barmherzigen Schwestern geführte »Kleinkinder-Bewahrungsanstalt« hinzu. Ab Mitte des 19. Jahrhunderts verfielen die Gebäude immer mehr und im 20. Jahrhundert erfolgte der Abriss von Kirche und Spital. An der Stelle der St.-Nikola-Kirche steht heute eine schlichte, 1937 eingeweihte Kapelle.

Von den prähistorischen Salzwegen zur Eisenbahn

Bereits in vorchristlicher Zeit wurde Salz auf dem Landweg transportiert, wo es keine Wasserwege in unmittelbarer Nähe der Salzabbaustätte gab. Die Salzwege oder Salzstraßen, wie diese Handelswege bezeichnet wurden, verbanden die Abbaustätten mit zumeist großen Siedlungen. Im Mittelalter weitete sich das Wegenetz aus, jedoch war die Beförderung von Gütern bis in die Neuzeit hinein aufgrund schlechter Straßen und einfacher Transportmittel ein teures Unterfangen. Der Transport auf dem Landweg lohnte sich nur für kostbare und von vielen Menschen benötigte

Waren, wie Salz. Die bedeutendsten Handelswege waren die Tiroler, Bayerische, Ausseer und Budweiser Salzstraße.

Kleingewerbetreibende, hauptsächlich Bauern, beförderten mit Fuhrwerken oder zu Fuß mit Tragekörben das Salz von den Legstätten (Salzmagazine) hin zu den Abnehmern. Für die »Säumer«, wie sie genannt wurden, war es ein lukrativer Nebenverdienst. Die mit Salzfässern beladenen Fuhrwerke wurden von vier bis sechs Pferden gezogen, die teilweise recht prächtig geschmückt waren.

Der Transport des Tiroler und des Ausseer Salzes erfolgte größtenteils auf dem Landweg. Im Mittelalter führte der Salzweg von Aussee über den Radlingpass bis nach Mitterndorf im Ennstal, er war eine sehr wichtige Transportroute. Weitere Zielgebiete für das Ausseer Salz waren Bruck/Mur, Wr. Neustadt und sogar Kärnten sowie das Stift Rein.

Bereits im 14. Jahrhundert führte ein wichtiger Handelsweg von Hall über den Arlberg nach Feldkirch, auf dem Salz von den Säumern in die wohlhabende Handelsstadt gebracht wurde. Auf dem Retourweg wurde Schmalz aus Vorarlberg mitgenommen. Die anderen bedeutenden Handelswege für das Tiroler Salz führten über den Brenner, nach Schwaben und in die Schweiz.

Eine wichtige Salzstraße führte von Mauthausen über Freistadt nach Budweis, das böhmische Handelszentrum des äußerst profitablen Salzmarktes für die Erzbischöfe und das Kammergut. Freistadt war bereits ab 1200 eine einflussreiche Handelsstadt und Salz-Legstätte. Im Laufe der Jahrhunderte wandelten sich die Transportmittel, die durch Freistadt zogen. Waren es zuerst Pferdegespanne, folgten die Pferdeeisenbahn und im 20. Jahrhundert die Autos. Noch heute führt eine moderne Straße entlang des ehemaligen Handelsweges.

Um die Märkte Böhmen und Mähren ritterten die Salzburger Erzbischöfe mit den Habsburgern. Das Gmundner Salz der Habsburger kam über Freistadt, Krems oder Wien nach Böhmen. Das Halleiner Salz versorgte über Passau und den böhmischen Wald Westböhmen. Die Habsburger eiferten schon seit dem 16. Jahrhundert um ein Salzmonopol in Böhmen. Sie schafften es nicht, die starken Konkurrenten Bayern und Hallein auszuschalten. Erst Rudolf II. gelang Anfang des 17. Jahrhunderts die Wende, indem er die wichtige böhmische Stadt Prachatitz erwarb, von wo aus ganz Westböhmen versorgt wurde und die seit 1381 das Verkaufsrecht für importiertes Salz hatte. Prachatitz, das alle Salzlieferanten passieren mussten, war das »Salztor« nach Böhmen. Rudolf erhöhte die Zölle für Salz aus Bayern und Hallein, was zur Verteuerung des Salzes führte und folglich die Nachfrage eindämmte. 1628 gelang es den Habsburgern, sich in Böhmen das Salzmonopol anzueignen. Ab 1692 war der Niedergang der einst so reichen Stadt Prachatitz nicht mehr zu bremsen.

Im 18. Jahrhundert übernahm das Salzamt in Gmunden den Ausbau und die Ausbesserung der Salzstraße nach Böhmen, um die Salzversorgung durch schlechte

Wege nicht zu beeinträchtigen. Die zuständigen Wiener Stellen konnten sich aus Geldmangel nicht dazu aufraffen, Gmunden hatte volle Kassen und allen Grund, weil Böhmen und Mähren nicht zu entbehrende Märkte waren.

Erst im 19. Jahrhundert investierten die Habsburger mit dem Bau der Pferdeeisenbahn in ein moderneres Verkehrssystem. Mittlerweile war es höchste Zeit, um mit einem tadellosen und schnellen Transport gegen die Mitbewerber zu punkten. Außerdem konnte um ein Vielfaches mehr transportiert werden als mit dem Gespann auf der Straße. Doch bis zur Eröffnung waren noch einige Hürden zu meistern.

Anfang des 19. Jahrhunderts wurde der deutsch-böhmische Mathematiker und Physiker sowie Eisenbahnpionier Franz Josef Ritter von Gerstner von einer Prager Gesellschaft beauftragt, ein Konzept für einen künstlichen Wasserweg von Passau bis Böhmen vorzulegen. Im Zuge seiner Planungen stellte er fest, dass es aufgrund der geologischen Verhältnisse ein kompliziertes und teures Projekt werden würde. Sein Vorschlag war stattdessen eine kostengünstigere Pferdeeisenbahn von Budweis bis Linz. Doch das lehnten die Prager ab.

Sein Sohn Franz Anton Ritter von Gerstner, böhmisch-österreichischer Ingenieur und ebenfalls Eisenbahnpionier wie sein Vater (1796–1840), konzipierte ab 1820 eine Bahntrasse von der Moldau zur Donau ohne starke Steigungen, die auch später für eine Dampfeisenbahn brauchbar sein würde. Er fand Finanziers für sein Projekt einer Pferdeeisenbahn Budweis–Linz und übernahm 1824 die Bauleitung. Im Verlauf der Bauphase stiegen die Kosten immens an, sodass Gerstner 1828 entlassen wurde und einer seiner Schüler, der bereits bedeutende österreichische Eisenbahningenieur Mathias Ritter von Schönerer die Aufsicht übernahm. Gerstner wanderte nach Amerika aus und kam dort sowie beim Zar in Russland zu großen Ehren. Schönerer änderte die Ausführung und die Kosten sanken, doch der Trassenlauf ging bergauf und bergab.

1832 war es soweit: Die erste Pferdeeisenbahn auf dem europäischen Kontinent von Linz nach Budweis wurde eröffnet. In den folgenden Jahren erfolgte eine Verlängerung der Strecke bis Gmunden/Traunsee, wo 1836 erstmals ein Zug den Bahnhof Gmunden verließ. Mathias Ritter von Schönerer ist somit der Erbauer der ersten kontinentalen Eisenbahn Europas, der Pferdeeisenbahn Budweis–Linz–Gmunden. Auch für den Bau der Südbahn von Wien bis Gloggnitz sowie für die Laxenburger Bahn war er verantwortlich. Die Strecke Wien–Gloggnitz weist mit dem Gumpoldskirchner Bahntunnel, der 1841 gebaut wurde und heute der älteste Bahntunnel Österreichs ist, eine Kuriosität auf.

Salz war der Hauptgrund für den Bau der ersten österreichischen Eisenbahnstrecke von Linz nach Budweis, um die Kosten für den Salztransport nach Böhmen zu senken. Abermals zeigt sich die Mächtigkeit des Salzes und sein Status als Auslöser für Innovationen, neue Techniken und in diesem Fall für gut ausgebaute Verkehrswege sowie neue Transportmittel recht deutlich. Anfänglich war die Pferdeeisenbahn nur für Lastentransporte bestimmt, später auch für die Personenbeförderung. Die Lastentransporte, die von Männern zu Fuß begleitet wurden, waren eine höchst anstrengende Tätigkeit. Mit einem k. u. k. Pass und einer Reisebewilligung konnten auch private Personen mit der Eisenbahn fahren, was besonders Touristen sehr ansprach.

Mitte des 19. Jahrhunderts wurde die Strecke Linz–Gmunden bereits mit Dampfloks befahren. 1872 kam schließlich das Ende der Pferdeeisenbahn Linz–Budweis. 1877 ging die Modernisierung durch die Verlängerung des Eisenbahnnetzes bis ins Salzkammergut weiter und infolge dessen hatte die Pferdeeisenbahn auf der Verbindung Gmunden–Lambach ausgedient. Die Salzbeförderung zu Wasser und zu Lande mit Pferden war nicht mehr zeitgerecht. Ein interessantes Detail dazu: Im Lokbau war Österreich in der zweiten Hälfte des 19. Jahrhunderts weltweit führend. Die größte Lok für die Ebene hatte Räder mit zwei Metern Durchmesser.

Verpackungsformen des Salzes

Das in den Pfannen gesiedete Salz musste für den weiteren Transport und Handel komplett getrocknet werden. In der Dörre (Trockenkammer für Salz) wurde das gesiedete, in Kegel- oder Pyramidenform gepresste Salz (Fuder) einem Trocknungsprozess unterzogen. Bei diesem Vorgang wurde die Oberfläche des Fuders, der bis zu 60 kg schwer sein konnte, hart und sogar gegen Feuchtigkeit unempfindlich. Diese Form war für den Transport innerhalb des Salzbetriebes ideal. Für eine weitere Beförderung, die bis zur Erfindung der Dampfeisenbahn auf dem Wasserweg erfolgte, waren die Fuder ungeeignet. Für weitere Transportwege musste das Fudersalz zerschlagen und in kleinere oder größere Holzbehälter, sogenannte Kufen, gefüllt werden. Je nach Salzabbauort gab es unterschiedliche Kufengrößen. Die Kufen wurden aus bestem Holz hergestellt. Als die dafür notwendige Holzqualität rar wurde, zimmerte man Fässer aus Brettern, die bis zu 100 kg Salz fassen konnten.

Mitte des 18. Jahrhunderts kamen die bis zu 24 kg schweren Füderl auf den Markt. Besonders in Aussee waren die Füderl, die in Stroh gut verpackt und mit Planen abgedeckt wurden, für den Transport zu Lande eine geeignete Handelsform. Eine spezielle Transportgröße im Salzkammergut stellten die bis zu fünf Kilogramm schweren Salzziegel dar.

Ab 1900 eroberte langsam das lose Salz, das in flachen Blechwannen gedörrt wurde, den Markt. Mit der Bezeichnung »Blanksalz« kam es in den Handel. Die Bevölkerung brauchte aber einige Jahrzehnte, bis sie sich an das Blanksalz gewöhnte.

Die Logistik im Handel

Schon zu Beginn des Salzabbaus entwickelte sich, bedingt durch wenige Produktionsstätten, ein Salzhandel, der zunächst in privater Hand lag. Das Vertriebsnetz war gut strukturiert, um eine kontinuierliche Versorgung für nahe und weiter entfernte Märkte zu gewährleisten. Anfänglich war es auf bestimmte zentral gelegene Orte und Transportwege beschränkt. Für die Säumer (Salzlieferanten) galten besondere Vorschriften in den jeweiligen Städten. Es war ein intelligentes System mit volkswirtschaftlicher Bedeutung. Salz wurde gegen Waren aller Art getauscht. Besonders Getreide ist hervorzuheben, das in erster Linie für die Bevölkerung in gebirgigen Gegenden relevant war, da in diesen Regionen kaum Ackerbau betrieben wurde. Aber auch kostbare Güter, wie von den Gräberfunden bekannt, kamen durch Tausch in diese Regionen.

Das bemerkenswert gut durchdachte Vertriebssystem bestand aus Verteilerzentren, die als Salzstadel, Lad- und Legstätten bezeichnet wurden. Der Drehpunkt auf der Traun–Donau–Strecke war der Salzstadel bei Lambach, der kurz »Stadel« genannt wurde und aus dem sich die Stadt Stadl-Paura entwickelte. Für die damalige Zeit war das ansässige Salztransportamt ein großes Unternehmen, das 200 Schiffer und einige Dutzend Personen als Fertiger oder Beamte im Salzamt beschäftigte. Für die mehr als tausend Personen zählende Bevölkerung in Lambach war die täglich hohe Schiffsfrequenz die Lebensgrundlage.

Das Verteilerzentrum für Böhmen war in Mauthausen, wo von Frächtern das Salz für Böhmen übernommen wurde. Auf dem weiteren Weg nach Böhmen war Freistadt eine wichtige Zwischenstation. Das Salz für die Legstätten donauabwärts (unter anderem Grein, Persenbeug, Ybbs, Melk, Tulln, Korneuburg und Wien bis Hainburg) wurde in Enghagen/Enns umgeladen. Linz, Wels und Enns waren bedeutende Salzlegstellen. In Wien erinnern Straßenbezeichnungen wie Salzgries oder Salztor an die Salzschifffahrt. Reutte war in Tirol der zentrale Umschlagplatz und auch in der Steiermark gab es einige wichtige Salzlegstätten.

Weitere Transportämter und Legstätten in kleinen Dimensionen befanden sich an verschiedenen Stellen entlang der Flüsse und Seen. Alle waren ideal positioniert, um Salz aufzunehmen, abzuladen oder für den Weitertransport umzuladen.

Die Verwendungsmöglichkeiten von Salz wurden im Laufe der Jahrhunderte immer umfangreicher. Anfänglich hatte es den Hauptzweck als Gewürz und Konservierungsmittel, später wurde es zum Gerben von Häuten und Fellen benötigt. Bald folgte sein Einsatz in der Glaserzeugung und als Heilmittel. Durch den ansteigenden Bedarf entfaltete sich Salz immer mehr zu einem wichtigen Exportgut mit weitreichenden Absatzmärkten, deren verlässliche Versorgung auf gut angelegten

Transportwegen basierte. Diese Entwicklung wollten die Landesfürsten nicht an sich vorbeiziehen lassen und eigneten sich zusätzlich zum Abbau nach und nach den Handel an, um die nicht gerade kleinen Gewinne für die eigenen Kassen zu lukrieren. Zu einem ganz besonderen Status schaffte es das Salzkammergut, das im Laufe der salzreichen Geschichte zu einem Staat im Staat heranwuchs. Der Drehpunkt war das Salzoberamt in Gmunden, wo in Absprache mit der Hofkammer in Wien Vorschriften, aber auch Preise festgelegt wurden.

Kaiserliche Ämter verdrängten immer mehr die privaten Unternehmer. In der zweiten Hälfte des 18. Jahrhunderts war alles, was mit Salz zu tun hatte, in öffentlicher Hand: von der Produktion über die Verarbeitung bis hin zum Handel. In Grenznähe wurden kaiserliche Salzämter eingerichtet, einerseits um die Bevölkerung flächendeckend mit Salz zu versorgen und andererseits um zu verhindern, dass Meersalz ins Land kam. Durch das kaiserliche System war das Salz wohl teurer geworden, doch der Salzpreis war im ganzen Land einheitlich. Die negative Seite spürten nur die Händler, weil sie ihre Existenzgrundlage verloren. Allerdings wendete sich 1824 das Blatt, als der Handel mit Salz wieder in der gesamten Monarchie freigegeben wurde.

Salzmärkte und ihre Grenzen

Aus der geografischen Lage einer Saline ergaben sich ihre Absatzmärkte, die im Lauf der Zeit durch mehr oder weniger friedliche Aktivitäten abgegrenzt wurden. Hall in Tirol lieferte nach Nord- und Südtirol, Veltlin, Vorarlberg, in die Schweiz und in Teile des Elsass. Das Ausseer Salz wurde vorerst in die Steiermark und bis nach Westungarn transportiert.

Ab dem 13. Jahrhundert dehnten die Habsburger ihr Reich nach Süden immer weiter aus. Zuerst vereinnahmten sie den Rest der Steiermark, dann Kärnten und Krain und schließlich 1382 das Gebiet bis Triest. Obwohl nun Länder am Meer den Habsburgern gehörten, hatten sie keinen direkten Zugriff auf das Meersalz, lediglich an den Abgaben verdienten sie. Die Venezianer hatten ihre Märkte fixiert und waren nicht zu vertreiben. So waren die habsburgischen Bemühungen um Vergrößerung des Absatzgebietes für das Ausseer Salz nach Süden zwecklos. Andererseits führte die Vorgehensweise der Venezianer, Meersalz über die Grenzen hinweg in das Habsburger Reich zu bringen, immer wieder zu Streitereien. Die Salzherren von Triest und Venedig waren untereinander auch nicht gut gesinnt. Mitte des 15. Jahrhunderts entstand aus diesem schlechten Verhältnis ein jahrzehntelanger Krieg, in dem Venedig sein Gebiet auf Kosten von Triest vergrößern konnte. Die

Habsburger schafften es trotz intensiven Engagements nicht, den Triester Salzhandel unter ihre Fittiche zu bringen. Um im eigenen Reich dem Ausseer Salz den Markt freizuhalten, sorgten sie dafür, dass Meersalz und Salz der angrenzenden Salinen mit hohen Abgaben belegt wurde.

Bis zur Eingliederung durch die Habsburger belieferte die erzbischöfliche Saline Hallein Jahrhundertelang große Märkte, so zum Beispiel Niederbayern, Schwaben, Franken, Böhmen und auch Kärnten. Gegen Ende des 14. Jahrhunderts wurden per Vertrag die Grenzen genau festgelegt. Die Absatzmärkte für das Halleiner Salz lagen nördlich der Donau und für das Salz aus dem Kammergut südlich der Donau. Eine andere streng eingehaltene Grenze war das Handelsgebiet des adriatischen Meersalzes, das im Süden der Donaumonarchie ein starker, billiger Konkurrent war. Billig deshalb, weil die Salzproduktion in Salzgärten weit kostengünstiger als die Gewinnung von Bergsalz war.

1566 kam das endgültige Aus für die Einfuhr von Halleiner Salz in österreichische Länder. 1700 ging den Halleinern auch noch Böhmen verloren und ihre bisherige starke Marktposition schrumpfte.

Der Gewinner dieser Zwistigkeiten um die »Besalzungsgebiete«, wie die Absatzgebiete für Salz genannt wurden, war das Kammergut. In der Zeit der flächenmäßig größten Ausdehnung umfassten die Besalzungsgebiete ganz Ober- und Niederösterreich, Wien, Böhmen, Mähren und eine Zeit lang auch Schlesien. Um Salzschmuggel zu verhindern, wurden die Grenzen des Besalzungsgebiets sehr genau kontrolliert. Es gelang nicht wirklich, der Schmuggel blühte dessen ungeachtet, weil die Kontrollen nicht lückenlos waren und Bestrafungen nicht konsequent vollzogen wurden.

Das Gmundner Salz beherrschte trotz der hartnäckigen polnischen Konkurrenz auch den Markt in Mähren. Im 17. Jahrhundert stellte Kaiser Leopold I. die Weichen. Er drang in Polen ein und nahm Teile der polnischen Salzbergwerke Wieliczka in Pfand, die der Hofkammer in Wien unterstellt wurden. 1628 konnte das Salzmonopol in Böhmen durchgesetzt werden. Höhere Salzpreise waren die Folge, wogegen sich die Bevölkerung vergebens wehrte. Der einzige Ausweg war Salzschmuggel, den auch die Überwachungen der Hofkammer nicht verhindern konnten. Diese Trotzaktion der Böhmen hatte keinerlei Einfluss auf die Einnahmen der Habsburger. Im Gegenteil, das Geschäft mit dem Salz blühte bis hinein ins 20. Jahrhundert.

Holz und Salz

Salz braucht Holz! Ohne Holz wäre eine Salzproduktion unmöglich, sowohl im Bergwerks- wie auch im Salinenbetrieb ist es unentbehrlich. Der Großteil des Holzes wurde für die Pfannenfeuerung benötigt. Für Schiffbau, Soleleitungen, als Grubenholz zur Absicherung der Stollen sowie für den Bau der Pfannhäuser und Dörrstuben wurde nochmals viel Holz verarbeitet. Nicht unerheblich war der Holzbedarf für die Verpackung des Salzes. Die Herstellung der Kufen bedingte beste, astreine, gut spaltbare Stämme. Als dieses hochwertige Holz nicht mehr zur Verfügung stand, musste auf Fässer, die aus Brettern minderer Holzqualität bestanden, umgestellt werden.

Zu Beginn der Salzerzeugung gab es neben den Produktionsstätten noch genug Wälder, besonders in Aussee, Hallstatt und Ischl. Dementsprechend verschwenderisch wurde mit dem Holz umgegangen. Ursprünglich waren natürlich gewachsene Mischwälder die typischen Waldformen dieser Regionen. Am idealsten zur Befeuerung der Siedepfannen war das schnell brennende Fichtenholz, deshalb wurden die Laubbäume rasch durch Fichtenbäume ersetzt, um einen Mangel an Brennholz zu verhindern. Heute noch dominieren die Nadelholzwälder aus dieser Zeit in den Gegenden der Salzbergwerke. Erst als sich die Wälder immer mehr lichteten, wurden Überlegungen zur Pflege der Wälder angestellt. Die erste Maßnahme der Landesfürsten, denen die Wälder gehörten, war die Einrichtung einer Forstwirtschaft, um Holzschlägerungen und Neupflanzungen genau abzustimmen und den Waldbestand zu sichern. In der Arbeiterstruktur der Forstwirtschaft gab es die Holzmeister, Forstarbeiter und Holzknechte. Die Holzmeister waren private Unternehmer, die für die Aufbringung der vom Kammeramt vorgegebenen Holzmenge zuständig waren. Die Forstarbeiter und Holzknechte standen im Sold der Salinen und waren zahlenmäßig die größte Arbeitergruppe im Salinenwesen.

Für die optimale Beförderung des Holzes dienten die zahlreichen natürlichen Wasserwege. Nicht nur auf den großen Flüssen wurde das geschlägerte Holz Richtung Pfannhaus transportiert, sondern jeder kleine Bach war für die praktische Beförderung der Holzstämme von Nutzen. Im Laufe der Zeit entstand ein dichtes, funktionelles »Wasserwegenetz«, das den Anforderungen entsprechend ständig erweitert werden konnte.

Der Sommer war die Zeit der Holzschlägerungen. Die Stämme wurden zu ungehobeltem Rundholz, den sogenannten »Drehlingen«, verarbeitet und im Wald gelagert. Im Winter wurden sie ins Tal zu den neben Flüssen oder Seen gelegenen »Aufsetzplätzen« gebracht, wo sie ein Jahr lang liegen blieben, um gut auszutrocknen. Von diesen Plätzen wurden sie je nach Bedarf auf dem Wasserweg zur jeweiligen

Saline befördert. Hallein und Hall hatten keine eigenen Wälder und mussten das Holz teilweise von weit her transportieren lassen. Hall war sogar auf Holz aus Vorarlberg oder Graubünden angewiesen.

Bauwerke des Salinenwesens

Jede Epoche spiegelt sich auch in der Kunst und in Bauwerken wider. So zeigen uns heute noch viele prachtvolle Gebäude die Wertigkeit des Salzes in der Bevölkerung, der Wirtschaft und bei den Landesherren. Die Amtsgebäude in Bad Aussee, Gmunden, Hallein und Hallstatt sind nach umfangreichen Renovierungen in gutem Bauzustand. Keines wird mehr für den ursprünglichen Zweck verwendet. Manche davon wurden zu Museen umfunktioniert und die Salzgeschichte lebt entsprechend gewürdigt in dieser Form weiter. Die neue Bestimmung der ehemaligen »Salzgebäude« verlangt nach kontinuierlicher Pflege und das sichert den Erhalt der gesammelten Inhalte und des Gebäudes selbst.

Allgemein kann man sagen, dass alle vor dem 19. Jahrhundert erbauten Häuser in der Nähe von Salzbergwerken von Menschen errichtet wurden, die im oder für das Salinenwesen (Handwerker und Gewerbetreibende) tätig waren. Der Wohlstand vieler Menschen war durch Salz entstanden, entweder weil sie direkt im Salzbetrieb tätig waren oder durch ein Gewerbe, das mit dem Salzwesen korrespondierte. Faktum ist, dass im Salz der Ursprung dieser herrlichen Häuser, wie zum Beispiel der Hallingerhäuser in Aussee, liegt.

Der Kammerhof in Bad Aussee wurde im späten 14. Jahrhundert erbaut und 1621 vergrößert. In diesem spätgotischen Bau war bis 1924 die Salinenverwaltung untergebracht. Im 18. Jahrhundert wurde der Kaisersaal mit ausdrucksvollen Wandmalereien geschmückt, die relevante Details der Salzgeschichte erzählen. Heute ist das Gebäude ein Heimatmuseum und präsentiert Archäologie, Orts- und Salzgeschichte, Brauchtum, Tracht und Volksmusik. Der gotische Kammerhof in Gmunden wurde im 17. Jahrhundert aus bestehenden Häusern des 16. und 17. Jahrhunderts zusammengesetzt. Nachdem er im 19. Jahrhundert seine Bestimmung als Salzamt verlor, verfiel er zusehends. Mitte des 20. Jahrhunderts wurde er stilgerecht renoviert und dient seither der Stadt Gmunden als Kulturzentrum und Museum. Das 1654 errichtete Pflegamtsgebäude in Hallein ist ein massiger Bau mit schlichter Fassade nach Art der Salzburger Bürgerhäuser. Berühmt ist es wegen seiner kunstvollen Wandmalereien. Seit 1966 ist das Gebäude im Besitz der Stadtgemeinde und wurde zum Keltenmuseum umgebaut, das mit den Gemälden in den Fürstenzimmern wahre Meisterwerke beheimatet.

Nur die Stadt Ischl machte eine Ausnahme. Sie wandelte sich im 19. Jahrhundert durch die Anwesenheit der kaiserlichen Familie vom Salinenort zum mondänen Kur- und Sommerfrischeort. Nicht nur der Kaiser verbrachte hier Jahr für Jahr die Sommermonate mit seiner Gefolgschaft, sondern ebenso viele Aristokraten, Künstler sowie reiche Bürger aus den Städten und anderen europäischen Ländern. Kurbetrieb und Tourismus verdrängten die Vorherrschaft des Salzes. Viele der ursprünglich »durch Salz« erbauten Häuser wurden abgerissen und elegante, moderne Hotels oder Sommerhäuser für die Gäste gebaut.

Salzpatrone, Salzheilige und Mythen

In früheren Zeiten wählten fromme Menschen für den Alltag oder für bestimmte Situationen Schutzheilige, wie den hl. Florian, der vor Feuer schützt. Das Vertrauen in die Heiligen war sehr groß und gab Kraft und Sicherheit. In besonders schwierigen Lebenslagen wurden die Heiligen um Hilfe oder Schutz angerufen. Plätze, Kirchen, Altäre und Bildstöcke wurden ihnen gewidmet und ihr Namensfest wurde mit Dank und Demut gefeiert, um weiterhin auf Beistand bauen zu können.

Heute ist der tiefe Glaube an Schutzheilige in dieser Intensität kaum mehr im Alltag zu finden, außer bei kirchlichen Messfeiern oder an den Festtagen von Schutzpatronen einer Region oder eines Standes.

Die Bergknappen waren sehr gottesfürchtige Menschen. Jedes Bergwerk hatte seine Kapelle, die sich meistens in unmittelbarer Nähe des Stolleneingangs befand. Vor Arbeitsbeginn wurde in der Bergkapelle das Frühgebet mit der Bitte um einen gefahrlosen Arbeitstag und eine sichere Ausfahrt gesprochen. Das morgendliche Gebet stärkte, denn die Arbeit im Berg war mit großen Gefahren verbunden und oft endete ein Unfall tödlich. Eine besondere Entstehungsgeschichte hat die Bergkapelle in Perneck, die 1747 von Kaiserin Maria Theresia nahe beim Ischler Salzbergwerk errichtet wurde. Die Kaiserin wollte mit diesem Bau die evangelischen Bergknappen zum katholischen Glauben zurückholen.

Der innige Glaube spiegelte sich in zahlreichen Bräuchen und Mythen wider, aber auch in Legenden und Sagen, die stark in der Arbeits- und Alltagswelt der Knappen verankert waren. In diesen Erzählungen spielte klarerweise auch Salz eine tragende Rolle.

Je nach Bergwerksgebiet hatten die Bergmänner einen Schutzpatron. In Hallein und Reichenhall wurde der heilige Rupert um Segen und Schutz angefleht. Auch in Hall in Tirol findet man in der Kapelle sein Bild. Die Ruprechtskirche in Wien geht ebenfalls auf ihn zurück, denn ursprünglich lag diese Kirche direkt an einem Donauseitenarm, wo mit Salz beladene Schiffe anlegten.

Die Pfannenarbeiter hatten den heilige Florian als Schutzheiligen. Er wurde um Schutz vor Feuer angerufen – was gut verständlich ist, da den Pfannenarbeitern ständig Gefahr durch Feuer drohte.

Ab dem 17. Jahrhundert war die hl. Barbara die Schutzheilige der Bergleute im Salzkammergut. Ihr zu Ehren und um den Schutz allgegenwärtig zu haben, errichteten die Knappen 1935 in einem aufgelassenen Stollen im Altausseer Bergwerk die Barbarakapelle. Am Gedenktag, dem 4. Dezember, findet alljährlich ein Fest zu Ehren der hl. Barbara mit einer Messe in der Kapelle und traditionellen Tänzen in Trachtenkleidung statt. Der Knappentanz, der die Arbeit der Knappen und die Verehrung ihrer Schutzpatronin darstellt, ist nach wie vor ein unerlässlicher Teil bei diesen Festen.

Die Knappenuniform, auch Bergkittel genannt, symbolisiert heute noch die schwere und mit vielen Gefahren verbundene Arbeit im Berg. Der Bergkittel besteht aus einer schwarzen Jacke mit goldenen Knöpfen, einem schwarzen Samthut sowie goldenen Bergleuteabzeichen und reflektiert die Verehrung der Schutzpatronin. Der schwarze Stoff versinnbildlicht die Dunkelheit im Stollen und die goldenen Knöpfe stehen für die Sonne. Die schwarze Jacke ist mit Schulterverzierungen und 29 Messingknöpfen geschmückt, welche das Alter der heiligen Barbara symbolisieren. Die obersten drei Knöpfe davon sind immer offen. Dafür gibt es unterschiedlichste Erklärungen. Quellen sprechen von einem Symbol für die Dreifaltigkeit, für Glaube, Liebe und Hoffnung oder für die drei Kerkerjahre der heiligen Barbara. Ausreichend Licht im Berg war immer von großer Relevanz, was durch die Zopfborten am Jackenärmel ausgedrückt wird.

Heutzutage wird die Knappenuniform je nach Studienrichtung mit unterschiedlichen Ärmelabzeichen von Professoren und Studenten der Montanuniversität Leoben bei festlichen Anlässen getragen.

Typische Bergwerksfeste

Der Bergmannsstand lebte – und zum Teil ist es auch heute noch so – eine sehr eigenständige Kultur. Das zeigte sowohl die spezielle Sprache als auch die Darstellung der Arbeits- und Alltagswelt dieses Berufsstandes in Liedern, Tänzen, Sagen und Trachten. Die Bräuche wurden sehr ausdrucksvoll zelebriert. Hierzu gehörte das jährliche »Bergfest« zu Ehren des Heiligen, um ihm für das heile, vergangene Jahr zu danken und um weiteren Segen für die Gesundheit und einen hohen Salzertrag zu erbitten. Das Bergfest war in jedem Abbauort ein fixer Teil im Jahreszyklus der Bergleute. Es verlor im Laufe der Zeit wohl an Intensität, jedoch wurde es nie abgeschafft, da Tradition und Zusammenhalt bis heute fest in den Bergleuten verankert sind. Bei näherer Betrachtung des Traditionsgeschehens sind darin die Lebensumstände zu erkennen. Gemeinsames Feiern glich die Trennung von der Familie aus und stärkte das Zusammengehörigkeitsgefühl. Die Bergknappen von Hallstatt, Hall und Altaussee lebten während der Arbeitswoche oben am Berg und verbrachten nur das Wochenende bei der Familie und im Dorfgefüge. In Ischl und Hallein war es etwas anders, hier siedelten die Knappen samt ihrer Familie nahe beim Bergwerk.

Jedes Bergfest hatte seinen eigenen Termin und unterschied sich von den anderen durch spezielle Bräuche und Rituale, die das soziale Umfeld vorgab. Nur der Ablauf der einzelnen Feste ähnelte einander. Zuerst wurde ausschließlich für die Bergknappen eine Messe gefeiert, dann eine Bergversammlung abgehalten. Darauf folgte der gesellige Teil, bei dem Gäste willkommen waren.

Ein ganz besonderes Spektakel bietet alle drei bis fünf Jahre der Halleiner Knappentag: den Halleiner Schwerttanz. Schwerttänze sind sehr alte Kettentänze aus dem 16. Jahrhundert, die von Männerverbänden gepflogen werden. Es wird vermutet, dass die Tänze aus einer anderen Zunft stammen und von den Bergmännern übernommen wurden. Das Schwert ist bei diesen Tänzen kein Symbol des Kampfes, sondern der Verbundenheit, weil die Tänzer durch das Anfassen der Schwerter miteinander verbunden sind und eine Kette bilden. Die Choreografie der Tanzfiguren bringt die Zuschauer ins Staunen. Durch verschiedenste Bewegungen entstehen die unterschiedlichsten Figuren, ohne dass die Schwerter losgelassen werden. Die Figuren, die die in weiße Hosen mit roten Schärpen gekleideten Bergmänner tanzen, stellen Arbeitssituationen aus dem Bergwerksleben dar, wie zum Beispiel der Antritt zur Schicht oder die Einfahrt in den Berg. In Versform erläutert der Anführer der Tänzer den Zuschauern die Tanzsequenzen. Zwischen den einzelnen Tanzbildern wird ein Rundtanz eingeschoben, den Abschluss der Vorstellung bilden zwei weitere Rundtänze.

Eine eindrucksvolle Darbietung ist der Schwerttanz bei Nacht mit Fackelschein am Berg bei der Bergkirche. Früher wurden die Tänzer von Trommlern und Pfeifern begleitet, in unserer Zeit von Blasmusik. Schwerttänze gab es auch in anderen Teilen des Alpenraumes. Doch eine so ausdrucksstarke Darstellung der Arbeitswelt, wie dies die Halleiner tanzten, gab es nirgendwo.

Die Bergleute und der Glaube

Die Religion hatte im Mittelalter einen wichtigen Stellenwert im Alltag der Menschen. Besonders das einfache, arbeitende Volk holte sich Zuversicht, Schutz und Mut im Glauben. Ab 1520 findet man die ersten Hinweise der Reformation im Fürsterzbistum Salzburg, wo ausschließlich der katholische Glaube erlaubt war. Die lutherische Lehre breitete sich immer weiter aus und erreichte auch das Salzkammergut. Das katholische Land wurde durch die Reformation unruhig. Vor allem Adelige konvertierten zum Protestantismus und aus Treue und Pflicht folgten ihnen ihre Untergebenen. Speziell Knappen und Salinenarbeiter gehörten dazu. Die katholische Kirche im Salzkammergut bis hin nach Aussee verlor immer mehr Gläubige an den Protestantismus. Das Salzamt in Gmunden war eine zentrale Stelle für die neue Religion, sogar ein Prediger wurde vom Salzamt bezahlt.

Diese Glaubenswandlung vollzog sich recht intensiv unter der Herrschaft von Maximilian II. (1527–1576), der stark dem Protestantismus zugetan war, was von den streng katholischen Habsburgern nicht toleriert wurde. Mitte des 16. Jahrhunderts wurden evangelische Gläubige aus dem Land gewiesen. Doch diese Maßnahme schreckte nicht ab. Im Gegenteil, die lutherische Lehre wurde noch intensiver im Volk mündlich und schriftlich weitergegeben.

Maximilians Nachfolger Rudolf II. (1552–1612) gefiel die Glaubenswende des Volkes gar nicht und er bemühte sich mit einer Gegenreformation, die Menschen zurück in die katholische Kirche zu bringen. Dieses Vorhaben ließ sich nicht von heute auf morgen umsetzen, sondern es dauerte einige Jahre, bis die Gegenreformation auch im Salzkammergut ankam. Dem Salzamt gelang es anfänglich, alle diesbezüglichen Bestrebungen der allerhöchsten Stelle zu blockieren. Bis 1598, als ein kaiserlicher Beauftragter nach Gmunden kam, den evangelischen Pfarrer absetzte und die Ausübung des evangelischen Glaubens verbot.

Damit war aber diese Auseinandersetzung nicht zu Ende. Führende Männer des Salzamtes wiesen die Hofkammer in Wien klar darauf hin, dass die Arbeiter den gewohnten protestantischen Glauben für ihr Seelenheil bräuchten. Würde ihnen der Glaube genommen, sänke die Arbeitsleistung und somit auch die Produktionsmenge. Um das zu vermeiden und den Geldfluss in die Reichskasse nicht zu verringern, ließ man den Menschen im Salzkammergut ihren evangelischen Glauben.

Die Bergknappen am Dürrnberg waren besonders tiefgläubige Protestanten. Nicht einmal der Salzburger Fürsterzbischof konnte ein totales Verbot der lutherischen Lehre durchsetzen. Erzbischof Wolf Dietrich von Raitenau griff ein, doch nicht sehr streng, um keine Salzarbeiter zu verlieren und die eigene Produktion nicht zu reduzieren. Er beschritt zuerst einen friedlichen Weg und ließ 1596 die alte katholische Kirche auf dem Dürrnberg abreißen und eine neue aufbauen.

1600 wendete sich das Blatt im Habsburgerreich wieder. Auf Befehl des Kaisers mussten die Salinenarbeiter den evangelischen Glauben ablegen. Die Prediger wurden verjagt. Manche kehrten heimlich zurück. Das Volk blieb beim evangelischen Glauben. Mit einem Aufstand wollte es sich wehren. Der Kaiser hatte keine Soldaten zum Gegenangriff und er forderte Unterstützung beim Salzburger Erzbischof Wolf Dietrich ein. 1602 kam es zu einem grausigen Ende dieser Differenzen. Protestantische Führer wurden hingerichtet, einige Salzmärkte verloren auf Jahrzehnte ihre Freiheiten und glaubensstarke Protestanten mussten sich vor weiteren Verfolgungen verstecken oder wegen ihrer Andersgläubigkeit das Land verlassen. Ende des 17. Jahrhunderts wanderten Tausende Protestanten aus oder wurden vertrieben.

Der Glaubenskrieg war damit jedoch nicht beendet. In Salzburg eskalierte die Situation unter Erzbischof Leopold Anton Freiherr von Firmian, der 1731 das »Emigrationspatent« erließ, dessen Inhalt die Ausweisung aller Protestanten war, sofern sie nicht zum katholischen Glauben zurückkehrten. 1732 verließen fast 800 protestantische Dürrnberger Knappen das Land, übrig blieben wenige katholische Knappen. Gemeinsam mit den Pfannhausern fuhren sie über die Salzach, den Inn und die Donau bis Passau oder marschierten zu Fuß bis Regensburg. Von dort zerstreuten sie sich in alle Richtungen, bis nach Preußen oder Holland, ja sogar bis nach Amerika. Über das weitere Schicksal der Auswanderer ist wenig bis gar nichts bekannt. Allerdings ist dokumentiert, dass Bergwerk und Saline unter einem Mangel an Arbeitern und Fachleuten litten. Der Ersatz war nicht annähernd gleichwertig.

Ab 1734 wurden an die 4000 Protestanten aus dem Salzkammergut nach Siebenbürgen vertrieben, wo die Bevölkerung durch die Pest minimiert war. Mit dieser Maßnahme sollte eine weitere Zuwanderung nach Preußen vermieden werden, um die Preußen nicht noch mehr zu stärken. Im protestantischen Deutschland gab es öffentlichen Unmut über das Vorgehen im Kammergut. Erst das 1781 von Kaiser Joseph II. erlassene Toleranzpatent erlaubte den Protestanten die freie Religionsausübung im habsburgischen Reich, miteingeschlossen der Bau und die Erhaltung von Kirchen und Schulen.

Künstler unter den Salinenarbeitern

Schnitzer

Eine besondere Kunst unter den Salinenarbeitern war das Puppenschnitzen. Ein herausragendes Meisterwerk ist die Kalß-Krippe oder Ischler Heimatkrippe.

Sie wurde vom Ischler Salinenbeamten Franz Oberleitner ab 1838 gebaut. Zuerst bestand sie nur aus der Heiligen Familie. Im Laufe der Jahre erweiterte er sie, bis sie schlussendlich aus mehr als 300 Figuren bestand, die nicht nur das Weihnachtsgeschehen, sondern auch das Alltagsleben veranschaulichten. Alljährlich zu Weihnachten wurde sie ausgestellt und zog sehr viele Besucher an. Im hohen Alter verkaufte Franz Oberleitner die Krippe an den Kaufmann Johann Kalß in Reiterndorf bei Ischl. Seit damals wird sie die Kalß-Krippe genannt. Kalß baute Mechanismen ein, um die Figuren zu bewegen. Die Krippe, deren Figuren bis zu 30 cm groß waren, hatte mit den Maßen von sechs Metern Länge und zwei Metern Tiefe eine sensationelle Größe erreicht. Als »Riesenkrippe« wurde sie weithin berühmt und eine gern besuchte Attraktion. In der Familie Kalß wurde sie immer weitervererbt, bis sie 1952 beim Ischler Heimatverein landete. Seit 1985 ist die Kalß-Krippe im Museum der Stadt Bad Ischl zu bewundern. 1993 wurde sie nochmals modernisiert und mit Licht und Ton ausgestattet. Geschichten zu den einzelnen Krippendarstellungen, aber auch typische Weihnachts- und Hirtenlieder aus dem Salzkammergut vervollständigen die einmalige Krippendarbietung.

Außergewöhnliche geschnitzte Artefakte sind im Salzburger Landesmuseum zu besichtigen. Es handelt sich um die Halleiner Bergwerks-Relieftafeln eines unbekannten Bildschnitzers aus dem Jahr 1770. Die Relieftafeln berichten ausschließlich über den Bergbau und stellen ein wichtiges Zeugnis dieser Zeit dar.

An dieser Stelle ist unbedingt ein weiterer talentierter Dürrnberger Knappe, Lorenz Rosenegger, anzuführen. Er baute ab 1748 das mechanische Theater von Hellbrunn/Salzburg, das eine barocke Kleinstadt darstellt, in der etwa 200 Figuren von Wasserkraft bewegt werden. Die Bauzeit erstreckte sich über viele Jahre. Das Ergebnis ist immer noch ein imponierendes Kunstwerk.

Salinenzeichner

Im Salzkammergut gab es bis zum 18. Jahrhundert kaum Bilder, die über das Alltagsleben, die Arbeit oder Bauwerke Auskunft geben. Erst im 18. und 19. Jahrhundert tauchte historisch wertvolles Bildmaterial auf. Es stammte von Personen aus dem Salinenwesen, die ohne künstlerische Ausbildung, also amateurhaft, Zeichnungen und Bilder des Alltags, von Landschaften und Orten sowie von alltäglichen Tätigkeiten aus dem eigenen Umfeld fertigten. Der Kulturhistoriker Alfred Marks bezeichnete sie als »Salinenzeichner«. Von einigen Zeichnern sind die Namen und ihre Positionen im Salinenwesen bekannt. Persönliches aus ihrem Leben wurde nicht überliefert. Unter den Salinenzeichnern befand sich auch eine Frau, die mit einem Bergknecht verheiratet war.

Eine mit vielen Talenten ausgestattete Person war Isidor Engl, ein einfacher Salinenarbeiter, der sowohl bei den Ausgrabungen des prähistorischen Gräberfeldes von Johann Georg Ramsauer im 19. Jahrhundert mithalf, als auch davon Skizzen, Zeichnungen und Aquarelle anfertigte. Landschaftsbilder und Ansichten von Hallstatt und dem Salzkammergut gehörten ebenso zu seinem künstlerischen Repertoire. Seine Dokumentationen der Ausgrabungsergebnisse sowie seine gesamten Werke sind heute für die Erarbeitung der Geschichte von beachtlichem Nutzen. In der Pension befasste sich Engl verstärkt mit seinen künstlerischen und wissenschaftlichen Interessen. Er wurde Aufseher des Hallstätter Museumsvereines und war ein hochgeschätzter Chronist seiner Heimat.

Die Hauptmotive der Salinenzeichner waren vorrangig die Schönheiten der Natur, gefolgt von Abbildungen des Alltags- und Arbeitslebens, wobei die Natur das Praktische und das Nützliche umrahmte. Die Bilder und Malereien waren in einfacher Technik, dafür aber umso realistischer angefertigt.

Fast zeitgleich schenkten besonders die Städter der Natur mehr Aufmerksamkeit und setzten immer mehr Aktivitäten im Freien. Das Salzkammergut mit seiner schönen Landschaft zog besonders viele Bewegungsfreudige und Naturgenießer an. Für diese Reisenden waren die Bilder der Salinenzeichner begehrte Erinnerungsstücke. Auch für Dokumentationen in Reisebüchern, wie zum Beispiel für das erste Reisebuch über Oberösterreich von August Schultes, wurden sie immer gefragter. Als durch die Lithografie Bilder einfach vervielfältigt werden konnten, blühte der Handel mit Landschaftsbildern. Das Salzkammergut stand in der Beliebtheitsskala ganz oben.

Die Werke der Salinenzeichner haben heute einen ganz besonderen Wert für die geschichtliche Aufarbeitung des jeweiligen Gebiets. Sie liefern durch die genaue Motivdarstellung wichtige Zeitzeugnisse.

Kunstmaler

Ohne ebenbürtige Vergleiche sind die prachtvollen Gemälde im Fürstenzimmer des Pflegamtsgebäudes in Hallein. Fürsterzbischof Siegmund III., Christoph Graf Schrattenbach (1698–1771), beauftragte 1757 die Adaptierung der »Fürstenzimmer«

im Obergeschoß und die Bemalung der Wände mit Arbeitsdarstellungen und Alltagsszenen aus dem Salzbergwerk und dem Pfannenbetrieb. Benedict Werkstötter erhielt diese großformatige Auftragsarbeit. Entstanden ist eine grandiose Dokumentation über die Arbeit im Berg, im Pfannhaus und beim Versand von Salz sowie über jene Bereiche, die mit dem Bergbau verbunden waren, wie zum Beispiel die Holzlieferung. Besonders auffällig sind die Details der Darstellungen von den Arbeiten im Pfannhaus. 73 Ölbilder von bis zu zwei Metern Länge zieren die Wände und erzählen viel genauer die Arbeitsabläufe, als es schriftliche Berichte tun könnten. Die Bilder hängen nicht in gewohnter Weise gerahmt an den Wänden, sondern große Leinwandstücke wurden ähnlich wie Tapeten an den Wänden befestigt. Der Künstler malte realitätsnah die Menschen bei der Arbeit und das Arbeitsumfeld – so lautete der Auftrag des Erzbischofs. Wie bei einem Foto wurde die Wirklichkeit ohne künstlerische Abänderung abgebildet. Mit diesen einmaligen Kunstwerken wurde Geschichte gemalt und nicht geschrieben.

Hallstatt

Hallstatt liegt am Fuße des Dachsteingebirges und am Rand des Hallstätter Sees, dessen Farbe je nach Wetter zwischen schwarz und sattem Blau wechselt. Zwischen der fast senkrechten Bergwand und dem See stehen dicht aneinander gebaut liebevoll mit Blumen und Schnitzereien verzierte Häuser aus Stein und Holz. Dazwischen führen kleine Gässchen und schmale, steile Stiegen zu den dahinterliegenden Gebäuden. Jedes Haus ist durch die besondere Bauweise und seine Ausschmückung ein Prunkstück. Mit großer Kunstfertigkeit, Ideen und einfachen Werkzeugen ist dieser faszinierende Ort entstanden, der heute noch immer eine besondere Atmosphäre ausstrahlt.

Seit vielen Jahrtausenden ist das riesige Salzlager im Berg der Hauptgrund für die Ansiedelung von Menschen an diesem Ort. Die umfangreichen archäologischen Fundobjekte der vergangenen 300 Jahre liefern die Beweise, dass sich in Hallstatt das älteste Salzbergwerk der Welt befindet.

Die Geschehnisse während der prähistorischen Zeit in Hallstatt sind eng mit dem Salzbergbau verbunden, der eine Besiedelung erst möglich machte. Mittlerweile ist gesichert, dass es drei prähistorische Salzabbauphasen gab: Bronzezeit, Ältere und Jüngere Eisenzeit. Dafür bietet das Hochtal, anfänglich auch Salzbergtal genannt, viele Beweisstücke, wie zum Beispiel das größte und wichtigste prähistorische Gräberfeld Europas. Bei Grabungen im 19. Jahrhundert wurden am Hochtal »zufällig« 1300 Gräber aus der Älteren Eisenzeit mit kostbaren Grabbeigaben freigelegt (kleine Keramiktassen, große Töpfe, Kopfschmuck, Messer und Schwerter). Baufragmente weisen auf die Jüngere Eisenzeit hin, und von den Römern, die wahrscheinlich nach den Kelten am Fuße des Salzbergs siedelten, wurden Überreste von Villen entdeckt.

Da Salz nicht überall verfügbar war, entwickelte sich schon in prähistorischer Zeit ein reger Handel. Hallstatt und Hallein waren zu dieser Zeit die größten Salzproduzenten im Ostalpenraum. Die Aufzeichnungen von Bergleuten der letzten Jahrhunderte bilden heute eine wichtige Basis für die weitere jährliche Ausgrabungstätigkeit der Prähistorischen Abteilung des Naturhistorischen Museums Wien, unterstützt durch die Österreichischen Salinen (Salinen Austria AG).

Heute ist Hallstatt ein Weltkulturerbe und zählt durch das Gräberfeld im Hochtal mitsamt den prähistorischen Überresten des Salzbergbaues zu den führenden archäologischen Plätzen in Europa und wahrscheinlich auf der ganzen Welt.

Jungsteinzeit

Für Menschen waren seit Jahrtausenden die großen Salzlager im 300 Meter über dem See liegenden Salzbergtal, das später Hallstätter Hochtal genannt wurde, der Hauptanziehungspunkt. Heute fährt man bequem mit einer Standseilbahn zum Hochtal. Früher war es beschwerlich, auf schmalen Pfaden den steilen Hang hinaufzugehen. Die Verlockung des Salzes im Berg machte in prähistorischer Zeit jedoch alle Mühen und Anstrengungen wett, wie uns die Funde in und um Hallstatt sowie im Hochtal beweisen.

Es gibt Vermutungen, dass bereits in der Altsteinzeit Jäger und Sammler im Salzbergtal lebten. Jedenfalls gilt es durch die bisherigen archäologischen Forschungen als gesichert, dass das Hochtal in der Jungsteinzeit vor 7000 Jahren besiedelt war. Für die Forscher ist allerdings nach wie vor die Frage nicht zufriedenstellend geklärt, warum in dieser abgeschiedenen Gegend Menschen siedelten. Zu dieser Zeit sind Siedlungen in fruchtbaren Gebieten von Ostösterreich und dem Donautal bekannt. Erst in den nachfolgenden Jahrhunderten weiteten sich menschliche Niederlassungen in die Alpen und auch bis ins heutige Salzkammergut aus.

Doch die am Salzberg gefundenen steinzeitlichen Steinbeile weisen auf eine Kolonisation hin. Bei der Besiedlungsform kann es sich um eine bäuerliche Gemeinschaft gehandelt haben, die erstmals im Jungsteinzeitalter auftrat. Ein wichtiges Fundobjekt mit einem starken Aussagewert ist der Hirschgeweihpickel, der 5000 v. Chr. am Salzberg benutzt wurde. Möglich wäre sein Einsatz für den Salzabbau unter Tage oder für die Vergrößerung der Quellöffnung. Der Pickel könnte der Schlüssel für den Beginn des bergmännischen Salzabbaus sein, denn nicht ganz gesichert ist, ob bereits Salz durch Bergbau in dieser Epoche gewonnen wurde.

Die Werkzeuge würden eher dafür sprechen. Gewiss ist, dass die Steinbeile zum Bäumefällen und Holzbearbeiten dienten. Diese Erkenntnis wirft die nächste Frage auf: Wofür wurde so viel Holz benötigt? Sicher nicht als Handelsware, denn Wälder gab es genug. Entweder wurden Häuser am Salzberg gebaut oder das Holz wurde für das Sieden der Sole benötigt oder es wurden damit Stollen abgesichert.

Die Frage nach dem Anfang der Hallstätter Salzgewinnung ist also offen. Das zweite große Fragezeichen betrifft das »Wie« der Salzgewinnung. In der Archäologie wird davon ausgegangen, dass anfangs Salz aus Quellsole gesiedet wurde. Für diese einfache Art der Salzgewinnung sprechen die gefundenen prähistorischen Scherben von Tongefäßen, die ab 6000 v. Chr. typisch für die Verdampfung nicht nur in Hallstatt waren. Solequellen mit karger Vegetation im weiteren Umfeld sind in der Natur deutlich von Süßwasserquellen mit üppigem und vielfältigem Pflanzenwuchs zu unterscheiden.

Bronzezeit

In der darauffolgenden Bronzezeit brachte Salz den Menschen am Salzberg und im Ort Arbeit und bestimmte ihr Leben – daran ist nicht zu rütteln. Das Salzbergtal ist eines der ältesten Industriegebiete der Welt, es liegt 300 Meter über dem Ort Hallstatt, eingebettet in eine wunderschöne Landschaft mit Wiesen, Wäldern und Bächen.

Die Bronzezeit brachte der Arbeitswelt und der Gesellschaft viele Neuerungen. Bronze (eine Legierung aus Kupfer und Zinn) löste Stein ab und in den Alpen setzte Bergbau ein. Bronzewerkzeuge ersetzten die Steinwerkzeuge und bei den Waffen wurde das Beil vom Schwert abgelöst. Für die Bearbeitung trockenen Holzes war allerdings Bronze ungeeignet und so musste weiterhin frisches Holz verarbeitet werden.

Ab 2000 v. Chr. überstieg der Salzertrag den eigenen Bedarf und die ersten Handelsbeziehungen entwickelten sich. Das war der Anfang der im Laufe der folgenden Jahrhunderte stetig wachsenden Salzgewinnung. Die Auswirkungen zeigten sich im Reichtum der ansässigen Bevölkerung.

Für die Zeit um 1500 v. Chr. (Mittlere Bronzezeit) belegen Funde, dass in Hallstatt in einem voll funktionierenden Betrieb Salz bergmännisch unter Tage abgebaut wurde. Aufgrund des Ausmaßes der Bergbauanlage liegt der Schluss nahe, dass der tatsächliche Anfang vor dieser Datierung lag. Die bronzezeitliche Methode, an Kernsalz – Lagen reinen Salzes im (Hasel-)Gebirge – zu kommen, waren vertikale Schächte in die Tiefe, die als »Schachtbaue« bezeichnet wurden. Die Realisierung war mühevoll, weil die rentablen Salzadern erst gefunden werden mussten. Mit einfachsten Hilfsgeräten wurden steile, bis zu 350 Meter tiefe Schächte in den Berg gegraben. Den damaligen hohen technischen Standard beweist eine im 14. Jahrhundert gefundene Holzstiege aus dieser Zeit.

Sobald die Bergleute auf ertragreiche Kernsalzschichten trafen, wurden riesige Abbauhallen gegraben. War das Salz abgebaut, wurde der nächste vertikale Schacht in den Berg getrieben. Das konnte sich einige Male wiederholen. Der Salzabbau blieb anstrengend und langwierig. Pro Tag schafften die Knappen nur wenige Zentimeter Vortrieb (Herstellung eines Stollens durch Bergmänner oder Maschinen).

Über Absatzmärkte brauchten sich die prähistorischen Salzproduzenten keine Sorgen zu machen, gab es doch im Umkreis von einigen 100 Kilometern keinen Mitbewerber. Aufgrund dessen ist anzunehmen, dass bereits in der Bronzezeit reger Handel betrieben wurde und Hallstatt wahrscheinlich ein maßgebendes Wirtschaftszentrum mit weitreichenden Handelsbeziehungen war.

Obwohl seit 1992 jährlich Ausgrabungen durch Archäologen des Naturhistorischen Museums Wien durchgeführt werden, wurde bisher nur ein kleiner Teil des Schachtbaues freigelegt. Die im Zuge dieser Grabungen gefundenen Stücke sind von besonderem Wert: Seile aus Lindenbast, dicke Wollstoffstücke und Handschuhleder. Trotz vieler Fundobjekte stellen sich heute den Archäologen noch unzählige Fragen: Wie wurden die technischen Herausforderungen des Bergbaues gemeistert? Mit welchen Werkzeugen wurde in die Tiefe gegraben?

Die Größe der Schächte sowie deren Bewetterung (Belüftung) gibt den Forschern weitere Rätsel auf. Erstaunlicherweise wurden diese prähistorischen Hohlräume nicht durch den Bergdruck geschlossen, sondern mit Material der Bergoberfläche gefüllt. Dieses bedeckte den Betriebsabfall und im Laufe der Jahrhunderte bildete sich eine komprimierte Gebirgsschicht: das Heidengebirge.

Das »Heidengebirge«

In prähistorischer Zeit waren die alltäglichen Gebrauchsgüter entweder aus Stein, Metall, Keramik und Knochen oder organischer Herkunft, wie Gras, Fell, Stoff, Holz und Pflanzen. Bei normalen Lagerbedingungen zerfällt im Laufe der Zeit das organische Material, übrig bleiben lediglich Dinge aus unverrottbaren Stoffen. In Hallstatt verdanken wir dem Konservierungscharakter des Salzes jedoch bis in die heutige Zeit eine reichhaltige Bewahrung von Gegenständen aus prähistorischer Zeit. Aufgrund dieser Funde können Arbeitsabläufe im Bergwerk rekonstruiert werden und das Alltags- und Arbeitsleben wird verständlicher. Trotzdem ist eine lückenlose Rekonstruierung dieser Zeit nicht möglich, da es sich hauptsächlich um sogenannten »Betriebsabfall« handelt. Als Betriebsabfall werden Dinge und Materialien bezeichnet, die im Zuge der Arbeiten liegen geblieben sind, wie zum Beispiel abgebrannte Leuchtspäne, unbrauchbares Werkzeug, unbrauchbares Salz, Exkremente oder wertloses Gestein. Sogar Nahrungsreste waren im Betriebsabfall noch auffindbar und analysierbar, allerdings mengenmäßig weniger als aus der Eisenzeit. Essbesteck und -geschirr wurden nicht gefunden. Nur Teile von Tierblasen, die wahrscheinlich als Behälter für Flüssigkeiten dienten. Dieser am Boden angesammelte Abfall wuchs im Laufe der Jahrhunderte mit dem umliegenden Gestein durch den hohen Druck und die Formbarkeit des Haselgebirges zusammen und ließ die alten Abbaubereiche verschwinden. Die dunkle Farbe des Konglomerats entstand durch die verkohlten Leuchtspäne.

Der liegen gebliebene Betriebsabfall erwies sich in den darauffolgenden Jahrhunderten als wichtige Markierung, denn er zeigte den Bergleuten und heute den Forschern die alten Arbeitsgebiete. Die Ausgrabungen im Heidengebirge brachten und bringen wertvolle Erkenntnisse – im wahrsten Sinne des Wortes – zu Tage. Der Betriebsabfall gibt Aufschluss, in welcher Epoche Bergbau betrieben wurde: Abgebrannte Leuchtspäne, Werkzeug, Lehm und Gips belegen die Bronzezeit. Im Gegensatz zur Eisenzeit fand sich nie Salz im bronzezeitlichen Betriebsabfall.

In seltenen Fällen, zum Beispiel durch Naturkatastrophen, wurden die Hohlräume des Abbaubereiches mit durch Wasser angeschwemmtes Tagmaterial gefüllt, das relativ leicht ausgeräumt werden konnte und der ursprüngliche Hohlraum wurde wieder freigegeben.

Die Logistik im Bergbaubetrieb

Für einen funktionierenden Betrieb waren neben zahlreichen Bergleuten noch viele weitere Voraussetzungen erforderlich: Holz, Bronze, Bast, Leder, Felle und Gras. Nicht alles war in unmittelbarer Umgebung vorhanden, vieles musste herbeigeschafft und in Werkstätten be- oder verarbeitet werden. Darunter waren auch Dinge des Alltags, wie Lebensmittel, Kleidung oder Geschirr. Weiters waren noch bestmögliche Wegverbindungen und eine angemessene Infrastruktur, die von Handwerksberufen bis zur Lebensmittelproduktion reichte, wichtig für einen funktionierenden Salzbetrieb. Dies alles war unbestritten eine große logistische und organisatorische Herausforderung für die Menschen, die sie gut meisterten, wie uns der umfangreiche Salzabbau mit seinen Funden vor Augen führt.

Die Arbeit im Berg

Wenig ist über die Arbeitszeit im Berg bekannt. Es gibt lediglich Vermutungen, dass im Winter der Aufenthalt im Berg, also auch die Arbeitszeit, länger war, da das Klima im Berg sicherlich angenehmer als außerhalb in der Behausung war. Unklar ist weiters, wer die Arbeit im Berg verrichtete. Waren es nur Männer oder auch Frauen und Kinder sowie alte Menschen? Genau lässt sich nach dem heutigen Wissensstand diese Frage nicht beantworten. Ebenso wenig ist nachvollziehbar, wo die Behausungen der Bergleute und ihrer Familien lagen. Wohnten sie im Hochtal oder doch unten im Tal? Bis heute wurden weder ein Friedhof noch eine bronzezeitliche Siedlung gefunden.

Zweckmäßige Tragesäcke

In der Bronzezeit wurde Salz im trockenen Abbau mit Bronzepickeln gewonnen. Allerdings konnte mit diesen einfachen Werkzeugen Salz nur in kleinen Stücken, genannt »Hauklein«, gebrochen werden. Die Beförderung des Salzes aus dem Berg war ein anstrengender, in mehrere Schritte unterteilter Prozess. Zuerst wurde das gebrochene Salz in Tragesäcken aus Fell, die bis zu 30 kg fassten, gefüllt und über Holzstiegen zum sogenannten Füllort gebracht, wo das Salz anscheinend in dicke Wollsäcke umgefüllt wurde. Dies lassen Wollstoffreste im Betriebsabfall vermuten. In mehreren Etappen wurden die Wollsäcke mit Seilen händisch hochgezogen. Damit erklären sich auch die Funde von Fingerlingen und Handleder im Betriebsabfall. Beides war zum Schutz der Hände beim Seilziehen gedacht.

Die innerhalb der Abbauhallen entdeckten Tragesäcke aus Fell sind beeindruckende Fundstücke. Beeindruckend deshalb, weil sie mit großer Fertigkeit und zweckmäßigen Details für den praktischen Arbeitsablauf konstruiert wurden. Die aus Fell gefertigten, robusten Säcke gewährleisteten und erleichterten das Tragen des Salzes. Aber auch das mühelose Ausleeren des Salzes aus den Säcken wurde durch die Ausgestaltung der Säcke optimal ermöglicht. Im Zuge der Versuche von heutigen Forschern zur Handhabung der Säcke wurde klar, dass vom Abbau bis zur Beförderung des Salzes eine gut durchdachte Logistik den Arbeitsverlauf bestimmte. Dazu gehörte neben dem permanenten Salzabbau der rasche, durch zweckmäßige Hilfsmittel beschleunigte Abtransport.

Beleuchtung durch Leuchtspäne

Die Funde im Berg veranschaulichen auch das Arbeitsleben der Bergleute sowie viele Arbeitsprozesse. Für die Beleuchtung im bronzezeitlichen Bergwerk sorgten Leuchtspäne aus Tannenholz, von denen unzählige abgebrannt im Betriebsabfall zu finden waren. Allerdings wurden nirgends Halterungen gefunden. So nehmen die Forscher an, dass Menschen – möglicherweise Kinder – die Späne gehalten haben. Da gleichzeitig mehrere brennen mussten, dürfte die Rauchentwicklung enorm gewesen sein.

Markanter Stiegenbau

Die im Grubenteil Christian-von-Tusch-Werk gefundene Stiege beweist einmal mehr die Geschicklichkeit und die hohe Intelligenz der bronzezeitlichen Menschen (Christian von Tusch war ein bis ins hohe Alter pflichtgetreuer Beamter und Berater des Salzamtmannes, er erhielt bei seiner Pensionierung 1838 vom Kaiser die »Große goldene Medaille am Bande«). Durch eine moderne Datierungsmethode konnte das Baujahr der Stiege festgestellt werden. Sie stammt aus 1344–1343 v. Chr. und ist die älteste erhaltene Holzstiege in Europa. Die Bauart der Stiege musste vielerlei Anforderungen entsprechen. Sie musste für den Transport zerlegbar und in der Schräge verstellbar sein; schadhafte Stellen mussten leicht getauscht werden können und eine Verlängerung musste möglich sein. Mit der ausgefallenen Breite von 1,20 Metern wurden weitere Ansprüche berücksichtigt. Archäologen haben festgestellt, dass dieser Stiegenbau in der Bronzezeit typisch war, da auch an anderen Plätzen im Hallstätter Berg Stiegenfragmente dieser Machart gefunden wurden.

Seile – unentbehrliche Hilfsmittel

Im Heidengebirge wurde Binde- und Zugmaterial aus organischen Stoffen wie Gras, Stroh, Bast oder jungen Ästen, aber auch aus Fell und Leder freigelegt. Am häufigsten wurde damals Baumbast von Linden, Ulmen und Eichen zu Seilen verknüpft und verknotet. Die Bastgewinnung für reißfeste Seile war nicht nur zeitintensiv, sondern auch ein sehr spezielles Verfahren, wurden doch die Seile für Lasten bis zu einer Tonne verwendet, wie Rekonstruktionen heute aufzeigen. Es wird angenommen, dass mit diesen dicken Seilen frische Baumstämme zur Bearbeitung in die Grube gezogen wurden. Erwähnenswert ist der Einsatz junger Äste, sogenannte Wieden, für den erleichterten, sicheren Grubenholztransport. Die Wieden wurden wegen ihrer enormen Reißfestigkeit bis weit in die Neuzeit hinein verwendet.

Bekleidung

Die bei Ausgrabungen gefundenen Stoffstücke aus Flachs, Hanf oder Wolle sowie Leder- und Fellteile von Bekleidungsstücken geben ein wenig Aufschluss über die Kleidung im Bronzezeitalter. Obwohl es sich um relativ kleine Teile handelt, lassen sich Webmuster und Nähtechniken erkennen, die hohe Kunstfertigkeiten bezeugen. Auf die Gewandform lässt sich aufgrund der kleinen Teile nicht schließen. Schmuck, der sowohl bei Frauen wie auch bei Männern ein wichtiger Teil der Kleidung war, wurde im Berg nur in Form von Nadeln gefunden, die zum Schließen der Kleidung verwendet wurden.

Der Alltag außerhalb des Schachts

Grundsätzlich erhalten Archäologen durch Gräber oder Siedlungen Informationen über das Alltagsleben in prähistorischer Zeit. Doch in Hallstatt wurden bisher weder das eine noch das andere aus dem Bronzezeitalter gefunden. So bleiben viele Fragen über Siedlungsbauten, soziale Gemeinschaften, Arbeitsbedingungen und -rechte, Besitz- und Machtverhältnisse offen. Da in Hallstatt entsprechende Informationsquellen fehlen, fußt hier vieles auf Vermutungen. Es ist ungewiss, ob die Erkenntnisse durch die Fundobjekte die Realität ausreichend genau wiedergeben.

Basierend auf der Tatsache, dass die Gruben aufgrund der wasserführenden Gesteinsschichten permanent instand gehalten werden mussten, wäre eine Siedlung im Hochtal in unmittelbarer Nähe des Stollens logisch. Einen zusätzlichen Hinweis liefern Keramikfunde aus der Späten Bronzezeit.

Eine weitere Bestätigung – die bisher aussagekräftigste – tauchte erst in den letzten Jahren auf. Forscher fanden zahlreiche Anlagen, wo massenhaft Fleisch eingesalzen wurde. All diese Erkenntnisse untermauern das Vorhandensein einer Siedlung, die allerdings aufgrund häufiger Gesteinsbewegungen in prähistorischer Zeit schwer aufzufinden ist. Das alte Siedlungs- und Gräbergebiet wurde vermutlich verschüttet und liegt tief unter der heutigen Oberfläche.

Geheimnisvolle Bauten

Im letzten Viertel des 19. Jahrhunderts wurde am Salzberg durch einen Erdrutsch eine eigenartige quadratische Holzkonstruktion freigelegt. Der Aquarellmaler Isidor Engl dokumentierte dieses seltsame beckenförmige Werk, das damals der prähistorischen Zeit zugeordnet wurde. Eine zweite, ähnliche Beckenkonstruktion wurde 1939 von Friedrich Morton entdeckt. Aufgrund der dabei gefundenen Gegenstände betrachtete man die Bauten als Wohnhäuser der Keltenzeit.

Mittlerweile sind acht Becken ausgegraben, Funktion- und Zeitzuordnung änderten sich im Laufe der Ausgrabungstätigkeiten. Mithilfe moderner Technik konnten die Konstruktionen schließlich der Bronzezeit zugeordnet werden, das heißt ihr Bau datiert auf das 13. oder 12. Jahrhundert v. Chr. Eine zusätzliche Erklärung für deren Funktion lieferten Tausende unterschiedliche Tierknochen, die gegen Ende des 20. Jahrhunderts gefunden wurden.

Im Naturhistorischen Museum in Wien wurden die Knochen archäozoologisch analysiert und manches Rätsel rund um die Beckenbauten wurde gelöst. Hauptsächlich handelte es sich um Schweineknochen, geringere Knochenmengen stammten von Schafen, Ziegen, Rindern und anderen Tieren. Die Größe der Becken ließ auf eine Anzahl von bis zu 200 Schweinen schließen, die bei einem Pökel- oder

Surdurchgang verarbeitet wurden. Diese Menge wurde sicherlich nicht nur für die eigene Verwendung produziert, sondern es wurde damit auch gehandelt.

In den quaderförmigen Holzbecken wurden die Fleischteile in einem Salzgemisch gesurt oder gepökelt und danach im idealen Klima des Bergwerkes gelagert, wo sie noch zusätzlich durch den Rauch der Leuchtspäne geräuchert wurden. Temperatur, Luftzirkulation und Stollenrauch verlängerten die Haltbarkeit. Logischerweise wurde Salz aus dem nahen Bergwerk verwendet, jedoch nicht reines Steinsalz, sondern Haselgebirge (Salz mit Ton und Anhydrit vermischt).

Zunächst war es unerklärlich, warum manche Knochenteile im Übermaß vorhanden waren und andere Knochen komplett fehlten. Der Grund liegt vermutlich darin, dass nur die sehr fleischigen Teile auf den Salzberg transportiert wurden und nicht das ganze Tier. Eine Viehhaltung am Berg und somit eine Schlachtung vor Ort war ganz unmöglich. Folglich musste es Viehzucht in den nahen Tälern gegeben haben sowie einen gut durchdachten und funktionierenden Fleischhandel. Die Menschen im Salzbergtal wurden mit Fleisch – hauptsächlich mit Schweinefleisch – versorgt, das stückweise, um das Gewicht gering zu halten, auf den Berg getragen wurde. Archäologen konnten die damalige Tranchiertechnik rekonstruieren und stellten fest, dass diese Art interessanterweise noch heute in einigen Regionen des Ostalpenraumes angewendet wird.

Versorgung mit Lebensmitteln im Salzbergtal

In Hallstatt gab es wenige Flächen für landwirtschaftliche Nutzung, weder für Ackerbau noch für Futtermittelanbau oder Tierhaltung. Deshalb mussten Almen und Weiden des Dachsteingebirges genutzt werden, um die Bergleute am Salzberg mit Lebensmitteln zu versorgen. Landwirtschaftliche Fundstücke und Hüttenfragmente in den unterschiedlichsten Höhen belegen eine Bewirtschaftung in der Bronzezeit.

Den Kreis zwischen Angebot und Nachfrage schlossen die Säumer, die die Waren – oft auch über sehr weite Strecken – transportierten. Es dürfte ein reger Tauschhandel von Salz mit Lebensmitteln und Alltagsgegenständen stattgefunden haben.

Ende des bronzezeitlichen Bergbaus

Zwischen 1245 und 900 v. Chr. gibt es keine Hinweise mehr auf Salzabbau in Hallstatt. Geologische Analysen liefern mögliche Erklärungen, warum es zu einem Ende des bronzezeitlichen Bergbaus kam. Starke Niederschläge, Erdbeben, Schnee- und Eisschmelze oder menschliches Zutun können Muren, Lawinen, Felsstürze und Ähnliches auslösen. Manche dieser Prozesse laufen schnell ab, sie bedeuten eine rasch kommende Gefahr. Hingegen ziehen sich die langsameren Massenbewegungen, wie träge Hangrutsche oder Bodenfließen, über mehrere Monate bis zu einigen Jahrzehnten hin. Die Schäden können in beiden Fällen ein großes Ausmaß annehmen. Sowohl bei den langsamen als auch bei den schnellen Prozessen spielen Untergrund und Vegetation eine große Rolle. Der Anfang eines Bewegungsablaufs ist auch nach langer Zeit noch deutlich als Abrisskante erkennbar. Am unteren Ende deckt das mitbeförderte Gestein und Bodenmaterial das Gelände ab und so lässt sich das untere Ende schon nach kurzer Zeit nicht mehr exakt feststellen.

Zurück zum prähistorischen Salzabbau in Hallstatt: Es ist bewiesen, dass alle bronzezeitlichen Schächte mit Tagmaterial durch oben beschriebene Bewegungen verschlossen wurden. Bei manchen war davor schon Wasser im Schacht. Beim Christian-von-Tusch-Werk wurde festgestellt, dass das Tagmaterial, das den Schacht verschlossen hat, vom Hallstätter Hausberg, dem Plassen, stammt.

Eine genaue Rekonstruktion erklärt die damalige Situation. Mit feinen Ablagerungen angereichertes Wasser von Niederschlägen drang in den Schacht ein. Zeitgleich löste sich Gestein vom Plassen und diese schwere Last drückte die Schachtdecke ein. Das zusätzlich angeschwemmte Tagmaterial brachte den ganzen Schacht zum Zusammenbruch und füllte gemeinsam mit Wasser die letzten freien Räume im Bergwerk. Unklar ist, ob diese Naturkatastrophe nach der Aufgabe des Bergbaus oder noch in der aktiven Phase geschah.

Eisenzeit

Ab dem 9. Jahrhundert folgte auf die Bronzezeit die Eisenzeit. Eisen brachte Veränderungen in allen gesellschaftlichen, politischen und wirtschaftlichen Dimensionen. Das Ende des bronzezeitlichen Bergbaues in den Ostalpen wird mit dem 13. Jahrhundert v. Chr. angenommen. Der abermalige Beginn in der nach Othmar Schauberger (österreichischer Höhlenforscher, 1901–1993) bezeichneten »Ostgruppe« wird mit ca. 900 v. Chr. datiert. Was in den Jahrhunderten dazwischen passierte, sind reine Hypothesen. Möglicherweise wurde sehr wohl auch in dieser Zeit Bergbau betrieben, eventuell an einem anderen Abbauort, der bisher aufgrund des Tausende Quadratkilometer umfassenden Bergbaubereichs noch nicht aufgefunden wurde. Die professionelle, gut organisierte Arbeitsweise in der Älteren Eisenzeit in der »Ostgruppe«, die auf Vorwissen und Erfahrungen beruhte, legt diesen Schluss nahe. An dieser unbekannten Stelle könnte sich auch der hallstattzeitliche Bergbau entwickelt haben.

Ältere Eisenzeit – Hallstattzeit

Die Ältere Eisenzeit wird in Mitteleuropa auch »Hallstattzeit« genannt, angelehnt an die wertvollen Gräberfunde in Hallstatt. Zwischen 800 und 400 v. Chr. erlebte Hallstatt eine Phase wirtschaftlichen Aufschwungs, der Hallstatt zu einem reichen, angesehenen wirtschaftlichen und kulturellen Mittelpunkt wachsen ließ. An den Grabbeigaben, die wahrscheinlich im Tausch gegen Salz erworben wurden, sind die europaweiten Handelsbeziehungen, aber auch der Reichtum der Bevölkerung erkennbar: Bernstein von der Ostsee, Bronzegeschirr aus dem Donauraum, Elfenbein aus Afrika, Glas aus Italien.

Auffällig ist die geänderte Abbaumethode, die äußerst wenig Übereinstimmung mit der bronzezeitlichen hat. In der Bronzezeit wurden vertikale Schächte gegraben, in der Hallstattzeit finden wir horizontale Stollen, die parallel zu den Kernsalzschichten im Gebirge verlaufen. Im 17. Jahrhundert fand man durch Holzbalken gestützte Stollen aus der Hallstattzeit. Diese Holzstützen mussten laufend erneuert werden, um die Festigkeit zu bewahren und Sicherheit zu gewährleisten. Es konnte auch rekonstruiert werden, dass die Stollen im Laufe der Zeit durch den Druck des Berges immer kleiner und enger wurden.

Die Abbauhallen hatten übergroße Ausmaße. Ein heute bereits sehr gut erforschter Abbaubereich hatte eine Höhe von bis zu 20 Metern, eine Länge von ca. 170 Metern und eine Breite zwischen 5 und 27 Metern. Mit welchen Methoden und Hilfsmitteln diese Dimensionen damals bewerkstelligt wurden, ist noch nicht entschlüsselt. Alle Vorarbeiten verliefen relativ rasch. In einigen Jahrzehnten wurde eine exakt geplante Lagerstätte samt dazugehöriger Infrastruktur geschaffen. Zeitgleich begann auch der Salzabbau, der sich über 500 Jahre erstreckte und permanenten Wohlstand bot, wie die Gräberfunde belegen.

In der Bronzezeit hatte Hallstatt sicher eine Salzmonopolstellung, die in der Eisenzeit jedoch nicht mehr beibehalten werden konnte, denn im sechsten Jahrhundert v. Chr. ist der Beginn des Salzabbaus in Dürrnberg/Hallein belegt. Außerdem tauchten da und dort im Alpenraum kleinere Salzproduzenten auf. Allerdings basierte deren Salzgewinnung auf Salzquellen, erzielte wesentlich geringere Erträge und war demnach keine ernsthafte Konkurrenz für Hallstatt. Zusätzlich machten auch Salzbergwerke in Süd- und Mitteldeutschland und in Osteuropa von sich reden. Die absolute Monopolstellung Hallstatts kam dadurch ins Wanken. Jedoch blieb Hallstatt trotz aller Mitbewerber die Nummer eins beim Salzabbau und -handel mit weitreichenden Absatzgebieten. Die Ältere Eisenzeit gilt als die Blütezeit des Hallstätter Salzabbaus.

Das Ende des Salzbergbaus im Hochtal

Um 350 v. Chr. wird das Ende des hallstattzeitlichen Bergbaus durch eine schwere Katastrophe abrupt eingeleitet. Untersuchungen des in den Berg eingedrungenen Materials sowie an der Oberfläche beantworten die Frage nach der Ursache: Durch einen Felssturz in Bewegung gebrachtes Tagmaterial aus Erde und Gestein drang in die Stollen ein und füllte sie auf. Die Katastrophe zerstörte das Werk und somit die Lebensgrundlage der Bevölkerung. Diese These wird dadurch bekräftigt, dass es in jüngerer und weiter zurückliegender Vergangenheit immer wieder Felsstürze mit Schuttströmen gab. (Schuttströme sind Massenbewegungen, wie Muren, die Geröll, Felsblöcke, aber auch Pflanzen und Bäume mit großer Geschwindigkeit hangabwärts transportieren.)

Von den Forschern wird angenommen, dass viele Bergleute noch rechtzeitig das Hochtal verließen und an einer anderen, sicheren Stelle den Bergbau fortsetzten. Bei den bei dem Unglück zu Tode gekommenen Bergknappen handelte es sich um Heiden – so die Annahme der bergmännischen Nachkommen. Deshalb werden die mit diesem Gemisch aufgefüllten Gesteinsschichten von Hallstätter Bergmännern als »Heidengebirge« bezeichnet. Das Heidengebirge bezeugt heute mit seinen Fundeinschlüssen, dass es ein sehr lukrativer Betrieb war und gibt Auskunft über das prähistorische Knappenleben im Berg. Wahrscheinlich wurde damals auch jener Bergmann verschüttet, dessen Leichnam 1734 bei Bergbauarbeiten gefunden wurde («Der Mann im Salz«). Die Katastrophe beendete Hallstatts führende Rolle und Dürrnbergs Bedeutung stieg.

Die Werkzeuge

Obwohl die Hallstätter das Material Eisen kannten, arbeiteten sie weiterhin mit Bronzepickeln, wie Funde zeigen. Ganz im Gegensatz zu Dürrnberg, wo Eisenpickel im Einsatz waren. Die Bronzewerkzeuge zum Salzbrechen waren klug konzipiert, sogar mit Bedachtnahme auf die Schonung der Handgelenke. Um die Härte der Spitze zu verstärken, war der Zinnanteil höher als bei gängigen Bronzelegierungen. Am Kopf der gefundenen Pickel ist erkennbar, dass zum verbesserten Einsatz Schlägel verwendet wurden. Stumpfe Pickelspitzen wurden auf Schleifsteinen nachgeschliffen.

Die Hallstätter Salzherzen

Salz wurde in jeder Epoche in anderer Form abgebaut. Typisch für die Bronzezeit war das Hauklein, das kleinstückige Salz. In der Eisenzeit wurden Salzplatten in Form von Herzen gebrochen. Bei dieser Technik wurden Rillen in Herzform in das Salz geschlagen und von der Mitte die herzförmige Platte im Ganzen abgelöst. Sehr gut erkennbar sind solche herzförmigen Abbauspuren an den Wänden einer prähistorischen Abbaukammer im Stügerwerk des Hallstätter Salzberges, wo ein

Sonderfall die Archäologen beglückte. Der Hohlraum der einstigen Abbaukammer wurde nicht mit dem üblichen Füllmaterial der Oberfläche gefüllt, sondern über 2000 Jahre fungierte eine Luftblase als »Stütze« in dieser Kammer, die nach der eigenartigen Abbauform der Eisenzeit »Herzerlkammer« benannt wurde. Sie bot eine unschätzbare Grundlage für die Erforschung der Abbaumethode.

Bisweilen scheiterten Bemühungen, das Brechen von Salz in dieser Herzform nachzuahmen und so ist diese alte Kunst bis heute ein Geheimnis geblieben. Die Größe der Herzen und folglich das Gewicht variierten. Aufgefundene Herzplatten weisen ein Gewicht von 12 bis 42 Kilogramm auf. Sicher ist, dass nur große, ungenormte Stücke und kein Hauklein gebrochen wurden. Hauklein in reiner Form ist zwar am Boden auffindbar, dieses entstand jedoch eher als Abfall beim Ritzen der Herzplatten. Dieser Bodensatz aus Hauklein vermischte sich mit dem herkömmlichen Betriebsabfall, wurde zusammengepresst und bildete das »kernige Heidengebirge«, das sich vom bronzezeitlichen Heidengebirge durch kleine, eingeschlossene Steinsalzstücke unterschied.

Die Transportart musste an die großen Platten angepasst werden. Säcke und Seile wie beim Hauklein waren absolut ungeeignet. Eher dürften die Platten über Leitern an die Oberfläche getragen worden sein. Das würden auch die schadhaften Stellen an den Sohlen vieler Schuhe im Bereich der Fußmitte bestätigen. Die eher kleinen Schuhgrößen deuten auf Kinder, Jugendliche oder Frauen als Salzträger hin. Gesichert wird diese Annahme durch den Zustand der gefundenen Knochen. Anhand dieser ist feststellbar, welche Muskeln verstärkt beansprucht wurden. An Frauenskeletten ist an typischen Stellen erkennbar, dass schwere Lasten einseitig getragen, gezogen oder gehoben wurden. Bei den Bürden handelte es sich nicht ausschließlich um Salz, sondern sicherlich auch um Holz oder Wasser. Bei Männerskeletten wurde jene Muskulatur überbeansprucht, die beim Hauen mit dem Pickel zum Einsatz kam. Auch Kinderskelette zeigten eindeutige Spuren schwerer Arbeit.

Alltagsleben der Hallstätter Bergleute

Grabfunde und Ausgrabungen in den Bergwerksanlagen von Hallstatt, aber ebenso jene von Dürrnberg erzählen uns sehr viel über das Leben und die Arbeit der Bergwerksleute in prähistorischer Zeit. Die konservierende Wirkung des Salzes hat viele Objekte bis in unsere Zeit erhalten, wie Kleider, Schuhe, Werkzeuge und Gegenstände des Alltags. Im Wesentlichen gab es keine Unterschiede zwischen dem Arbeitsalltag der Bergleute in der Bronze- und der Eisenzeit. Veränderungen zeigten sich nur in der Abbautechnik, bei Geräten oder der Form der Leuchtspäne.

Sehr markant waren in der Eisenzeit der hohe Stellenwert von Reparaturen und der anderwärtige Einsatz kaputter Gegenstände. Die Fundstücke zeigen deutlich, dass sie bis zur Unbrauchbarkeit benutzt wurden, was für die Bronzezeit nicht nachgewiesen werden konnte. Dafür fehlt jedoch eine plausible Erklärung. Mögliche Argumente sind entweder die schlechte finanzielle Lage des eisenzeitlichen Salzproduzenten oder das starke Bewusstsein für einen sorgsamen Umgang mit den vorhandenen Rohstoffen.

Leichter ist die Frage nach den Essgewohnheiten im Bergwerk zu beantworten. Essensfunde, Geschirr, Nahrungsmittel und Exkremente zeigen, was und wie gekocht und gegessen wurde. Aufgrund der Funde im Betriebsabfall, wie Tonscherben und Kochlöffel, die eine Länge bis zu 60 cm hatten, wird auf eine Essenszubereitung im Berg geschlossen. Das untermauern verkohlte Holzstücke, die jedoch nicht nur von der Feuerstelle zum Kochen stammen, sondern das Feuer diente auch als Licht- und Wärmequelle. Die Bewetterung war auch bei den eisenzeitlichen Hallstättern ein besonders ausgeklügeltes Meisterstück, die warme Luft regte den Luftaustausch im Stollen und Schacht an.

Der Speiseplan enthielt Hirse, Gerste, Bohnen und ein wenig Fleisch, eher minderwertige Knochenteile. Diese Zutaten ergeben das auch heute noch in manchen Regionen zubereitete Ritschert. Der Ernährungswert dieses Eintopfes ist unumstritten, enthielt er doch alles, was der menschliche Körper bei Schwerarbeit benötigt: Kohlenhydrate, Eiweiß, Fett, Ballaststoffe und Gelatine aus den Knochen. An Abwechslung mangelte es nicht. Einkorn, Emmer, Haselnüsse, Obst und Käse gehörten auch zum Speiseplan. Essbesteck dürften die Hallstätter nicht gekannt haben, da dergleichen nicht gefunden wurde. Entweder wurde mit den Fingern gegessen oder aus den Holzschalen getrunken.

Aus den gefundenen Knochen lassen sich durch genaue Untersuchungen sehr viele Informationen über das tägliche Leben der Hallstätter herauslesen. Es können Alter, Geschlecht, Körpergröße, Krankheiten, Verletzungen und Art der Tätigkeit festgestellt werden. Kinderskelette wurden bisher wenige gefunden, entweder weil junge Knochen nicht so lange erhalten bleiben oder weil Kindergräber aufgrund weniger oder fehlender Grabbeigaben nicht interessant waren und unbeachtet blieben.

Durch die anthropologischen Forschungsarbeiten ist gesichert, dass die Hallstätter der Eisenzeit kräftige Menschentypen waren. Das Durchschnittsalter betrug 40 Jahre, nur etwas mehr als zehn Prozent der Männer und Frauen wurden älter als 60 Jahre. Frauen erreichten im Durchschnitt eine Körpergröße von 160 cm, Männer etwas mehr, nämlich 170 cm. Sie lebten in eher kleinen Siedlungen. Ein Dorf mit 200 Bewohnern galt für die damalige Zeit als groß.

Die penible Studie der Skelette ergibt ein recht deutliches Bild über die Arbeitsaufteilung der Hallstätter. An den Knochenstellen, wo Muskeln und Sehnen ansetzen, ist erkennbar, welche Muskeln verstärkt strapaziert wurden und daraus lässt sich auf die Tätigkeit schließen. Ebenso haben Abnützungsspuren an Gelenken deutliche Aussagekraft. Alle Siedler im Hochtal waren während der Halllstattzeit im Salzbergbau beschäftigt. Den Männern fiel die schwere Arbeit des Vortriebes und Salzabbaus zu. Die Frauen waren arbeitsmäßig und sozial den Männern gleichgestellt. Sie transportierten Salz, Holz und Wasser. Schon Kinder mussten bei einfachen Hilfsarbeiten anpacken, wie zum Beispiel dem Herbeischaffen von Kienspänen. Es arbeiteten alle Familienmitglieder im Bergwerk, ein ganzes Leben lang und sehr schwer.

Die Untersuchungen an den Skeletten werden ständig mit modernsten Methoden fortgesetzt und liefern immer wieder erstaunliche Erkenntnisse. Diese werden mit Forschungsergebnissen in anderen Regionen verglichen, ergänzt und vervollständigt. Das Wissen über die eisenzeitliche Bevölkerung verdichtet sich dadurch immer mehr.

Die Frage, ob die Hallstätter ausschließlich mit dem Salzabbau beschäftigt waren oder auch andere Produkte des täglichen Bedarfs und Lebensmittel produzierten, ist nicht ganz geklärt. In dieser Frage hilft die heutige Technik bei der Beantwortung. Keramikanalysen geben aufgrund der Materialzusammensetzung Auskunft, woher das Produkt stammte, ob es im Hochtal getöpfert oder aus der näheren oder weiteren Umgebung importiert wurde.

Die Restaurierung der in unzählige Stücke zerfallenen Keramikgefäße erfolgt im Naturhistorischen Museum in Wien sehr achtsam mit speziellen Methoden und Geräten. Auf diese Weise werden relevante Details eruiert: Materialzusammensetzung, Herkunft des Materials und Töpfertechnik. Das bisherige Ergebnis beweist, dass die meisten Stücke aus örtlichem Erdreich getöpfert wurden. Über die Herkunft importierter Waren können die damaligen Handelsbeziehungen nachvollzogen werden. Die laufenden Forschungen vervollständigen kontinuierlich das Wissen über das Hallstätter Wirtschaftsleben in der Eisenzeit.

Krankheiten und deren Heilung

Die hygienisch schlechten Bedingungen und das mangelnde allgemeine Wissen über Vorbeugung und Heilung ließen so manche Krankheit entstehen, die jedoch meistens relativ harmlos verlief. Im Betriebsabfall konnten einige Anhaltspunkte über Erkrankungen und mögliche Heilkräuter gefunden werden. So wurden zum Beispiel gebündelte Pestwurzblätter entdeckt, deren Verwendung nicht eindeutig geklärt ist. Möglicherweise wurden sie als steriler Verband bei Verwundungen eingesetzt.

Gegen Parasiten und Läuse hatten sich bereits die prähistorischen Menschen zu wehren. Da im Bergbau viele Menschen auf engem Raum zusammenlebten, waren ideale Lebensbedingungen für diese Plagegeister vorhanden. In den Exkrementen der Bergleute konnten verschiedene Parasiten und in der Bekleidung Kleiderläuse nachgewiesen werden.

Bekleidung und Arbeitsbehelfe

Viele Textilien der Bronze- und Eisenzeit wurden durch deren Konservierung in Salz und das konstante Klima im Berg erhalten, selbst die Farbe blieb erhalten. Das ermöglicht einerseits die Nachverfolgung der Entwicklung in der Gewebetechnik und andererseits liefern die Stoffe Informationen über das Leben der Bergleute. Die Stoffe der Bronzezeit unterscheiden sich markant von jenen der Hallstattzeit. In der Bronzezeit wurden einfarbige Stoffe aus dicken Wollfäden mit unterschiedlicher Struktur gewebt. Manche Kleidungsstücke waren mit blauer oder gelber Farbe eingefärbt, häufig wurden Textilien aus brauner Schafwolle gefunden.

In der Hallstattzeit dominierten gemusterte, mehrfärbige Stoffe. Die Garne waren feiner und die Webstruktur und -technik komplexer als in der Bronzezeit. In der Hallstattzeit wurden die unterschiedlichsten Gewebearten am sogenannten »Gewichtswebstuhl« gewebt. Sein Name leitet sich von Gewichten ab, die die am oberen Webrahmen aufgehängten Kettfäden beschwerten. Die Hallstätter liebten bunte Kleidung mit Karos und anderen Mustern. Sie färbten ihre Flachs- und Wollstoffe blau, rot, gelb und grün mit Farbmitteln, die sie aus Pflanzen oder Insekten (Schildläuse) gewannen. Wie sich bei Analysen herausstellte, wurden sowohl das Garn als auch fertige Stücke gefärbt. Die farbenfrohen Stofffunde liefern uns viele Beweise, dass die prähistorischen Menschen auch Spezialisten mehrerer Färbetechniken waren. Große Geschicklichkeit bewiesen sie ebenso beim Spinnen, Weben und Nähen. Ihre Näharbeiten zeigen verschiedene Stiche, die uns heute nicht fremd sind. Die Kleidung war mit Bordüren verziert und häufig mit Leder kombiniert. In der heutigen Tracht des Salzkammerguts sind noch einzelne Elemente der prähistorischen »Mode« zu finden.

Bei den gefundenen Stoffresten können die Forscher gut unterscheiden, ob es sich um ein Kleidungsstück handelte, denn in diesem waren Kleiderläuse zu finden, und ob Wolle von Schaf oder Ziege verwebt wurde. Belegt ist auch, dass die Hallstätter ihre Schafe aus Asien einführten und für feine, weiche Wolle weiterzüchteten.

Aus Häuten und Fellen, den wichtigsten Rohstoffen neben den Textilien, wurden Tragesäcke, Handleder und Fingerlinge, Kopfbedeckungen, Schuhe und auch Kleidung hergestellt. Die Hallstätter Bergleute unterschieden sehr wohl, welches Tierleder oder -fell wofür bestens geeignet war. Sie praktizierten eine besondere Gerbmethode, die heute noch nicht ganz entschlüsselt ist. Vorrangig wurde Schaffell und -leder verarbeitet. Allerdings gehen die Forscher davon aus, dass großteils Felle verwendet wurden. Durch die lange Benutzung gingen die Haare verloren und übrig blieb das Leder.

Außerordentliches Geschick war auch bei der Weiterverarbeitung zu erkennen, vom Zuschneiden bis zum Nähen der gegerbten Stücke für Säcke, Kleidung, Schuhe etc. Die Zweckmäßigkeit stand im Vordergrund, mehr oder weniger aufwendige Verzierungen schmückten so manches Stück.

Bestattungen

Im Laufe der knapp 300 Jahre, in denen in Hallstatt bereits gegraben wird, wurden an die 1500 Gräber aller Altersgruppen freigelegt, vom Säugling bis zum Greis. Aufgrund der dichten Belegung der untersuchten Gebiete schätzen die Archäologen derzeit die Anzahl der Gräber im Hochtal auf insgesamt 5000 bis 6000.

Das Hallstätter Gräberfeld zählt wegen seiner stattlicher Anzahl an unterschiedlichen Grabbeigaben zu den aufschlussreichsten prähistorischen Friedhöfen Europas. Es gab Körper- und Brandbestattungen, wobei bei den bisher freigelegten Gräbern beide Arten in etwa gleichem Verhältnis vorkamen. Für die Wahl der Beerdigung war vorrangig die soziale Stellung ausschlaggebend, so finden sich Brandbestattungen bei gesellschaftlich besser gestellten Personen. Ganz besondere, von Natur gegebene Bedingungen, wie trockene, nasse oder sehr kalte Stellen, Moore oder Salzbergwerke, konservieren über Jahrhunderte Dinge, die Licht in das Alltagsleben vorgeschichtlicher Zeiten bringen: Schmuck, Gefäße aus Ton oder Bronze, frauen- und männerspezifische Dinge wie Haarnadeln, Messer oder Machtsymbole. Unter diesen Voraussetzungen stoßen Forscher auch hin und wieder auf normalerweise verrottende Gegenstände aus Holz, Bekleidung oder sogar Fleischstücke.

Körperbestattung

Die am häufigsten gefundene Lage der Leichname bei Körperbestattungen war die West-Ost-Ausrichtung: der Kopf liegt im Westen, das Gesicht blickt nach Osten. Die Gründe dafür dürften religiöser und kultischer Natur sein. Diese Bestattungsrichtung wird auch heute noch bei den Katholiken eingehalten. Damals wie heute sind jedoch auch abweichende Liegerichtungen zu finden. Die Extremitäten lagen entweder gestreckt oder abgewinkelt. Bereits Johann Georg Ramsauer skizzierte Mitte des 19. Jahrhunderts sehr genau die differenzierten Körperhaltungen in den Gräbern. Die Körpergräber wurden einfach gehalten, Grabbeigaben waren spärlich vorhanden und lagen entweder neben dem Kopf oder dem Becken.

Brandbestattung

Eine Brandbestattung erforderte wesentlich mehr Aufwand als eine Körperbestattung und war daher auch teurer. Dies dürfte die Ursache gewesen sein, dass nur reichere Personen auf diese Weise beigesetzt wurden. Der Tote wurde mit einer rituellen Zeremonie im Beisein einer großen Trauergemeinde auf einem Scheiterhaufen eingeäschert. Meistens wurde danach die Asche direkt auf den Boden des mit Holz umrahmten Grabes verteilt, seltener in einer Urne abgefüllt. Die

Grabbeigaben, wie Schmuck, Waffen oder Machtsymbole, wurden auf die Asche (»Körper«) gelegt, daneben fand man andere allgemeine Grabbeigaben.

Urnenbestattung
Eher selten gab es Urnenbestattungen. In diesem Fall fand man meistens nur den Behälter für die Asche. In wenigen Fällen lagen neben der Urne noch Gefäße mit den Grabbeigaben.

Grabbeigaben
Die Grabungen unter Ramsauer und bis in die heutige Zeit legten viele einzigartige und für die Region untypische Stücke im Friedhof des Hochtals frei. Jedes einzelne Teil gibt Rückschlüsse auf Arbeitswelt und Lebensgewohnheiten in der Hallstattkultur, verdeutlicht aber auch den Wohlstand von Teilen der Bevölkerung sowie die weitreichenden Handelsbeziehungen. Der Salzhandel verschaffte einigen Personen ansehnlichen Reichtum, der den Erwerb luxuriöser Gegenstände zuließ.

Die Brandgräber enthielten überdurchschnittlich viele kostbare Beigaben im Vergleich zu Gräbern in anderen hallstattzeitlichen Regionen. Bernstein von der Ostsee, Elfenbein aus Afrika oder Glas zierten Schmuckgegenstände oder waren das Grundmaterial für manch exklusive Alltagsgegenstände der besser gestellten Bevölkerung im Hochtal. Bronze wurde für Kessel, Gefäße oder Kleinplastiken, die wahrscheinlich für kulturelle Handlungen bestimmt waren, verwendet. Manche Teile kamen bereits als fertiges Fabrikat nach Hallstatt. Aber auch auf regionale Fundobjekte, die die künstlerischen Fertigkeiten der Menschen der Hallstattkultur präsentieren, stießen die Forscher. Nicht ganz gesichert ist aufgrund der Grabbeigaben, ob auch Nahrungsmittel importiert wurden. Griechische Amphoren oder Gefäße aus Mitteleuropa würden allerdings die Vermutung bestätigen.

Die Grabungen der Bergmänner am Hallstätter Salzberg

Ab dem 14. Jahrhundert ist der Salzabbau in Hallstatt urkundlich erwähnt. Im Zuge ihrer Arbeiten entdeckten die Bergleute bis ins 20. Jahrhundert hinein immer wieder Spuren prähistorischen Bergbaus. Die Bergleute dokumentierten die Grabungen und archäologischen Funde zwar in einfacher Weise, doch im Gesamten waren die Aufzeichnungen sehr wertvoll. Sie bildeten eine wichtige Grundlage für die weitere Forschung im 20. und 21. Jahrhundert. Bereits im 17. Jahrhundert tauchten in Hallstatt Fundstücke auf, zuerst Münzen, dann alte Waffen. Die geschichtliche Vergangenheit interessierte vorerst besonders Kaiser und Könige und sie legten Sammlungen der Fundstücke an. 1713 fand man eine Dokumentation über älteren, damals nicht genau zu datierenden Bergbau. Schriftliche Aufzeichnungen aus dem

Mittelalter über Entdeckungen wurden bis dato nicht gefunden, obwohl die heutigen Forscher sicher sind, dass auch mittelalterliche Bergleute auf prähistorische Bereiche gestoßen sind.

Anfang des 18. Jahrhunderts scheinen in Chroniken die ersten Hinweise auf Grabfunde im 300 Meter über Hallstatt liegenden Salzbergtal auf. Die Angaben stammen hauptsächlich von Knappen. 1719 wurde ein Skelett im Hochtal gefunden und 1734 fanden Bergleute unter Tage die Leiche eines Mannes (»Der Mann im Salz«). Es war der durch Salz konservierte Körper eines prähistorischen Bergknappen, dessen Kleidung durch die Wirkung des Salzes immer noch in farbenfrohem Zustand war. Daneben fand man gut erhaltene Gegenstände aus der damaligen Zeit. Aus Unwissen um den Wert dieses Fundes wurde sehr unsensibel damit umgegangen. Die Leiche wurde außerhalb des Hallstätter Friedhofs begraben, weil man annahm, dass es sich um einen Heiden handelte.

Heute ist dieser Fund leider nicht mehr erhalten. Lediglich aus einem Vermerk in den Salinenaufzeichnungen, dass die Leiche in einem für diese Epoche typischen Material gefunden wurde, können die Archäologen auf einen Toten aus der Älteren Eisenzeit (800–450 v. Chr.) schließen. Entweder wurde der Mann bei einer Katastrophe verschüttet oder er gelangte durch eingeschwemmtes Material zu der Fundstelle.

Im 19. Jahrhundert steigerte sich das Interesse der Menschen für die Vergangenheit und vielerorts wurden Geschichtsforschungen angestellt. Und wieder waren es Bergleute, die in den Salzabbaugebieten federführend waren, Sammlungen über prähistorische Funde anlegten und Forschung betrieben. Immer wieder finden sich Aufzeichnungen über archäologische Funde, die im Zuge von bergwerklichen Tätigkeiten zutage traten, jedoch nicht durch beabsichtigte Grabungen.

Die ersten uns heute bekannten Grabungen nach prähistorischen Objekten wurden 1824–1831 vom Bergmeister Karl Pollhammer durchgeführt, allerdings ohne nennenswerten Erfolg und äußerst laienhaft – wie später der Bergmeister Ramsauer anmerkte. Pollhammers Funde sowie die seiner Nachfolger wurden im Linzer Museum Francisco-Carolinum aufbewahrt. Nach der Eröffnung des Naturhistorischen Museums in Wien im Jahr 1889 engagierte sich dieses mit Struktur und Fachwissen und betrieb die Forschung am Gräberfeld weiter.

Entdeckung des Gräberfeldes im Hochtal

An vorderster Stelle der geschichtsinteressierten Bergleute stand der Bergmeister der Saline Hallstatt, Johann Georg Ramsauer (1795–1874). Durch Zufall machte er 1846 beim Aushub einer Schottergrube auf dem Salzberg einen Skelettfund. Das überraschte ihn nicht so sehr, denn von seinem Vorgänger Karl Pollhammer wusste er, dass es in diesem Gebiet alte Gräber gab. Ramsauer erkannte jedoch den Wert der archäologischen Funde und engagierte sich mit Präzision für die Ausgrabungen. Mit größter Sorgfalt beaufsichtigte er die Grabungen seiner Bergleute. Er war der erste, der alle Fundstücke detailgenau dokumentierte und protokollierte, obwohl er keinerlei archäologische Ausbildung hatte. Ramsauers Arbeitsweise wurde vom Museum Francisco-Carolinum lobend wahrgenommen.

Die Gräber des prähistorischen Friedhofs stammten zum überwiegenden Teil aus der Zeit der Älteren Eisenzeit (800–450 v. Chr.), nur wenige aus der darauffolgenden Latènezeit (450–15 v. Chr.), die auch Keltenzeit genannt wird. Die Gräber sind großräumig verstreut, ein zentraler Bestattungsort konnte bisher nicht gefunden werden. Bemerkenswert sind die kunstvoll gestalteten, mit kostbaren Materialien verzierten Grabbeigaben, die uns wertvolles Wissen über den Alltag, die Arbeit, den Handel und die Kultur des damaligen Volkes, aber auch über seinen Reichtum liefern. Immer klarer wurde die Bedeutung von Kultplätzen und Friedhöfen in den Siedlungsgebieten. Beides war von großer Relevanz für eine starke Gemeinschaft und gute Arbeitsleistung.

Zwischen 1846 und 1863 legte Ramsauer am Osteingang des Salzbergwerkes das Gräberfeld von Hallstatt mit 980 Gräbern frei. Seiner exakten und systematischen Dokumentation ist zu verdanken, dass das Wissen über die Blütezeit dieser Region an wertvollem Umfang gewann. Ergänzt wurden seine schriftlichen Aufzeichnungen durch Aquarelle und Zeichnungen der Gräber und aller Fundstücke. Ramsauer engagierte sich nicht nur beim Gräberfeld, sondern er verfolgte obendrein Spuren im Bergwerk und begann 1849 mit Ausgrabungen im Berg. Seine bekannte Gewissenhaftigkeit bereicherte auch diese Ergebnisse wesentlich. So stellte er nach langen Überlegungen fest, dass grüne Stellen im Berg durch Patina von Bronze entstanden waren. Zu diesem Schluss kam er aufgrund seiner Beobachtung von grünen Flecken an Skeletten, dort wo ein Bronzegegenstand am Knochen anlag.

Die Ausgrabungen Ramsauers interessierten auch Kaiser Franz Joseph I. und Kaiserin Elisabeth, die 1855 und 1856 während ihrer Sommeraufenthalte in Bad Ischl die Grabungsstätte besuchten. 1855 erhielt Ramsauer ehrenhafte Auszeichnungen für seine Verdienste um die vorgeschichtliche Forschungsarbeit. Ramsauer war bereits ab dem 13. Lebensjahr mit der Arbeit im Salzberg konfrontiert. Mit viel Interesse und Ehrgeiz erreichte er bereits in jungen Jahren hohe betriebliche Funktionen. Als Bergmeister zog Ramsauer 1831 in den Rudolfsturm im Hochtal, wo er bis zu seiner Pensionierung 1863 lebte. Mit seiner Pensionierung beendete er die Ausgrabungstätigkeit, sicher auch aufgrund der Vermutung, es gäbe keine unentdeckten Gräber mehr. Doch die nachfolgenden Jahrzehnte bewiesen das Gegenteil.

1848 erschien die erste schriftliche Dokumentation von Josef Gaisberger, Chorherr in St. Florian, über die bisherigen Gräberfunde. 1850 erläuterte Friedrich Simony in einem Buch ausführlich die Grabungsfunde vom Hallstätter Salzberg und seiner Umgebung. Der Archäologe Eduard von Sacken dokumentierte 1868 das von Ramsauer entdeckte prähistorische Gräberfeld.

Aufgrund Sackens umfassender Publikation haben die Funde des Hallstätter Gräberfeldes in der europäischen Archäologie ein enormes Gewicht bekommen. 1874 bekam die Kultur dieser Menschheitsepoche vom schwedischen Archäologen Hans Hildebrand nach der Fundstätte die Bezeichnung Hallstattkultur. Für den historischen Überblick sind die Hallstätter Funde, die zu den kostbarsten Belegen der europäischen Urgeschichte zählen, äußerst wertvoll, da es keinerlei schriftliche prähistorischen Aufzeichnungen gab.

In der zweiten Hälfte des 19. Jahrhunderts reihen sich die grabungsengagierten Personen nahtlos aneinander. Nicht von allen Grabungsleitern gab es Aufzeichnungen. Nach Ramsauer folgten der Bergrat Gustav Schubert und Eduard von Sacken (1864), Bergverwalter Bartholomeus Hutter (1868–1874) und von 1871–1876 wieder der Bergrat Gustav Schubert mit Bergrat Josef Stapf. 1877–1878 leitete zum ersten Mal ein Nicht-Bergmann die archäologischen Ausgrabungen. Der als Intendant im k. u. k. Naturhistorischen Museum Wien tätige Ferdinand von Hochstetter setzte im Grabungsbereich von Ramsauer fort. 27 Gräber konnten freigelegt werden, deren Funde ins Naturhistorische Museum kamen.

In dieser Zeit machte auch Isidor Franz Engl (1832–1918), ein Mann mit besonderen Begabungen, von sich reden. Als Waisenkind kam er in das Waisenstift in Gmunden. Er besuchte die Grundschule und wurde danach in technischen Wissensgebieten unterrichtet, wie Architektur, Geometrie und Bauplanzeichnen. Mit 18 Jahren begann seine Arbeit in der k. u. k. Salinenverwaltung Hallstatt, wo er von Ramsauer bergmännisch ausgebildet wurde. Gleichzeitig brachte er sich bei den laufenden Ausgrabungen durch schriftliche und grafische Dokumentationen ein. Nach Ramsauers Pensionierung führte er ebenfalls Ausgrabungen im Hochtal durch. Engls Aufzeichnungen stellen eine gleichfalls wertvolle Informationsquelle wie die von Ramsauer dar. Bis 1907 engagierte er sich bei prähistorischen Ausgrabungen nicht nur am Salzberg. Er perfektionierte sein malerisches und zeichnerisches Talent und lernte die Kunst der Salinenzeichner. Unzählige Aquarelle und Zeichnungen vom Hochtal und den Ausgrabungen gründen auf Engls Schaffenskraft. Von historischem Wert ist Engls gezeichnete Karte eines Aufrisses des k. u. k. Salzbergs Hallstatt, welche Horizonte, Laugwerke und Gesteinsschichten darstellt. Ramsauer und Engl haben mit ihrer unermüdlichen Forschungsarbeit und genauen Dokumentation wissenschaftliche Glanzleistungen erbracht, die für Hallstatt und die Archäologie von immensem Wert sind.

1907 trat eine Frau, Herzogin Marie von Mecklenburg (1856–1929), in die Männerriege ein. Die Herzogin, bekannt für ihre auffällige Lebensführung, begann 1905 in Slowenien mit Ausgrabungen, angespornt von ihrem Onkel, der in Slowenien unter Archäologen ein bekannter Mann war. 1907 kam sie nach Hallstatt und legte im Eilzugtempo mit ihrer Truppe an die 40 Gräber frei. In Fachkreisen wurde sie wegen ihres geringen archäologischen Wissens nicht besonders geschätzt. Nach Kriegsbeginn ging sie nach Slowenien zurück und bewahrte die ausgegrabenen Objekte in ihrer Privatsammlung auf. Im Krieg verlor sie ihr gesamtes Vermögen und starb 1929 in ärmlichen Verhältnissen. Ihre Tochter wollte mit dem Verkauf der Sammlung samt den Hallstätter Skeletten wieder zu Geld kommen. Nach langwierigen Verhandlungen wurde 1934 die gesamte Sammlung weit unter dem gewünschten Preis an ein Museum in Amerika verkauft. Dem Museumskurator war es sehr wohl bewusst, welche Schätze er erworben hatte und dass es niemals wieder die Gelegenheit geben würde, europäische Fundstücke mit dieser historischen Qualität zu erhalten.

1928 betätigte sich der Direktor der Prähistorischen Abteilung des Naturhistorischen Museums Wien, Josef Bayer, erfolglos, im Hochtal. Folglich wurde angenommen, dass es keine weiteren prähistorischen Gräber mehr gäbe. Doch Friedrich Morton bewies bei seinen Grabungen zwischen 1937 und 1938 das Gegenteil. 61 Gräber mit Gegenständen aus der Latènezeit wurden entdeckt.

Friedrich Morton (1890–1969), geboren in Friaul, kam durch den Beruf seines Vaters, eines k. u. k. Offiziers, nach Wien. Nach dem Studium in Wien war er als Lehrer tätig und reiste 1915 erstmals nach Hallstatt. Hier konnte er seine Leidenschaft, die Höhlenforschung, ausleben. Er bereiste viele Länder in Mittelamerika und Afrika und interessierte sich für allerlei Wissenschaften, wie Botanik, Mineralogie und Geologie sowie Ur- und Frühgeschichte. Im Salzkammergut war er ab 1927 an vielen Grabungen im prähistorischen Bergwerk und Gräberfeld sowie am Fuß des Plassen beteiligt.

Den Dank der Hallstätter Bevölkerung hat er sich allerdings in einer anderen Angelegenheit erworben: Er setzte den Bau des Straßentunnels durch und verhinderte damit die Straßenführung durch den Ort entlang des Sees.

Ein besonders genau untersuchtes Grabungsgebiet liegt um die im 18. Jahrhundert errichtete »Steinbewahrersölde«. Sie war die Behausung für jene Personen, die Sorge tragen mussten, dass Steine und Geröll im Hochtal keinen Schaden anrichten konnten. Bis Anfang des 20. Jahrhunderts war diese Arbeiterbehausung bewohnt. In diesem Areal wurden bereits von Johann Georg Ramsauer und Josef Szombathy und später auch vom Naturhistorischen Museum viele Gräber entdeckt und eine auffällig hohe Gräberdichte festgestellt.

Seit Mitte des 20. Jahrhunderts arbeiten Forscher der Prähistorischen Abteilung des Naturhistorischen Museums Wien an den Ausgrabungen im Hochtal. 1960 begann der österreichische Höhlenforscher Othmar Schauberger gemeinsam mit den Österreichischen Salinen und dem Naturhistorischen Museum mit der methodischen Ausgrabung im Bergwerk.

Zwischen 1993 und 2007 wurden im Zuge von Kanal- und Rohrleitungsbauarbeiten 98 neue Gräber freigelegt. Mit den neuen Funden konnten bisherige Beobachtungen bestätigt oder mit neuem Wissen erweitert werden. Bei diesen neuzeitlichen Grabungen wurde viel Augenmerk auf Keramik-Fragmente gelegt. Mit größter Sorgfalt wurde jedes Teilchen geborgen und oftmals konnte das Originalgefäß komplett zusammengestellt werden. Von den davor durchgeführten Ausgrabungen sind nur wenige Tonobjekte erhalten. Diesen kleinen Fundstücken wurde damals keine Aufmerksamkeit geschenkt.

Schon zu Zeiten Ramsauers herrschte eine rege Kommunikation und Kooperation mit dem Naturhistorischen Museum, das damals k. u. k. Antikenkabinett hieß. Heute ist die Hallstattforschung eine wichtige Abteilung des Museums, Unterstützung wird durch die Österreichischen Salinen bereitgestellt. Alles in allem ergab die Zusammenarbeit ein Resultat, das Hallstatt heute zu den am besten erforschten prähistorischen Bergbaugebieten machte.

Jüngere Eisenzeit – Latènezeit

Das Ende des florierenden Bergbaubetriebs der Hallstattzeit bildete gleichzeitig das Fundament für ein neues Unternehmen in der Jüngeren Eisenzeit. 200 v. Chr. begann der Bergbau auf der höher gelegenen Dammwiese (1350 m), wie Ausgrabungen im 19. und 20. Jahrhundert belegen. Die Dammwiese, ein Hochmoor, liegt einige hundert Meter höher als der Bergbaubereich in der Bronze- und Hallstattzeit. Anscheinend fühlten sich die Bergleute hier geschützt, obwohl die Lage für Menschen nicht ideal war, da der Winter in dieser Höhe sehr lange dauert und das Holz für die Behausung und das Bergwerk hinaufgebracht werden musste. Diese unbequemen Voraussetzungen waren aber zweitrangig, denn der Platz war vor Lawinen und Felsstürzen sicher und Wahlmöglichkeiten gab es nicht. Möglicherweise waren hier später auch die Römer und mittelalterlichen Salzproduzenten aktiv.

Im 16. und 17. Jahrhundert wurde gezielt Bergbau von der Dammwiese abwärts betrieben. Im Zuge der Tätigkeiten stieß man in der sogenannten Westgruppe immer wieder auf Bergbaufragmente der Jüngeren Eisenzeit. Trotz des geringen Dokumentationsmaterials, unbekannter Abbautechnik und mangelnder Fundstücke sind die Archäologen sicher, dass die Westgruppe das größte der prähistorischen Salzabbaugebiete war. Heute existiert kein Zugang mehr, einzig in Salinenaufzeichnungen ist darüber nachzulesen.

Bei Grabungen im 19. und 20. Jahrhundert auf der Dammwiese wurde die erste prähistorische Siedlung aus der Jüngeren Eisenzeit mit Wohn- und Arbeitsgebäuden entdeckt. Das Moor agiert als nützlicher Helfer für die Forscher, da durch die Feuchte viele Objekte konserviert wurden. So auch auf der Dammwiese, wo

Holzgegenstände, Werkzeuge, Bauteile und sogar ein Stolleneingang mit dem dazugehörigen Mundlochhaus (Stolleneingang) der Jüngeren Eisenzeit gefunden wurden.

Nach wie vor ist jedoch unklar, wo die Menschen der Bronze- und Hallstattzeit lebten, weil aus dieser Zeit bisher keine Siedlungsreste entdeckt wurden.

Wie lange es auf der Dammwiese Bergwerksbetrieb und Besiedelung gab, lässt sich nicht genau sagen. Ungefähr 100 n. Chr. dürfte endgültig Schluss mit dem Abbau gewesen sein, das wird aus dem Zustand des Grubenholzes geschlossen.

Die Römer in Hallstatt

Um Christi Geburt kamen die Römer ins norische Königreich und schlossen es ohne kriegerische Handlungen an das Römische Reich an. Lang bestehende, hoch gelegene keltische Wohngebiete wurden aufgegeben und immer mehr kleinere, aber auch größere Städte nach römischem Vorbild in tieferen Lagen errichtet. Anscheinend mieden die Römer die Berge, da römische Fundstücke nur im Tal entdeckt wurden. Auch in Hallstatt gründeten sie am Fuße des Salzberges eine Siedlung. Wenig realistisch ist, dass die Römer den Salzabbau weiterbetrieben. Eher liegt die Vermutung nahe, dass sie den Salzhandel kontrollierten.

Im 19. Jahrhundert wurden in Hallstatt römische Mauerteile und Gräber entdeckt. Weitere Grabungen im 20. Jahrhundert legten aussagekräftige Hauselemente frei, wie die berühmte Fußbodenheizung der Römer und farbenfroh bemalte Innenwände. Überraschenderweise wurden unter den römischen Fragmenten auch spätkeltische Keramikteile gefunden, was auf eine keltische Niederlassung am See hindeutet.

Die römische Siedlung, von der kein Name bekannt ist, wurde höchstwahrscheinlich im ersten Jahrhundert n. Chr. gegründet. Die wirtschaftlich beste Zeit erlebte sie in den darauffolgenden beiden Jahrhunderten. In der Nähe der ausgegrabenen römischen Häuser wurden Brandgräber entdeckt, die typisch für die damalige Zeit waren. Diese Gräber enthielten zum Teil kostbare Beigaben und – zum ersten Mal – fand man eingeritzte Namen der Verstorbenen und deren lebenden Angehörigen.

Die geritzten Namen und somit die Alphabetisierung veranschaulichen, dass nicht nur in den großen römischen Städten, sondern auch in den einfacheren Siedlungszonen die Anwesenheit der Römer bemerkenswerte kulturelle Entwicklungen mit sich brachte. Die römische Kultur überlagerte immer mehr die spätkeltischen Sitten. Das zeigte sich auch in den lateinischen Namen, die die keltischen verdrängten. Aufgrund der Grabungsergebnisse wird davon ausgegangen, dass die römische

Siedlung am Salzberg sehr einflussreich war. Der Zweck dieser Siedlung ist noch unklar. Der derzeitige Ausgrabungsstand liefert keinen Hinweis auf Salzabbau durch die Römer. Dies wirft die Frage auf, ob es zur Zeit der Römer überhaupt noch Salzförderung in Hallstatt gegeben hat.

Im vierten Jahrhundert n. Chr. bewirkten wirtschaftliche Notzeiten, dass viele Menschen auf der Suche nach Arbeit den angestammten Wohnsitz verließen. Die Zeit der Völkerwanderung veränderte so manches Siedlungsbild. Der Einfluss der Römer verringerte sich unaufhörlich und 488 n. Chr. zogen sie offiziell aus Noricum ab. Doch wie Fundstücke, aber auch Ortsnamen belegen, verließen nicht alle Römer ihre neue Heimat, manche blieben.

Vom Mittelalter in die Neuzeit

Vom 5. bis zum 13. Jahrhundert ist in Chroniken nichts über Salzabbau und -handel in Hallstatt nachzulesen. Anders sieht die Situation südlich des Salzkammerguts und an manchen Salzkammergutseen aus. Im Gebiet des Attersees deutet der Name »Walchen« auf romanische Siedler hin. Im Süden des Salzkammerguts wiederum weisen Ortsnamen auf eine slawische Bevölkerung hin und im oberösterreichischen Salzkammergut wurden Bajuwaren vermutet.

Erst 1311 wurde das Hallstätter Bergwerk wieder erwähnt. Graf Meinhards Tochter Elisabeth (1262 oder 1263–1313) erhielt das obere Trauntal mit Hallstatt als Morgengabe. Sie war mit Albrecht I. (1255–1308) verheiratet, dem Sohn Rudolf I. von Habsburg (1218–1291). Albrecht intensivierte die Salzproduktion in Aussee und wollte mit den Salzquellen von Gosau die landesfürstlichen Kassen füllen. Doch es gelang nicht nach Wunsch.

1284 beauftragte Albrecht die Errichtung einer Feste 300 Meter über Hallstatt an einer sehr abgelegenen Stelle, die nur über mehr als 3000 Stufen von Hallstatt aus zu erreichen war. Diese Feste erhielt den Namen »Rudolfsturm«, benannt nach seinem Vater Rudolf I. Da es vermutlich im Hochtal im 13. Jahrhundert bereits ein Bergwerk – wenn auch erst in den Anfängen – gab, war der massive Bau am Beginn des Hochtales zum Schutz des Salzbergwerkes und der Pfannen errichtet worden. Vom Turm aus überblickte man die abfallenden Hänge und weite Gebiete des Umlandes und seinem robusten Bau waren Schutz und Wehrhaftigkeit nicht abzusprechen. Dies bestätigte sich deutlich im Salzkrieg 1284 mit dem Salzburger Erzbischof Konrad IV.

Nach Albrechts Tod 1311 erhielt die Salzproduktion durch Königin Elisabeth mit überarbeiteten Verordnungen einen neuen Stellenwert. Elisabeth förderte den Ausbau des Hallstätter Salzabbaus und ließ zwei neue Stollen anschlagen. Sie reorganisierte das Salzwesen und führte den Betrieb sehr streng. Ihr unternehmerisches Wissen, das sie sich im Haller Bergwerk ihres Vaters angeeignet hatte, war eine hilfreiche Basis für die Struktur in der Verwaltung. Elisabeth nahm auch das Fachwissen des großen Salzspezialisten dieser Zeit, Nikolaus von Rorenpach, in Anspruch.

Rorenpach, von dessen Namen es die unterschiedlichsten Schreibweisen gibt, entstammt einem niederösterreichischen Adelsgeschlecht, das in Röhrenbach/Tulln ansässig war. Im 13. Jahrhundert tauchte sein Name auch in Aussee und Hall in unterschiedlichsten Positionen auf. Elisabeths Vater, Meinhard II. von Görz-Tirol (1238–1295), zählte auf die Kompetenz des Ritters und holte ihn nach Hall in Tirol, wo er den ersten Stollen anschlug. Er war der bekannteste und gefragteste Bergbau- und Salinenexperte der damaligen Zeit und wurde von vielen Salinenbesitzern wegen seiner außergewöhnlichen Fähigkeiten engagiert. In den Schriften des österreichischen Historikers Heinrich Ritter von Srbik (1878–1951) werden Rorenpach und seine Talente gewürdigt.

1311 verlieh Elisabeth Hallstatt das Marktrecht. Die Bürger erhielten neue Rechte, Bergbau und Sudhäuser wurden verstaatlicht, was sich bis 1998 nicht mehr ändern sollte. Alle von Elisabeth und Rorenpach gesetzten Änderungen schufen im gesamten Salzwesen Arbeitsplätze. In Bergwerk, Pfannhaus und Handel wurden Teilbereiche als Lehen vergeben. Die Gründe für diese Schritte sind heute Spekulation: Entweder wollte Elisabeth mögliche Unternehmerbestrebungen (wie Selbstständigkeit) verhindern oder sie hatte zu wenig finanzielle Mittel, um den »Kammerbetrieb« ordentlich zu führen.

Die Bestimmungen für eine Belehnung waren sehr streng. Es gab im Bergwerk 16 erbliche »Eisenhäuer« (Knappen, die im Stollen den Vortrieb schlagen). Die Grundvoraussetzungen für den Belehnten waren, dass er die Arbeit selbst verrichten und in Hallstatt wohnhaft sein musste. Damit sollte ein Abwerben und Abwandern der Fachkräfte verhindert werden. Nach dem letzten Erben fiel das Lehen an den Landesfürsten und nicht an irgendeine Person zurück. In den Siedeanlagen wurden ebenfalls Anteile – zwölf an der Zahl – vergeben.

Die dritte Privilegiertengruppe waren die Salzfertiger. Elisabeth gründete diesen Stand, der weltweit einzigartig war. Sie übernahmen das Salz, dörrten und verpackten es. Auch der Handel oblag ihnen, was die Schifffahrt, den Gegentrieb und die Salzmagazine entlang der Handelsstrecken miteinschloss. Mit dem Gegentrieb wurden Lebensmittel, Wein und sonstige notwendige Waren des Alltags für Hallstatts Bevölkerung geliefert. Besonders bei Lebensmitteln war Hallstatt auf Lieferungen von außerhalb angewiesen. Das Aufgabenfeld der Salzfertiger war sehr weitreichend und ließ sie zu angesehenen und reichen Unternehmern mit großem Einfluss werden.

Anfänglich gab es die Salzfertiger nur in Hallstatt. Als aber in der Blütezeit des Salzhandels die Hallstätter Salzfertiger trotz geschulter und fleißiger Gehilfen außerstande waren, den immer umfangreicheren Vertrieb zu meistern, erhielten auch Bürger in Lauffen, Ischl, Gmunden und Enns diese Befugnis.

1311–1330 kann als Blütezeit der mittelalterlichen Salzproduktion in Hallstatt bezeichnet werden. Auf der Traun wurde das Hallstätter Salz nach Gmunden gebracht, deshalb war es als »Gmundner Salz« bekannt. Seit Längerem bereits war Gmunden der zentrale Umschlagplatz für Salz und viele andere Waren, die bis ins Ischlland transportiert wurden. Mit der Zeit wurde der logistische Arbeitsaufwand immer größer. 1335 wurde sogar ein eigenes Amt geschaffen, mit dessen Führung ein »Amtmann« betraut wurde.

Herzogin Elisabeth residierte in Hallstatt, weil sie sich mit großem Engagement um all die Aufgaben im kompletten Salzwesen kümmerte. Sie war eine scharfsinnige Unternehmerin mit strenger, straffer Führung, jedoch sehr diplomatisch im Umgang mit Mitbewerbern. Mit den Klöstern hatte sie eine besondere Abmachung getroffen: Elisabeth führte die Sonntagsarbeit ein, was den kirchlichen Regeln total widersprach. Um ihr sündiges Vorgehen an der Sonntagsruhe zu sühnen, schenkte sie den Klöstern Salz, das als »Gottesheilsalz« bezeichnet wurde. 1313 starb Elisabeth.

Im 14. und 15. Jahrhundert wurden im Hallstätter Berg laufend neue Stollen angeschlagen. Die Produktion und die finanziellen Erträge steigerten sich. Doch die Salzarbeiter merkten bei ihrer Entlohnung davon nichts, diese blieb gering. 1392 kam es zu einem Aufstand, der mit Waffeneinsatz beendet wurde.

Mit der Zeit kam auch das Halleiner Salz in diese Gegend. Um den Absatz des Hallstätter Salzes nicht zu reduzieren, griff der Landesfürst zu einer nachdrücklichen Maßnahme: Er führte 1398 eine Art »Gebietsschutz« ein, der den Verkauf des Halleiner Salzes südlich der Donau nicht erlaubte.

Immer wieder war Salz die Ursache für Streitigkeiten größeren oder kleineren Ausmaßes. 1460 gab es eine heftige, länger dauernde Auseinandersetzung, die sich innerhalb des Hauses Habsburg zutrug. Die Brüder Herzog Albrecht IV. und Kaiser Friedrich III. gerieten wegen des Salzes aus dem Salzkammergut in Streit. Ganz Österreich war davon betroffen. Sowohl die Hallstätter, deren Herrscher Albrecht war, als auch die Ausseer, die zu Friedrichs Reich gehörten, wurden für die Kriegshandlungen eingesetzt. Die Arbeit in den Salinen und Bergwerken wurde aus Arbeitskräftemangel vernachlässigt und nichts funktionierte mehr. Ausseer und Hallstätter sehnten sich nach Frieden und den gewohnten Arbeitsalltag. 1463 verfasste eine Delegation aus Aussee und Hallstatt einen eigenen Friedensvertrag hinter dem Rücken ihrer Herrscher, in dem sie einander versprachen, in Frieden ohne Hinterlist bis zum nächsten St. Michaelstag (29. September) zu leben. Der Frieden hielt über den festgesetzten Tag hinaus. Im Dezember des gleichen Jahres starb Albrecht, der von ihm geführte Krieg wurde beendet.

Friedrich III. kamen die beachtlichen Erträge des Gmundner Salzes für die Finanzierung seines luxuriösen Lebens zugute. Er ging sogar so weit, Saline und

Salzamt zu verpachten, um gesicherte Einkünfte zu haben, was schlimme Folgen hatte. Jeder Pächter wollte schnell und viel Geld mit Salz erwirtschaften und kümmerte sich nicht um die erforderlichen Instandhaltungen der Bergwerksanlagen. Zwischen 1478 und 1491 hatte Hallstatt verschiedene Pächter, die skrupellos Salz abbauten und hemmungslos die Wälder für Brennholz rodeten.

Gut vorstellbar ist der damalige Zustand des Werks! Als 1493 Maximilian I. Kaiser des Römisch-Deutschen Reiches wurde, war Hallstatt in äußerst desolatem Zustand. Maximilian war gefordert, die Saline wieder in einen funktionierenden Betrieb umzuwandeln. Er löste die Pachtverträge auf und das Salzwesen wurde einer staatlichen Behörde untergeordnet. Zu seinen Reformen zählte auch die Reorganisation des Beamten- und Verwaltungsbereiches. Seine Verbesserungen griffen rasch, der Hallstätter Salzabbau konnte gesteigert werden und das erforderte weitere Pfannhäuser. Für ein zweites Pfannhaus war noch genug Brennholz vorhanden, doch für ein drittes reichte der Waldbestand nicht mehr aus. So kam es sehr gelegen, dass in dieser Zeit auch in Ischl Salz abgebaut und eine Pfanne betrieben wurde. Ende des 16. Jahrhunderts war der Bau einer neuen Saline in Ebensee unumgänglich geworden, da in Hallstatt das Holz knapp wurde und in Ebensee genügend vorhanden war. Unter Rudolf II. (1552–1612) wurde eine Soleleitung aus Holzrohren von Hallstatt zur Saline Ebensee gebaut. Die Vorgaben für dieses Projekt waren: 40 Leitungskilometer , das Streckengefälle sollte nicht zu unruhig sein und die Beschaffung von mehr als 10.000 gerade gewachsenen und ähnlich langen Bäumen. Diese Anforderungen waren leicht zu erfüllen. Nur der zu überwindende Gosauzwang, ein Tal mit beiderseits steilen Gebirgswänden, wo das Gosautal in das Becken des Hallstätter Sees mündet, machte anfänglich Probleme. Die Konstrukteure waren gefordert und fanden mit einer Druckrohrleitung, die entsprechend stark gebaut werden musste, um dem Druck standzuhalten, eine optimale Lösung. 1607 floss in Ebensee die erste Sole aus den Holzrohren in die Pfanne.

Ab dem Mittelalter war die Dokumentation und Vermessung der Produktionsstätten eine unumgängliche Voraussetzung im Salzbetrieb. In diesen Aufzeichnungen scheinen häufig Funde aus älterer Bergbauzeit auf, die damals nicht wegen des historischen Wertes protokolliert wurden, sondern vorrangig aus Effektivitäts- und Sicherheitsgründen für geplante Laugwerke. Die exakten Berichte und Vermessungen dienten weiters zum Schutz der Eigentümergrenzen.

1527 erfolgte die erste, noch heute vorhandene Vermessung des Hallstätter Salzbergs. Ab dem 16. Jahrhundert wurden über alle Vermessungen, die in unterschiedlichster Weise durch Spezialisten, sogenannte Markscheider, erfolgten, genaue Aufzeichnungen geführt. Ende des 16. Jahrhunderts bekam die Verwaltung des Kammergutes, das Salzoberamt, ihren Sitz in Gmunden. Die Obliegenheiten des Salzamtes waren sehr vielfältig, sie umfassten Salzproduktion, Transport und Handel, Forstwirtschaft und Schiffbau, zusätzlich noch die Lebensmittelversorgung und den sozialen Bereich (Kranken- und Altersversorgung). Dieses Ausmaß machte eine entsprechende Aufgabenteilung der Beamten und einen zentralen Platz für die Behörde erforderlich. Gmunden entwickelte sich zu einem einflussreichen Wirtschafts- und Verwaltungszentrum der Habsburger, wo Eleganz und Reichtum deutlich sichtbar waren.

Namensgeber für Stollen und Schächte waren meist Adelige oder achtenswerte Persönlichkeiten. So wurde der 1719 angeschlagene Eingangsstollen in 928 Metern Seehöhe im Hochtal »Kaiserin-Christina-Stollen« benannt, nach Elisabeth Christine von Braunschweig-Wolfenbüttel, der Mutter von Kaiserin Maria Theresia. Auch hier wurden im Zuge der Arbeiten Reste prähistorischen Bergbaus gefunden. Gegen Ende des 18. Jahrhunderts musste abermals ein kompliziertes bauliches Unterfangen in Angriff genommen werden. Die Überwindung des Gosautals bedurfte einer Berichtigung, um die Fließgeschwindigkeit der Sole nicht zu vermindern. 1775 beauftragte Joseph II. eine Brücke über die Schlucht. Der Holzmeister Johann Spielbüchler mit seinen handwerklichen und logistischen Fertigkeiten war dem Auftrag gewachsen.

Unter seiner Anleitung und Aufsicht wurde die Brücke unter äußerst herausfordernden Bedingungen gebaut. Die gemauerten Pfeiler hatten eine Höhe von 46 Metern und trugen 28 Meter lange Balken. In drei Jahren entstand ein spektakuläres Bauwerk, das den Namen »Gosauzwang« beibehielt und die bisher bergauf und bergab geführte Leitung ersetzte. 1969 wurde die Brücke aus Sicherheitsgründen durch einen Stahlbau ersetzt. Leider verlor damit das Salzkammergut ein historisch wertvolles Bauwerk und Wahrzeichen.

Im September 1750 erfasste ein schweres Unglück Hallstatt. Bei einer großen Brandkatastrophe kamen Menschen ums Leben, viele öffentliche und private Häuser brannten ab. Ruhe kehrte auch in den folgenden Jahrhunderten nicht ein. Reformen und vielerlei Herausforderungen begleiteten die Hallstätter und Kammergütler. Kaiserin Maria Theresia und ihr Sohn Joseph II. begannen die Sonderrechte des Salzkammerguts zu beschneiden. Nach und nach wurden Ämter aus Gmunden abgezogen und Gmundens Glanz wurde matter.

Nicht alle in der Bevölkerung profitierten im verdienten Ausmaß von der prächtigen Wirtschaftslage der vergangenen Jahrzehnte. Die Knappen wurden nicht immer so bevorteilt. Anfang des 19. Jahrhunderts stieg die Armut der Knappen in Hallstatt merklich. Der Lohn war so gering, dass auch die Frauen mit schwerer Arbeit Geld verdienen mussten. Sie gingen bis zu zwei Mal täglich auf 1033 Meter Seehöhe hinauf, wo sie die Steinsalzbrocken, die im Katharina-Theresia-Stollen abgebaut wurden, aufluden und ins Tal trugen. »Kerntragweiber« wurden sie genannt und waren noch bis ins 20. Jahrhundert hinein mit dem Salz vom Berg ins Tal unterwegs. In Chroniken ist nachzulesen, dass diese Brocken hauptsächlich für die kaiserliche Jagd benötigt wurden. Reisende, die nicht nur oberflächlich die

Gegend erkundeten, bemerkten sehr wohl die Armut der Bevölkerung. Für die herrschaftlichen Besucher war dieser triste Zustand nicht sichtbar, da bei Visitationen Hallstatt mit allen Kräften herausgeputzt wurde.

Eine Arbeitsstelle in einem k. u. k. Unternehmen war Anfang des 20. Jahrhunderts sehr begehrt. An die 250 Arbeiter, hauptsächlich aus Hallstatt und den umliegenden Siedlungen, wie Gosau, Goisern oder Obertraun, waren im Salzberg beschäftigt. Zu Fuß legten sie wöchentlich diese abschnittsweise beschwerlichen Strecken zurück. Den Sonntag verbrachten sie bei ihren Familien, während der Arbeitswoche hatten sie eine Unterkunft im Hochtal. Aufgrund der schlechten Erreichbarkeit bis ins 20. Jahrhundert hinein musste die Infrastruktur am Salzberg alles bieten, was die Bergleute für ihren Aufenthalt und den Arbeitsalltag benötigten: verschiedene Handwerksbetriebe, Sägewerk, Bäder, Kapellen und Ställe für die Arbeitstiere. Jeder Fachbereich hatte seine spezielle Wohnstätte: Knappen wohnten im Knappenhaus, Steiger im Steigerhaus und Häuer im Häuerhaus.

Die Saline war der größte und mächtigste Arbeitgeber der Region. Mit dem Ersten Weltkrieg kam allerdings ein rigoroser Umschwung. Anfänglich stieg der Salzbedarf, doch bald brach die Nachfrage ein und der Salinenbetrieb musste Zug um Zug verkleinert werden. Sudhütten und Bergbau wurden reduziert. In den Jahren nach dem 1. Weltkrieg war der Hallstätter Abbau stark bedroht. Aus dieser Zwangslage heraus entstand eine neue, effektive Idee: 1926 wurde das erste Schaubergwerk im Hochtal im Katharina-Theresia-Stollen eingerichtet, das mit großem Interesse angenommen wurde und von Jahr zu Jahr steigende Besucherzahlen verzeichnen konnte. Eine besondere Attraktion dieses Schaubergwerks ist der unterirdische Salzsee mit seinem verzaubernden Charakter.

1947 wurde vier Meter über dem Wasserspiegel des Hallstätter Sees der Erbstollen angeschlagen, der schon Ende des 18. Jahrhunderts zur Diskussion stand. Die Erweiterung bedeutete nicht nur einen betrieblichen Aufschwung, sondern auch eine soziale Verbesserung der Bergleute, denn sie mussten nicht mehr im Hochtal fern ihrer Familie arbeiten und wohnen. Die Funktion des Rudolfsturms, der seit Friedrich I. das Wohngebäude des jeweiligen Bergmeisters darstellte, änderte sich ebenfalls durch den Bau des Erbstollens im Tal. Der Rudolfsturm reiht sich heute in die touristischen Attraktionen im Hochtal ein. 1969 wurde schließlich das Pfannhaus abgerissen, womit Hallstatt einen dominierenden Betrieb verlor.

In den folgenden Jahren machte die Technik auch vor der Hallstätter Salzproduktion nicht Halt. Seit 1974 wird Sole mit der modernen Bohrlochsondentechnik gewonnen. Dabei wird zentral und energieeffizient mit dem Thermokompressionsverfahren der Saline Ebensee aus der Sole von Hallstatt, Ischl und Altaussee das Salz gewonnen. Bei diesem Prozess wird durch Erhitzen der Sole das Wasser verdampft und das übrig bleibende nasse Salz wird geschleudert und getrocknet.

Bis zur Verwendung des Salzes erfolgt die Lagerung in einer großen, ideal klimatisierten Halle. Die vielen Vorteile dieser Methoden ließen die Erträge der Salzgewinnung steigen. Dies ging jedoch auch mit einem sinkenden Personalstand einher, da Maschinen die menschliche Arbeitskraft ersetzten. Erwähnt sei an dieser Stelle, dass heute prähistorischer, historischer und moderner Bergwerksbetrieb im Berg aufeinandertreffen, was den ganz normalen Arbeitsalltag ausmacht.

Die ständig wachsende Besucherzahl im Schaubergwerk erforderte eine adäquate Beförderungsmöglichkeit ins Hochtal. 1980 wurde die moderne Standseilbahn eröffnet, die den Gästen während der Fahrt einen herrlichen Ausblick auf See und Berge bietet.

In Hallstatt werden heute Stollen benutzt, die auf mehreren Ebenen verlaufen. Viele davon sind mehrere hundert Jahre alt. 1994 wurde das Streckensystem zum ersten Mal in der Salzgeschichte maschinell erweitert. Mittlerweile können 2700 Meter Stollenlänge der steigenden Nachfrage gerecht werden. Eine permanente Kontrolle und Instandhaltung der Stollen ist notwendig und sichert den gesamten Bergwerksbetrieb. Ein Gebirge ist kein totes Gestein, sondern es arbeitet ständig und dabei werden Stollen und Schächte zusammengepresst und wachsen zu. Der größte Druck des Gebirges wirkt zwischen Kalkgestein und Salzgestein. Deshalb ist es laufend erforderlich, Stollen zur Festigung mit Holz oder Metall auszukleiden.

Der Beitritt Österreichs zur EU kippte das Salzmonopol, seit 1997 sind die Österreichischen Salinen mit all ihren Teilbereichen in privater Hand.

Der zarte Beginn des Tourismus

Die Ausgrabungen von Johann Georg Ramsauer im 19. Jahrhundert machten Hallstatt weiträumig bekannt. 1855 kam sogar das Kaiserpaar zur Besichtigung der Gräber nach Hallstatt. Dieser Besuch steigerte die Bekanntheit dieser Gegend. Das ging sogar so weit, dass es zur gesellschaftlichen Pflicht und zum Ansehen gehörte, Hallstatt zu besichtigen. Der Fremdenverkehr profitierte immens von dem Interesse an den Grabungen. Die Attraktivität Hallstatts wurde 1877 durch die Eröffnung der k. u. k. Kronprinz-Rudolf-Kammergutbahn gesteigert, die eine bequeme Anreise ermöglichte. Davor konnte man nur mit dem Schiff oder über einen schmalen Saumweg in den malerischen Ort gelangen.

Der florierende Tourismus erforderte zunehmend mehr Übernachtungsmöglichkeiten. Besonders erwähnenswert ist das berühmte Hotel Seeauer, das von Nachfahren des begabten Wasserbauers Thomas Seeauer bis zum Abriss 1961 geführt wurde.

Schmuckstücke im Ortszentrum sind die Kirchen der katholischen und protestantischen Konfessionen. Die katholische Kirche wurde 1519 am Ufer gebaut.

Das 1784 nach der Protestantenverfolgung erbaute Bethaus der Lutheraner existiert nicht mehr. Heute steht auf einer etwas erhöht gelegenen Felsterrasse die 1865 fertiggestellte protestantische Kirche.

Unzertrennliche Drillinge: Dürrnberg, Hallein, Salzburg

Dürrnberg, Hallein und Salzburg waren unzertrennliche Drillinge. Einer hing am anderen, fehlte einer, funktionierte das System nicht mehr. Die über Jahrhunderte bestehende Beziehung – ja Abhängigkeit – begann mehr als 2000 Jahre vor Christi Geburt. Wie in Hallstatt nutzten auch in der Gegend von Dürrnberg und Hallein die steinzeitlichen Menschen um 2000 v. Chr. salzhaltige Quellen. Fundstücke belegen sogar ein Steinsalzlager 5000 v. Chr. Es wird vermutet, dass es in prähistorischer Zeit aufgrund der Höhe noch keine Dauerbesiedelung gab, sondern eher nur in den warmen Monaten zum Zweck der Salzgewinnung.

Eisenzeit

Im 6. Jahrhundert v. Chr., als Hallstatt den Salzmarkt beherrschte, begann in Dürrnberg der Salzbergbau unter Tag. Innerhalb kürzester Zeit entwickelte sich Dürrnberg mehr und mehr zu einem ernstlichen Mitbewerber in der Salzproduktion im Ostalpenraum. Die führende Rolle aber spielte trotz der schlechteren Erreichbarkeit noch lange Zeit Hallstatt.

Es wird angenommen, dass Hallstätter Fachleute die Anlegung des Dürrnberger Bergwerkes betrieben, da zu dieser Zeit die Hallstätter schon viel Erfahrung mit Abbau, Handel und auch Zerstörung durch Naturkatastrophen hatten. Ein Grund für den Beginn des Dürrnberger Salzbergbaus dürfte die immer dichter werdende Besiedelung im näheren und weiteren Umland des Berges gewesen sein. Kluge Geschäftsleute erkannten den steigenden Salzbedarf und starteten den Abbau. Wie Forschungsergebnisse zeigen, wurde in mehreren Gruben gleichzeitig abgebaut. Die Vorgehensweise und die Ortswahl der Stolleneingänge lassen auf Bergbauerfahrung schließen. Es tauchen aber noch andere Vermutungen für die Wahl des zusätzlichen Standortes auf. Ein möglicher Anlass könnte die schwindende Wirtschaftlichkeit aufgrund der von hohen Bergen umgebenen und deshalb schwer zugänglichen Lage Hallstatts gewesen sein. Oder reiche und vorausblickende

Hallstätter Bergwerksherren und Händler wollten mit einem zweiten Standort die Produktion erhöhen und sicherstellen. Reich musste der Salzherr sehr wohl gewesen sein, denn bis eine Salzader genutzt werden konnte, war jahrelange Vorarbeit notwendig. Bei der Abbautechnik stießen die Forscher, bedingt durch die Steinsalzzüge, auf unterschiedliche Methoden in den einzelnen Abbauzonen. Beachtenswert ist, dass die Hallstätter Abbautechnik der Älteren Eisenzeit in Dürrnberg verbessert wurde.

400 v. Chr., als der Hallstätter Abbau durch eine Katastrophe vorläufig beendet werden musste, gab es auch in Dürrnberg einen Produktionsrückgang, möglicherweise durch einen Wassereinbruch. Das war nicht der einzige im Lauf der örtlichen Bergwerksgeschichte. Des Öfteren hatten die prähistorischen Dürrnberger mit Wassereinbrüchen in den Gruben zu kämpfen. Analog dazu wird gemutmaßt, dass die 1577 und 1616 gefundenen Leichen aus einer dieser Katastrophen stammten. Worauf die häufigen Wassereinbrüche zurückzuführen sind, ist nicht völlig klar. Vermutlich könnte eine Klimaveränderung die Ursache gewesen sein.

Doch trotz dieser Zwischenfälle ließen sich die Bergleute nicht beirren. Gegen Ende des 3. Jahrhunderts vor Chr. begann in Dürrnberg der Salzhandel wieder zu florieren und zwei zusätzliche Stollen mussten aufgrund der steigenden Nachfrage angeschlagen werden. Entsprechend dem heutigen Wissensstand wird angenommen, dass das Salzbergwerk in Dürrnberg in dieser Epoche die Hallstätter sowohl bei der Produktion wie auch beim Handel überholte. Die Handelsbeziehungen in alle Himmelsrichtungen erstarkten und wirkten sich auf den Wohlstand aus, was die kostbaren Grabbeigaben bewiesen. Der Dürrnberg und die Siedlung am linken Salzachufer entwickelten sich zu einem erstklassigen Wirtschaftszentrum. Aber der Salzort etablierte sich auch als ausgeprägtes Industriezentrum, denn Salz war zu dieser Zeit bereits mehr als ein Nahrungs- und Konservierungsmittel. Es fand Verwendung bei Gerbern, beim Glasieren von Tongeschirr, beim Reinigen von Schornsteinen und als Arzneimittel.

Manche Experten sind der Meinung, dass sich durch die Kelten in der Latènezeit der Dürrnberg zu einem kulturellen und wirtschaftlichen Zentrum entwickelt hatte. Einige Ausgrabungsfunde würden die Anwesenheit der Kelten bestätigen. Doch waren tatsächlich die Kelten hier oder hatten nur die heimischen Bergleute deren Kultur übernommen? Noch herrscht Unklarheit. Die laufende Forschung bringt immer mehr Licht ins Dunkel der prähistorischen Zeit.

Das vermutliche Ende des Dürrnberger Salzabbaus aufgrund geologischer Schwierigkeiten und in Folge eine Reduktion der Handelstätigkeit wird mit 100 v. Chr. angenommen. Einzelne Hinweise deuten allerdings auf ein langsames Auslaufen hin, das während der Römischen Kaiserzeit in einer lokalen Produktion mündete. Bis 200 n. Chr. ist noch Arbeit im Salzberg nachweisbar – vermutlich, um den Salzbedarf der Umgebung zu decken. Auf Dauer war ein Betrieb in dieser

Form unrentabel. Zusätzlich brachten die Römer kostengünstigeres Meersalz ins Land. Der Salzabbau wurde eingestellt und die wirtschaftliche Grundlage der Region kam zum Erliegen. Aus den nachfolgenden Jahrhunderten fehlen uns heute Beweise über den Salzbergbau am Dürrnberg.

Alltagsleben und Arbeitersiedlungen

Im Dürrnberg wurde das ganze Jahr hindurch Salz abgebaut. Belege dafür liefern die Analysen der Exkremente der Bergleute, die Pflanzen und Obst jeder Jahreszeit enthalten. Die Ernährung der Kumpel glich jener von Hallstatt. Ein Eintopf – dem Ritschert ähnlich – stand auch hier häufig auf dem Speiseplan. Tierknochen wurden im Bergwerksabfall nicht gefunden.

Die Dürrnberger Bergleute arbeiteten von Beginn an mit dem Eisenpickel, der auf Steinen geschliffen wurde. Die aus Holz gefertigten Geräte und Leuchtspäne wurden sehr einheitlich hergestellt. Ebenso zeigte die Kleidung keine markanten Unterschiede. Daraus wird geschlossen, dass Gegenstände und Kleidung in Werkstätten vor Ort hergestellt wurden.

Das Rind war das wichtigste Tier, sowohl für Bekleidung als auch als Fleischlieferant. Aus seinem Fell wurden Arbeitskleidung, Säcke, Taschen und Schuhe gefertigt. Das mit dem Haselgebirgssalz gepökelte Fleisch war mehr für den Export als für den eigenen Bedarf gedacht.

Wenig Wissen im Gegensatz zu Bergbau und Bestattung gibt es über eisenzeitliche Behausungen am Dürrnberg. Der zunehmend florierende Salzbergbau in der Jüngeren Eisenzeit benötigte immer mehr Bergleute, die in der Nähe der Arbeitsstelle ihre Wohnbauten errichteten. Das Siedlungsgebiet wurde immer weitläufiger. Es entstand eine Ansiedlung im heutigen Gebiet von Hallein, deren Zweck die Beaufsichtigung des Handels entlang der Salzach war. Als der Salzbergbau zu schwächeln begann und dem Ende zuging, schrumpften die Siedlungsflächen und beschränkten sich wieder auf die ursprünglichen Wohngebiete aus der Älteren Eisenzeit.

Nicht nur in Salz, sondern auch in Mooren und Eis wurden prähistorische Mumien und Fundobjekte entdeckt. Diese gut konservierten Objekte lieferten den Archäologen wichtige Informationen über die jeweiligen Epochen. Das Ramsautal am Dürrnberg, eine große und feuchte Wiese, ist dabei gesondert zu erwähnen, denn hier gab es nachweislich ab der Mitte des 5. Jahrhunderts v. Chr. eine dichte Besiedelung. Die durch die herrschende Feuchtigkeit konservierten prähistorischen Holzbehausungen liefern uns Wissen über die Bauweise und zeigen, dass die Häuser unseren heutigen Almhütten durchaus ähnlich sind. Die gefundenen Werkzeuge machen allerdings deutlich, dass das Gebiet keine Wohnsiedlung war, sondern in Betrieben und Werkstätten Dinge des täglichen Lebens, wie Werkzeuge, Leuchtspäne oder Schmuck, hergestellt wurden.

Grabformen und Bestattungsriten

Der Dürrnberg, der bereits in der Jungstein- und Bronzezeit ein attraktives Gebiet war, liefert aufschlussreiches Fundmaterial im Berg sowie in den Gräbern. Wie in Hallstatt, so lassen sich auch hier die weiten Handelsbeziehungen an den reichhaltigen Funden ablesen.

Als im 6. Jahrhundert v. Chr. mit dem Salzabbau begonnen wurde, wurde der Friedhof, aufgeteilt auf drei Stellen, auf der Hochfläche angelegt. Die Grabform, ein Grabhügel, weicht von jener in Hallstatt ab. Am Dürrnberg dominierten die Körperbestattungen, wobei der Leichnam in eine Grabkammer aus Holz gelegt und diese mit Erde überdeckt wurde. Diese hölzernen Grabkammern waren für mehrere Bestattungen gedacht. Zwei Fürstengräber, die am Dürrnberg geöffnet wurden, gaben wertvolle keltische Objekte frei. Eines davon ist die berühmte, aus Bronze gefertigte Schnabelkanne. Kenner bezeichnen sie als ein technisches Meisterwerk.

Während der Älteren Eisenzeit wurden die Frauen mit trachtähnlichem Zubehör bestattet, wodurch auf die Kleidung geschlossen werden kann. Fibeln, Arm- und Beinringe sowie Gürtel sind die dominierenden Extras, die sich gegen Epochenende etwas abänderten. Bei den Männern ähneln die Fibeln und Gürtel jenen von Frauen, hinzu kamen Waffen. In jedem Grab wurden Speisereste und Keramikgefäße gefunden.

In der Jüngeren Eisenzeit veränderte sich die Art der Tracht und der Bewaffnung. Typisch für die frühe Latènezeit sind Fibeln mit harmonisch gruppierten Tiermotiven.

Im Berg wurden ebenfalls »Männer im Salz« gefunden, die wahrscheinlich bei Arbeiten unter Tag verunglückt waren. Auch hier sind die Leichen heute nicht mehr erhalten, sondern lediglich Dokumentationen darüber. Den ersten Fund machte man 1573. Aufgrund der durch Salz gut konservierten Kleidung wurde auf einen Bergmann aus keltischer Zeit geschlossen. Anfang des 17. Jahrhunderts berichtete ein Salzburger Chronist von einem weiteren Leichenfund.

Im Dürrnberg sind sicherlich noch viele Fundstücke eingeschlossen, die durch archäologische Grabungen zutage gebracht werden könnten. Allerdings gibt es Hindernisse, da sich die Gräber zum Teil unter derzeitigen Besiedlungen und Straßen befinden. Dies erschwert Grabungen bzw. macht sie unmöglich.

Vom Mittelalter in die Neuzeit

Erst ab dem Mittelalter setzte erneut reger Salzabbau ein, der bis in die 80er-Jahre des 20. Jahrhunderts andauerte.

1198 wird in einer Urkunde eine Salzpfanne in »muelpach« erwähnt, ein Ort, der wahrscheinlich schon in prähistorischer Zeit existierte. Der Salzburger Erzbischof Adalbert III. von Böhmen nahm den Salzabbau in Dürrnberg mit neuer Technologie wieder auf und konnte die Produktion deutlich steigern. Statt in bergmännischer Weise das Salz abzubauen, wurde es im sogenannten »Laugverfahren« gewonnen. Die Methode war einfach: Quellwasser, das in die Laugkammer des Salzgebirges geleitet wurde, laugte das Salz aus dem Gestein. Die nicht löslichen Anteile sanken ab und das salzgesättigte Wasser – die Sole – wurde aus dem Berg ins Pfannhaus geleitet, das aus verschiedensten logistischen Gründen neben der Salzach gebaut wurde. Einerseits stand durch die Flussnähe ausreichend Wasser zur Verfügung, andererseits war die Salzach zur Holzbeschaffung für das Sieden der Sole hervorragend geeignet. Des Weiteren waren die Flüsse auch wichtige Handelswege für Salz und Lebensmittel.

Die Salzburger Erzbischöfe kümmerten sich nicht nur um das Seelenheil ihrer Gläubigen, sondern waren auch geschickte Unternehmer. Ein besonders genialer Manager war der Salzburger Erzbischof Eberhard II. von Regensberg (1170–1246), der mithilfe von wirtschaftlich orientierten Zisterziensermönchen Hallein zu einem leistungsstarken und innovativen Betrieb machte. Zu Adalberts Zeiten gab es zwei Pfannen, bis 1210 waren bereits 14 Pfannen in Betrieb. Mit den neuen, großen Sudpfannen konnten die Produktionsmengen immens gesteigert und die Kosten aufgrund der rationellen Arbeitsweise und günstiger Heizholzpreise niedrig gehalten werden. Der Salzpreis konnte nach unten – und nicht wie bisher nach oben – korrigiert werden, was zum Nachteil der Konkurrenz wurde. Es bedurfte neuer Märkte, die jedoch rasch gefunden waren. Die Absatzgebiete der bayerischen Salzbergwerke schrumpften und so zählten auch Böhmen und Mähren bald zu den Halleiner Kunden.

Im Gebiet des späteren Salzkammerguts, das den Habsburgern gehörte, wurde ebenfalls Sole in Pfannen gesiedet, was dem Salzburger Erzbischof missfiel. Das Konkurrenzdenken löste ein Gefecht aus, aus dem jedoch kein wirklicher Sieger hervorging.

Die Entwicklung schritt rasant voran. In kurzer Zeit wurde eine bemerkenswerte Größe erreicht und alle anderen Salzanbieter waren weit abgeschlagen. Hallein war an der Spitze der mitteleuropäischen Salzproduzenten angelangt. Mehr als 1000 Jahre nach dem Ende des Salzabbaus durch prähistorische Völker und Römer wurden der Dürrnberg und die Saline in Hallein zur Basis des Aufstiegs des Erzbistums

Salzburg, welches in der Folge zum reichsten geistlichen Fürstentum im Heiligen Römischen Reich wurde.

Das 13. Jahrhundert hatte für Hallein und das bayerische Reichenhall sowohl ordnenden wie auch kämpferischen Charakter. Über Jahrhunderte waren Reichenhall und Hallein Konkurrenten und standen bis zum 13. Jahrhundert in nicht gerade freundschaftlichen Beziehungen. Immer wieder kam es zu unliebsamen Auseinandersetzungen, bei denen sogar der römisch-deutsche Kaiser Friedrich II. einschreiten musste. Trotz Streitereien kam es allerdings hin und wieder zu vernünftigen zwischenstaatlichen Vereinbarungen. Eine davon währte sogar bis ins 20. Jahrhundert. Die immer wiederkehrenden Streitpunkte waren vor allem Absatzmärkte und Wegerechte. Die Kontrolle des Wasser- und Landweges für den Transport konnte schlussendlich jedoch aufgeteilt werden: Die Bayern kontrollierten den Landweg und die Salzburger den Wasserweg auf der Salzach, der um vieles wichtiger als der Landweg war.

Auch die Siederechte für die Saline Reichenhall waren des Öfteren Anlass für Konflikte zwischen den Salzburger Erzbischöfen und den bayerischen Herzögen. Jeder pochte auf sein Recht. Verkompliziert wurde die Situation durch die Tatsache, dass jede Seite Anteile im Land des anderen hatte: Die Erzbischöfe hatten Anteile an der Saline und die Bayern besaßen Wälder im Pinzgau. Im 13. Jahrhundert konnte eine Abmachung getroffen werden: Die Saline Reichenhall blieb den Bayern, die Erzbischöfe behielten Anteile an ihr. Der Pinzgau wurde salzburgisch, die Bayern durften darin jedoch einige Wälder weiter nutzen.

Um noch mehr Absatzmärkte beliefern zu können, steigerte der Erzbischof die Salzproduktion, die ohnehin schon ein stattliches Ausmaß erreicht hatte. Es kam der Zeitpunkt, wo es in die verkehrte Richtung losging und mehr Salz produziert wurde, als verkauft werden konnte. Der Salzpreis fiel. Der Erzbischof entschied richtig und drosselte die Erzeugung, was in Folge den Einsatz der Sudpfannen reduzierte. Für diese Zeit (1220) war die erzbischöfliche Entscheidung eine erstaunliche marktwirtschaftliche Leistung. Langsam regulierte sich der Markt und ab Mitte des 13. Jahrhunderts mussten wieder mehr Sudpfannen eingesetzt werden. Dieser Höhenflug dauerte bis ins 15. Jahrhundert und bescherte dem Stift hohe Erträge.

Für den kleinen Ort, der rund um die Sudpfannen entstand, bedeutete der Erfolg der Saline einen großen Aufschwung. 1198 hieß die Siedlung »muelpach« und ab 1230 Hallein, »das kleine Hall«. Reichenhall war damals das »große Hall«. Der kleine Ort entwickelte sich zu einer Stadt, die vom Salzbergbau, der Salzverarbeitung und den beteiligten Handwerkern lebte. Doch auch Hallstatt florierte und wurde zu einem ernst zu nehmenden Konkurrenten.

Die Besitzverhältnisse von Saline und Bergwerk waren, im Gegensatz zu anderen Abbaustätten, in Hallein abweichend aufgeteilt: Es gab die »Mitsieder« und

»Arbeitslehen« am Berg. Die Mitsieder erhielten einen Anteil am Berg, den sie ausbeuten durften, und konnten in eigenen Pfannhäusern Salz sieden. Als Arbeitslehen am Berg wurden Arbeiten in Teilbereichen, wie Stollenvortrieb, Instandhaltung und Säuberung der Stollen an Knappen vergeben. Die Arbeitslehen waren vererbbar oder konnten an andere Personen übertragen werden. Mit dieser Regelung ging der über Generationen erworbene Erfahrungsschatz für den betreffenden Betrieb nicht verloren. Die Pfannhäuser, die in anderen Salincnorten tonangebend waren, konnten sich hier nicht so stark behaupten.

Die Salzarbeiter wurden wohl regelmäßig, aber sehr gering bezahlt. Immer wieder kam es zu Malversationen, weil die Verlockung für die Knappen von zusätzlichen Einnahmen durch das eine oder andere Geschäft groß war. Diese Nebengeschäfte minderten die Qualität der Arbeit im Salinenbereich und folglich sanken die Einnahmen. Als Erster steuerte der Erzbischof Wolf Dietrich von Raitenau gegen diese Gepflogenheiten. Die erste Maßnahme war das Ablegen eines Gelöbnisses bei Arbeitsantritt jedes Bergknappen. Die Arbeitsmoral und der Einsatz verbesserten sich schnell. Der nächste Schritt, die Ablösung aller Erbarbeiten, betraf auch die Knappen in Berchtesgaden, die nicht dem Erzbischof unterstanden. Weder die Berchtesgadner noch die Halleiner Knappen waren darüber erfreut und legten Protest ein. Wolf Dietrich blieb allerdings bei seiner Entscheidung. Einige Jahre später wurde wieder eine ähnliche Regelung aufgestellt.

Ab 1284 kam es drei Mal zu kriegerischen Auseinandersetzungen – den Salzkriegen – zwischen den Salzburger Erzbischöfen und den Herrschern der angrenzenden Länder. Der Dürrnberg, ein Grenzberg, war ein zwischenstaatlicher Berührungspunkt. Zwei Drittel des Berges waren auf der bayerischen Seite, der Rest in Salzburg. Die Erzbischöfe von Salzburg und Bayern stritten wegen der Mine im Dürrnberg, die sowohl von der bayerischen als auch von der salzburgischen Seite abgebaut wurde. Jeder unterstellte dem anderen, Salz aus dem Berg zu rauben. Die Bergknappen der einen wie auch der anderen Seite hatten damit kein Problem, sie arbeiteten gut zusammen.

1284 kam es zum 1. Salzkrieg zwischen den erzbischöflichen Salinen von Hallein und den habsburgischen Salinen Hallstatt und Aussee.

1291 bis 1297 führte der Salzburger Erzbischof Konrad IV. von Fohnsdorf den 2. Salzkrieg mit dem habsburgischen Herzog Albrecht I., der das Kammergut verteidigte. Der Grund der kriegerischen Auseinandersetzung war ein Gebirgsstock, in dem jeder auf seiner zum Herrschaftsgebiet gehörenden Seite Salz abbaute. Sowohl der Erzbischof als auch der Herzog waren der Ansicht, dass jeder das alleinige Abbaurecht hatte und misstraute dem jeweils anderen. Der Konflikt konnte nicht beigelegt werden, im Gegenteil, er vergrößerte sich zusehends durch ein weiteres Streitgebiet im Ennstal, wo ebenfalls beide Parteien Besitzansprüche geltend machten. Jeder bemühte sich um Verbündete zur Stärkung für weitere Kampfhandlungen.

Der Erzbischof geriet mit der Zeit ins Hintertreffen und bat sogar den Papst um Hilfe, der sich aber um die Sache nicht annahm. Konrad wandte sich in seiner Not an den Bischof von Regensburg, der schlussendlich einen passablen Friedensschluss zustande brachte. Doch Albrecht hielt sich nicht an die Abmachungen, worauf Konrad sich mit weiteren Angriffen wehrte. Die Auseinandersetzungen, die zweitweise sehr verheerend für die Bevölkerung waren, dauerten somit an.

1311 wurde in Hallstatt wieder eine Saline in Betrieb genommen, deren Produktionsleistung durch Elisabeths Führung im Lauf der Jahre deutlich gesteigert wurde – nicht gerade zur Freude der Salzburger. Ab dem 14. Jahrhundert kaufte der Erzbischof nach und nach die Anteile der Mitsieder zurück und Hallein ging in das Eigentum des Landesfürsten, des Erzbischofs, über. 1450 wurde im Dürrnberg der Hauptschacht gegraben und erstmalig wurden die Stollenabmessungen an die Größe der Bergknappen angepasst, damit diese bequem durchgehen konnten. Der Salzhandel blühte und große Schiffe beförderten das Salz auf der Salzach bis an die Donau.

Bis zum 16. Jahrhundert war das Erzbistum Salzburg mit Dürrnberg und Hallein der wichtigste Salzproduzent in den Ostalpen. Hier wurde mehr Salz produziert als in Aussee, Hallstatt und Hall zusammen. Das Wachstum Halleins und Salzburgs, die zahlreichen Arbeitsplätze und der gute Lebensstandard waren dem Salz zu verdanken. Ab dem 16. Jahrhundert ging es allerdings bergab, denn zwei große Märkte, der österreichische und der böhmische, gingen verloren. Böhmen fiel an das Habsburgische Reich und wurde mit Gmundner Salz beliefert. Dies reduzierte den Salzabsatz in Hallein und Dürrnberg dramatisch und hatte schließlich die Verarmung der Salinenarbeiter und ihrer Familien zur Folge.

Die Absicht, den Status eines führenden Salzproduzenten zu halten, und die Gier nach noch größerem Reichtum drängten die Erzbischöfe dazu, die benachbarten Konkurrenten, das Salzkammergut und das Berchtesgadener Land, zu schwächen und noch mehr Abbaustätten einzugliedern, um eine Monopolstellung zu erreichen. Doch nicht nur das Erzbistum unternahm solche Anstrengungen, auch die Bayern und die Habsburger arbeiteten in diese Richtung. Es wurden Absprachen und Regeln untereinander vereinbart. Die Entwicklung erfolgte für die Salzburger jedoch nicht in der gewünschten Form und Rückschläge waren zu verzeichnen. Aufgrund dessen entschloss sich der Salzburger Erzbischof Wolf Dietrich von Raitenau (1559–1617) für eine spezielle Abmachung mit seinem bayerischen Konkurrenten, der ihm ein besonderer Dorn im Auge war. Um Bayern als potenten Mitbewerber auszuschalten, schloss er Ende des 16. Jahrhunderts einen Vertrag, in dem er den Bayern eine Monopolstellung für den Halleiner Salzexport zusagte. Daran geknüpft war die Verpflichtung, jährlich 15.000 Schiffsfrachten Salz aus Hallein zu einem fixen Preis zu übernehmen. Der bestmögliche Verkauf des Salzes lag dann bei den Bayern. Auch die Habsburger wollte Wolf Dietrich ins

Boot holen. Die Habsburger sollten Salz für den böhmischen Markt bei ihm kaufen, der Gewinn daraus sollte in die Taschen der Habsburger fließen. Doch diese spielten nicht mit. Und das war gut so, denn der bayerische Herzog Maximilian I. (1573–1651) hatte mit dem Vertrag eine gewaltige Fehlentscheidung getroffen. Immer wieder kam es wegen Preisen, Lieferbedingungen oder Zöllen zu Differenzen zwischen dem Salzburger Erzbischof Wolf Dietrich von Raitenau und dem Wittelsbacher Maximilian I., aber auch persönliche gegenseitige Abneigung der beiden Herrscher spielte bei den Streitereien eine Rolle. Verhandlungen fruchteten nicht und so kam es 1611 zum 3. Salzkrieg. Zuerst marschierte Wolf Dietrich in Bayern ein, dann Maximilian in Salzburg.

Wolf Dietrich musste sein Amt abgeben, wurde festgenommen und lebte fünf Jahre in Gefangenschaft auf der Festung Hohensalzburg, wo er auch starb. Maximilians Bedingungen verbesserten sich und er beherrschte den Salzhandel in Süddeutschland.

Das Erzbistum Salzburg

Das heutige Bundesland Salzburg war ein souveränes deutsches Reichsfürstentum und wurde von einem bischöflichen Landesherren regiert. Es lag eingeklemmt zwischen Bayern im Westen und dem Habsburger Reich im Osten. Von grundlegender Bedeutung waren seine reichen Bodenschätze. Zur damaligen Zeit war Salz der bedeutendste und begehrteste. Die Salzburger Erzbischöfe bemühten sich, mit ihrer Wirtschaftspolitik eine Monopolstellung in der Salzproduktion zu erlangen. Die Halleiner Saline war die ertragreichste im Alpenraum und verschaffte den Erzbischöfen einen unvorstellbaren Reichtum, der Erzbischof Wolf Dietrich und seinen Nachfolgern die vollkommene Umgestaltung der mittelalterlichen Stadt Salzburg in ein barockes und klassizistisches Gesamtkunstwerk ermöglichte. Zur Zeit des Barocks (1575–1770) war die Salzproduktion an ihrem Höhepunkt angelangt, was uns heute noch Prachtbauten aus dieser Zeit in Salzburg beweisen. Mehr als 70 Jahre lang war die Stadt Salzburg eine große Baustelle, die die Bewohner durch Lärm, Staub und Verkehrsbehinderungen stark herausforderte.

1612 übernahm Wolf Dietrichs Neffe Markus Sittikus von Hohenems (1574–1619) die Regentschaft im Salzburger Erzbistum. Auch er war ein fanatischer Bauherr. In seine Amtszeit fielen der Bau des Salzburger Doms, des Lustschlosses und des Gartens von Hellbrunn. Mit den Bayern musste er neue Abmachungen treffen. Der Handel der Bayern mit dem Halleiner Salz blieb aufrecht, allerdings gehörten fixe Abnahmemengen nicht mehr zum Vertrag. Auf Salzach und Inn wurde das Salz nach Passau transportiert, von wo es über die Donau in die bayerischen Märkte verteilt wurde.

Fürsterzbischof Guidobald Graf von Thun (1616–1668) war der nächste einflussreiche Bauherr in Salzburg. In seiner 14-jährigen Regierungszeit entstanden glanzvolle barocke Bauten, wie der Residenzbrunnen, die beiden Dombögen oder die Winterreitschule für die edlen Pferde.

Doch die Habsburger schliefen nicht. Sie verbesserten die eigene Salzvermarktung und verdrängten mit ihren Maßnahmen das Halleiner Salz immer mehr. Die Konkurrenten waren mit der Erschließung neuer Absatzmärkte erfolgreicher, die Halleiner blieben im Hintertreffen. Über Linz verschafften sich die Habsburger Zugang zum böhmischen Markt. Da sich nun die Absatzmärkte für die Halleiner reduzierten, mussten sie ihre Salzproduktion drosseln. Die Gewinne der Saline verringerten sich laufend. Die einst blühende Stadt Hallein wurde immer ärmlicher. Besonders die Knappen bekamen diese wirtschaftlichen Einbußen zu spüren. Um sich das Notwendige leisten zu können, waren sie gezwungen, durch andere Tätigkeiten, wie zum Beispiel Holzarbeiten, den kargen Bergwerkslohn aufzubessern.

Ein weiterer Umstand, der auch ein dunkles Kapitel im geistlichen Fürstentum darstellte, machte im 17. und 18. Jahrhundert dem Salzbergwerk zu schaffen: die Protestanten im römisch-katholischen Erzbistum. Sie wurden verfolgt, mussten das Land verlassen und ihre Güter gingen in den Besitz des Erzbischofs über. Unter den vertriebenen Protestanten waren auch sehr viele Knappen mit ihren Familien. Doch bevor sie ausgewiesen wurden, mussten sie den katholisch-gläubigen Bergknappen alle Fertigkeiten beibringen. Dies verhinderte jedoch nicht den weiteren Niedergang des Dürrnberger Salzbergwerks.

Trotzdem war in Salzburg Pracht und Macht, ermöglicht durch das Halleiner Salz, immer noch sichtbar. Als Handelsstadt blieb Salzburg weiterhin tonangebend. Am Hof des Fürsterzbischofs waren Einschränkungen im Residenzleben nicht bemerkbar. Die Bürger der Stadt konnten noch in einem gewissen Wohlstand leben, jedenfalls um vieles besser als die Knappen in Hallein.

Dem Salz sind nicht nur weltliche und kirchliche Macht sowie Reichtum zuschreiben, sondern auch viele andere Entwicklungen. Der Stellenwert der Bildung war so hoch, dass 1622 eine Universität in Salzburg gebaut wurde. Zum Regierungsstil der Erzbischöfe gehörte auch besonderes Engagement für gehobene Kunst und Kultur, das sich nicht nur in prunkvollen Bauwerken äußerte. Viele Künstler profitierten – wenn auch indirekt – vom weißen Gold, allen voran Wolfgang Amadeus Mozart (1756–1791). Der kunstsinnige Fürsterzbischof Hieronymus Colloredo, der die Residenzstadt Salzburg zu einem imponierenden Kunstzentrum in Europa machte, war der Förderer von Vater und Sohn Mozart. Wolfgang Amadeus Mozart verdiente bereits in jungen Jahren am fürsterzbischöflichen Hof sehr gut, obwohl die Sympathie Mozarts zum Fürsterzbischof zu wünschen übrig ließ. Dies gipfelte später in einem heftigen Zerwürfnis und Mozart verließ Salzburg.

Hieronymus Graf Colloredo (1732–1812), der letzte Salzburger Fürsterzbischof, knüpfte Verbindungen zu den Habsburgern. Salzburg und das Haus Habsburg rückten zusammen, was den Salzburger Bürgern nicht so gefiel. Colloredo goutierte die Reformen Joseph II. (1741–1790) und veranlasste Veränderungen im kirchlichen Leben. Die barocke Ausstattung der Kirche entsprach nicht mehr dem Reformgedanken, deshalb ließ Colloredo sie reduzieren. Die Gemeinschaft stärkendes Brauchtum wurde abgeschafft, ebenso die gewohnten Messabläufe. Mit all seinen Reformen machte sich Colloredo bei der Bevölkerung nicht sehr beliebt. Auch im Wirtschaftsleben – und hier besonders im Salinenwesen – wollte er als aufgeklärter Herrscher neue Wege beschreiten. Da er das Fachwissen für technische Belange nicht hatte, musste er sich mit technischen Beratern umgeben. Sie rieten ihm zum Bau eines neuen Pfannhauses im Norden von Hallein, das sich recht bald als Fehlbau herausstellte, da es Unmengen von Holz für die Befeuerung benötigte und daher unrentabel war. Die brillante Halleiner Zeit neigte sich dem Ende zu und etwas zeitversetzt machte sich der Niedergang auch in der Residenzstadt bemerkbar.

Als sich 1796 Napoleon im Zuge seiner Kriege auch Salzburg näherte, wurde es für den Landesfürsten zu eng und er bereitete seine Abreise vor. 1800 verließ er Salzburg, aber nicht ohne vorher jede Menge Geld außer Landes zu bringen. Man kann sich vorstellen, dass die Bürger sehr aufgebracht waren, aber sie konnten nichts dagegen unternehmen.

Bis 1803 war die Salzburger Residenz der Regierungs-, Repräsentations- und Wohnsitz des jeweiligen Erzbischofes, der nicht nur kirchliche, sondern auch politische Autorität besaß. Von hier aus wurde das wirtschaftliche, politische und kulturelle Leben Salzburgs geformt. Nirgends sonst – außer im Vatikan – ist an der Architektur die Verbindung von kirchlicher und weltlicher Macht so deutlich sichtbar wie in Salzburg. Berühmte Architekten, wie Johann Bernhard Fischer von Erlach oder Johann Lucas von Hildebrandt, Maler und viele andere Künstler schufen das barocke Gesamtkunstwerk, das durch Elfenbein, Bergkristall, Gold und Marmor eine einmalige Schönheit darstellt.

Heute zeugen in Salzburg nicht nur die monumentalen Gebäude, wie Dom oder Residenz mit ihren 180 Räumen und Sälen vom damaligen Prunk, sondern auch Mobiliar, Gemälde oder ausgestopfte Tiere. Für Familienangehörige des österreichischen Kaiserhauses war die Residenz bis 1918 Wohnsitz. So lebte die Kaiser-Witwe Karoline Auguste von Bayern (1792–1873), die Halbschwester von Sophie von Bayern und somit Tante des späteren Kaisers Franz Joseph I., ab 1835 in dem prunkvollen Gebäude.

Im 19. Jahrhundert war Salz noch eine markante wirtschaftliche Triebkraft, wenn auch nicht mehr in dem Ausmaß wie in früheren Jahrhunderten. Für das Erzbistum Salzburg folgten nach der Abreise des Fürsterzbischofs Hieronymus

Graf Colloredo »Wanderjahre«. Unter Großherzog Ferdinand III. von Toskana (1769–1824) wurde es zu einem Kurfürstentum. Bald darauf fiel es an Österreich und drei Jahre später wurde es von Franzosen und Bayern besetzt, bis es schlussendlich an Bayern fiel. Nach Napoleons Machtende kam Salzburg 1816 nach dem Wiener Kongress endgültig zum Habsburgerreich und Berchtesgaden verblieb bei Bayern. Das Bergwerk Dürrnberg und die Saline Hallein fielen den Habsburgern zu und wurden dem österreichischen Salinenwesen untergeordnet. Die neue Zugehörigkeit brachte wohl neue Märkte, aber auch ungewohnte, fremde Strukturen.

Neue Strukturen im Bergbau- und Salinenbetrieb

Die Verwaltung wanderte zuerst nach Hall, dann nach Gmunden und schließlich nach Wien. Einzig die Arbeitswelt der Knappen veränderte sich in diesen turbulenten Zeiten nicht. 1829 entstand die Österreich-Bayerische Salinenkonvention, ein länderübergreifendes Abkommen für den Salzbergbau. Darin enthalten waren die Lehensansprüche der bayerischen Knappen sowie eine genaue Gebietsbegrenzung des Salzberges für die Österreicher. Weiters wurden noch die Nutzungsflächen der Wälder für die Bayern in Österreich und umgekehrt exakt festgelegt. Österreich erhielt das Nutzungsrecht für Quellen in Berchtesgaden. Dieser Vertrag ehemaliger Konkurrenten erwies sich für Jahrzehnte als massiv und stabil. Erst 1957 wurden im Zuge der Europäischen Wirtschaftsgemeinschaft Änderungen notwendig, die hauptsächlich bürokratische Belange betrafen.

Bis zur Mitte des 19. Jahrhunderts kam es zu einer erheblichen Reduktion in der Salzproduktion. Auch die Qualität des Salzes ließ zu wünschen übrig. All die Probleme schlugen sich in noch geringerem Lohn für Knappen und Pfannhauser nieder. Für viele Angehörige blieb nur noch das Armenhaus. Die Revolution 1848 fand in Hallein keine Anhänger, zu sehr bedrückte der Alltag die Menschen.

In der zweiten Hälfte des 19. Jahrhunderts kam die Wende. Der Salzabsatz steigerte sich. Salzburg wurde ein eigenes Kronland, die Salinen- und Forstverwaltung blieben im Lande. Die Struktur in der Salzproduktion und im -verkauf wurde abermals geändert. Aus ökonomischen Gründen wurde Mitte des 19. Jahrhunderts ein Sudhaus auf der Pernerinsel in der Salzach von Franz Ritter von Schwind, dem Bruder des Malers Moritz von Schwind, errichtet. Ritter von Schwind kam nicht nur beruflich als Leiter der Saline von Aussee zu rühmlichen Ehren, sondern machte auch als Architekt von sich reden. Die Saline auf der Pernerinsel ist heute ein wichtiges Beispiel für die Industriebauten des 19. Jahrhunderts. Im Salzbetrieb wurden Rationalisierungsmaßnahmen getroffen, was sich abermals in hoher Arbeitslosigkeit niederschlug, weil manche Bereiche unnötig wurden, wie zum Beispiel die Salzträger oder die Waldarbeiter durch Umstellung auf Kohlefeuerung. Durch die Eisenbahn verloren Salzschiffer ihre Arbeitsplätze.

Das neue Stadtbild Halleins

Der Ruhm von Ischl als Kurort erreichte auch Hallein. Überlegungen und Anstrengungen wurden gemacht, um Hallein zu einem Solebad zu erheben. Doch es fehlten zugkräftige prominente Gäste und das Bild der Stadt war wenig einladend, deshalb wurde bei der Stadtoptik zuerst angesetzt. Alte desolate Häuser wurden abgerissen, Zinshäuser gebaut, das Salinengebäude renoviert. Um den wirtschaftlichen Aufschwung der Region anzukurbeln und der Einseitigkeit der Salzpolitik entgegenzuwirken, wurden in Hallein Zement-, Zigarren- und Papierfabriken errichtet. Der Charakter der Stadt begann sich durch die Ansiedelung der Industriebetriebe zu verändern. Die Salzgewinnung wurde zurückgedrängt, die Salinenarbeiter fanden Beschäftigung in der Industrie. Ende des 19. Jahrhunderts war Hallein eine Industriestadt.

Mitte des 20. Jahrhunderts wurde mit dem Bau der modernen Thermokompressionsanlage ein neuerlicher – der bis heute letzte – technische Modernisierungsschub in der Saline gesetzt. 1989 wurde der Betrieb im Dürrnberg und auf der Pernerinsel nach 2500 Jahren Salzproduktion eingestellt. Doch auch wenn ein Bergwerk stillgelegt ist, müssen Sicherheitsstandards beachtet werden, zum Beispiel kann ein Tagwassereinbruch großen Schaden anrichten. Heute ist die Saline Dürrnberg ein Schaubergwerk. Es informiert in anschaulicher Weise über den viele Jahrtausende bedeutenden Wirtschaftszweig »Salzbergbau«. Bei dieser Art von Nutzung ist erst recht ständige Kontrolle und Instandhaltung erforderlich, um die Sicherheit der Gäste zu gewährleisten. Die Gebäude auf der Pernerinsel werden als Kultur- und Veranstaltungsräume – auch für die Salzburger Festspiele – genutzt.

Zeugen der glanzvollen Salzzeit

Heute noch zeugen Gebäude der Halleiner Altstadt von der erfolgreichen Salzzeit, ebenso wie Straßen- und Platznamen daran erinnern. Besonders prominent ist der »Pflegerplatz«, wo die hohen Beamten des Salzwesens gemeinsam mit den Hofschreibern im »Abtshaus« ihre Aufgaben erfüllten. Es war ein imposantes Gebäude, in dem hauptsächlich noble Besucher logierten. Einer davon war der Fürsterzbischof Siegmund III., Christoph Graf Schrattenbach. Ihm sind die einzigartigen Malereien in den Fürstenzimmern im zweiten Stock zu verdanken. Heute hat das Gebäude eine andere Funktion, es beherbergt das Keltenmuseum. Mit dem »Pfannhauserplatz« wurde auch niedrigeren Arbeitern, den Pfannhausern, Ehre zuteil. Nach den Küfern, die für die Verpackung des Salzes in Kufen (Fässern) verantwortlich waren, wurde eine Straße, die Kuffergasse, benannt.

Die Pernerinsel würdigt mit ihrem Namen einen Mann, der dem Salzwesen indirekt Erfolge brachte. Christoph Perner zu Rif war im 16. Jahrhundert ein gefragter

Ingenieur von Wasserbauten. Allerdings überschätzte er sich mit dem Projekt, den Pass Lueg für Schiffe befahrbar zu machen. Fast sein ganzes Vermögen ging dabei verloren. Heute erinnern der Christoph-Perner-Weg und die Pernerinsel an den genialen Baumeister.

Geheimnisvolle Welt im Berg

Hallein ist eines der ältesten Schau-Salzbergwerke der Welt. Seit jeher ist die Welt im Berg geheimnisvoll, unheimlich und daher von Sagen und Legenden umrankt. Zu jener Zeit, als Bergwerksleute aufgrund ihrer Andersgläubigkeit die Heimat verlassen mussten, keimte besonders bei Adeligen das Interesse für Bergwerksbesichtigungen auf. Bis dahin war eine Fahrt in den Berg für Nicht-Bergleute unmöglich gewesen.

Im 18. Jahrhundert waren die persönliche Erlaubnis des Fürsterzbischofs und ein von einem bischöflichen Beamten ausgestellter Erlaubnisschein die »Eintrittskarte« ins Bergwerk. Ein Bergmann rutschte mit kleinen Besuchergruppen in die Tiefe. Anfangs wurden die Besucher von den Knappen mit großer Skepsis aufgenommen, später erkannten sie allerdings auch lohnende Vorteile.

Im 19. Jahrhundert folgten den Adeligen die Reiseschriftsteller und 1838 wurde der erste Dürrnberger Bergwerksführer geschrieben, dem weitere folgten. Die Reiseführer brillierten in ihren Darstellungen der Berginnenwelt. In allen Büchern wurden das verzaubernde Bild des Solesees mit seinen im Wasser reflektierenden Lichtern und die Salzwände in begeisternder Form beschrieben. Die Schilderungen heizten das Interesse an und animierten vorerst hauptsächlich abenteuerlich gesinnte Menschen, in die Dunkelheit des Bergs zu fahren.

In Chroniken und Niederschriften des Salzortes tauchen einige berühmte Namen von Gästen auf. Im Gästebuch des Salzbergwerkes Dürrnberg findet sich 1801 zum Beispiel der französische Dichter Stendhal (1783–1842). In seinem Werk »De l'amour« (Von der Liebe) wird ein Salzberg bei Salzburg erwähnt. Es wird angenommen, dass es sich dabei um den Dürrnberg handelt. Um die Liebe zu beschreiben, verwendet er den Vergleich der Kristallisation. An einem Zweig, der einige Zeit in einem Salzbergwerk liegt, bilden sich unendlich viele Kristalle. Genauso ist es mit einer geliebten Person, an der man immer wieder neue Facetten entdeckt. Die geliebte Person wird mit der Zeit vollkommen, genauso wie der Zweig immer mehr Kristalle ansetzt. Die Liebe ist ein aktiver Vorgang.

Das Salzreich der Habsburger

Altaussee

Vermutlich reicht die Salzgewinnung in Altaussee bis in die Römerzeit zurück, denn gegen Ende des 20. Jahrhunderts wurde eine Römersiedlung aus dem 2. bis 4. Jahrhundert n. Chr. am Südhang des Sandlings entdeckt.

Der Altausseer See und die umgebende Region sind noch relativ jung. Neueste geologische Erkenntnisse datieren die Entstehung des Ausseer Beckens auf 715 nach Christi. Um diese Zeit formten ein Erdbeben oder ein ähnlich tektonisches Ereignis diese Landschaft. Der verträumte Ort am Rande des Altausseer Sees liegt eingebettet zwischen dem mächtigen Loser (1837 m), der wie ein Schutzherr über das Becken wacht, der beschirmenden Trisselwand und dem für die Existenz der Bevölkerung wichtigen Salzberg Sandling, der im Nordosten das Becken begrenzt.

Erste Ansiedelungen lassen sich um 800 allerdings in höheren Lagen nachweisen, wie dem heutigen Posern, Dietrichsreut oder Lupitsch. Ortsnamen deuten auf eine slawische und altdeutsche heidnische Bevölkerung hin. Bald nach 800 kamen Missionare – vermutlich aus dem Trauntal – und errichteten an der ehemaligen heidnischen Kultstätte am See eine Kirche.

In Altaussee wird seit ca. 860 Jahren im 1717 Meter hohen Sandling permanent Salz abgebaut, das viele Jahrhunderte die wirtschaftliche Grundlage für diese Region bildete. Bis in die heutige Zeit hat sich die Bedeutung des Salzes nicht verringert.

Zu Beginn erfolgte die Salzgewinnung an der Westseite des Sandlings, wo höchstwahrscheinlich das im 11. Jahrhundert gegründete Frauenkloster Traunkirchen Quellsole siedete. Gegenwärtig findet man am Fuß des Sandlings immer noch viele salzhaltige Quellen, die von in den Berg eingedrungenem Regen- und Schmelzwasser, das das Salz im Inneren des Berges löst, gespeist werden. In früheren Zeiten versorgten diese Salzquellen die Menschen mit dem notwendigen Salz für die Speisenzubereitung und zur Viehtränke. Sie zeigten aber auch den Menschen den Weg zum Salz im Berg. Für Bauern, die in der Nähe von Solequellen lebten, gehörte die Urform der Salzgewinnung zum Alltag.

Um den Ertrag zu erhöhen, leiteten damals die Menschen in einfachen, halbierten und mit Holz abgedeckten Baumstämmen das salzhaltige Quellwasser in große mit Holz befeuerte Metallpfannen, die nachweislich am Augstbach und in Lupitsch standen. Vermutlich befand sich hier, dem heutigen Posern und Fischerndorf, auch das Siedlungsgebiet der Bergleute. Daraus entwickelte sich die Ortschaft »Awsee Interior« (Inneres Aussee), die im 14. Jahrhundert zum »alten« Aussee wurde, weil in einiger Entfernung ein neuer Markt – Aussee – entstand, der später zum Zentrum dieser Region wurde.

1147 übergab der steirische Markgraf Otakar III. (1124–1164) den Bergbau samt Pfannenbetrieb als Schenkung dem Zisterzienserstift Rein/Graz. Anfänglich betrieb das Stift als Eigentümer zwei Salzpfannen am Fuß des Sandlings, der auch »Ahornberg« genannt wurde, und siedete vollgrädige Sole, die vermutlich nicht nur aus den salzhaltigen Quellen, sondern auch schon aus dem unter Tage bergmännisch gewonnenen Salz stammte. Gegen Ende des 12. Jahrhunderts begannen die Mönche auf der Ostseite des Sandlings, am Dietrichskogel, mit dem Salzbergbau unter Tage.

Die Mönche des Stiftes hatten solide bergmännische Erfahrung und waren nicht nur im spirituellen Leben beheimatet, sondern in vielen weltlichen Bereichen sehr gewandt. Ihre meisterhafte Geschäftstüchtigkeit zeigte sich in der 1164 in Graz gegründeten Handelsniederlassung, die so imposante Gewinne abwarf, dass weitere Stifte gebaut werden konnten. Bergmännisch interessierte Mönche suchten andere Bergwerke auf, um Neuerungen im Bergbau zu erlernen. Die Holzwirtschaft und die Transportlogistik waren ihnen ebenfalls nicht fremd. Was sie selbst nicht konnten, wurde durch Handwerker ergänzt, wie zum Beispiel durch Schmiede, die die Sudpfannen herstellten.

Die Zisterzienser produzierten jedoch nicht nur Salz, sondern führten beim Altausseer See auch eine Landwirtschaft zur Versorgung der Bergarbeiter, deren Bezahlung in Naturallöhnen erfolgte. Um genügend Platz für die Siedlungen der Knappen, Viehweiden und Almen zu schaffen, mussten laufend Wälder gerodet werden.

60 Jahre lang bauten die Zisterzienser im Osten des Dietrichskogels Salz ab. Doch dann wurde ihnen die geförderte Menge zu wenig und sie schlugen einen zweiten Stollen im Sandling an. Dabei erwischten sie eine sehr ergiebige reine Kernsalzader (Bereich reinen Salzes im Gestein). Das wollte der Landesherr, der Babenberger Herzog Leopold VI. der Glorreiche (1176–1230), nicht unbeteiligt passieren lassen und schlug etwas tiefer den Moosberg-Stollen an, der bis ins 19. Jahrhundert der Mittelpunkt des Altausseer Salzabbaus war. Heute dient der Stollen nur noch zur Ausleitung von Grubenwasser.

1211 entzog Herzog Leopold VI. den gesamten Betrieb dem Eigentum des Stifts. Per Vertrag wurde die Gegenleistung einer jährlichen Salz- und Geldrente an das Stift festgelegt und aufgrund dessen vollzog sich der Besitzwechsel für beide Seiten zufriedenstellend. Als alleiniger Eigentümer des gesamten Altausseer Salinenwesens brachte Leopold VI. sofort Änderungen in den Betrieb ein. Die bahnbrechende

Innovation war der Bau der sieben Kilometer langen hölzernen Soleleitung von Altaussee nach Aussee, wo bereits Sudpfannen betrieben wurden. Der Hauptgrund für den Bau der Soleleitung, die aus offenen Holzrinnen, bedeckt mit Brettern, bestand, war der Holzmangel für die Befeuerung der Pfannen in Altaussee. Sie wird als die älteste Leitung der Welt in dieser Bauart bezeichnet. Fast 4000 Holzrohre waren für diese Streckenlänge erforderlich. Auf Röhrenplätzen wurden Ersatzrohre, die in Röhrenbohrhütten produziert wurden, gelagert. Ab 1285 konnte bereits Salz des Sandlings in Aussee gesotten werden.

Überdies vollzog sich im Mittelalter in Altaussee eine einschneidende Änderung der Salzgewinnungstechnik. Hier wurde gewissermaßen die Grundlage für eine neue Methode gelegt, die als »nasser Abbau« bezeichnet wird. In Bohrlöchern wurde unter Tage durch Auslaugung des Gesteins Sole gewonnen, die durch Holzleitungen zu den Sudpfannen in Aussee floss. Im Lauf der Zeit wurde die Technik perfektioniert, sie wird heute weltweit angewandt.

Das 13. Jahrhundert war gespickt mit Neuerungen. Darunter auch die ersten Versuche, die Traun und ihre Nebenflüsse als Wasserweg zur Beförderung von Holz nutzbar zu machen. Das geschlägerte Fichten- und Tannenholz der weitflächigen Wälder am Grundl- und Ödensee wurde über raffiniert konstruierte künstliche und natürliche Wege zur Traun befördert, von wo der weitere Transport relativ einfach war.

1319 wurde auf 945 Meter Höhe der Steinbergstollen angeschlagen, der 600 Jahre später seine Funktion zu einem Schaubergwerk wandelte. 1334 mussten die Pfannen in Aussee erneuert und vergrößert werden, weil der Salzabbau rasant zunahm. Parallel dazu wurde der Salztransport zu einem wichtigen Thema. Das in den Salzpfannen gesiedete, danach getrocknete Salz wurde auf dem Rücken von Pferden über den erstmals 1345 erwähnten Salzweg von Aussee über den Radlingpass nach Mitterndorf ins Ennstal und bis zum Stift Rein gebracht. Später wurde das weiße Gold bis Schladming, Bruck/Mur, in die Südsteiermark, ja sogar über die Tauern nach Kärnten geliefert.

1347 scheint zum ersten Mal der Name Altaussee für den Ort auf, dessen Ursprung im Begriff »Alten Awsee« liegt. 1433 wurde die Altausseer Kirche St. Ägid in einer Urkunde erwähnt. 1506 erhielt die Kirche von Kaiser Maximilian I. eine prächtig ornamentierte Glocke, die noch heute neben den drei neuen Glocken von 1994 erklingt. Um 1450 spendete Kaiser Friedrich III. die ebenfalls bis in die Gegenwart erhaltenen gotischen Kirchenfenster. 1859 veranlasste Kaiser Franz Joseph I. einen nochmaligen Umbau.

1625 wurde oberhalb des Steinbergstollens der Kriechbaumberg-Stollen angeschlagen, dessen Zweck nicht der Salzabbau, sondern die Wasserableitung des in das poröse Kalkgestein des Sandlings eindringenden Regen- und Schmelzwassers war. Mit dieser Maßnahme sollten Schäden in den darunter liegenden Horizonten verhindert werden, was auch funktionierte. Kilian Kalss war Anfang des 17. Jahrhunderts der kluge Kopf, der dazu den Plan zeichnete. Er war der »Planungsingenieur« im Salinenwesen. 1603 hatte er bereits alle Altausseer Stollen vermessen und 1611 zeichnete er auf dem zugefrorenen schneebedeckten Altausseer See, der ihm die entsprechende Größe bot, die erste genaue Grubenkarte. Benannt wurde der Stollen allerdings nicht nach Kalss, sondern nach dem damaligen Verweser der Herrschaft Pflindsberg, Balthasar von Kriechbaum auf Kriechbaum, Hohenberg und Schradorf.

Die jährliche Salzproduktion konnte bis ins 19. Jahrhundert hinein permanent gesteigert werden. Parallel erfolgten einige bauliche Verbesserungen. Eine Straße zur leichteren Erreichbarkeit des Steinbergstollens wurde gebaut. Für die Bergknappen, die zu dieser Zeit die ganze Arbeitswoche am Berg verbringen mussten, wurden gegen Ende des 19. Jahrhunderts und Anfang des 20. Jahrhunderts das Steinberghaus und die angrenzenden Gebäude für Arbeits- und Wohnzwecke errichtet. Die Belastung der Knappen, tagelang fern von der Familie zu leben, war groß. Die Isoliertheit in den Steinberghäusern ließ die Gemeinschaft der Knappen erstarken. Eigene Regeln und Bräuche bestimmten ihr Leben und formten sie.

Im 19. Jahrhundert begann der bunte und prominente Besucherreigen, der Altaussee zu einer beliebten Sommerfrische für Aristokratie, Großbürgertum und viele Künstler werden ließ. 1810 besuchte Erzherzog Johann zum ersten Mal den Ort. Bekanntlich lernte er im Ausseer Land seine spätere Frau kennen, die Ausseer Postmeistertochter Anna Plochl.

Den Auftakt der Altausseer Sommeraufenthalte berühmter Schriftsteller machte 1847 der Dichter Joseph Freiherr von Zedlitz. Er war so begeistert von der Landschaft und der anregenden Atmosphäre, dass er sich ein Haus am See bauen ließ. Seinem Beispiel folgten sehr viele andere Künstler. Die meisten verbrachten nur die Sommermonate hier. Sobald der Herbst ins Land zog, verließen sie die Region, außer der deutsche Romancier Jakob Wassermann, der das ganze Jahr in Altaussee verbrachte, weil er hier auch den Winter verlockend fand.

Zu Beginn des 20. Jahrhunderts gab es abermals einen ansehnlichen Produktionsanstieg im Salinenbetrieb, was sich auch in der Beschäftigtenzahl niederschlug. Eine neue Soleleitung war unumgänglich und wurde vom Sandling nach Bad Ischl verlegt. Ab dem Rettenbachtal floss die Sole im Leitungsnetz, das bereits von Hallstatt nach Ebensee führte. Damit war auch eine ausreichende Versorgung der neu angesiedelten Solvay-Werke in Ebensee mit Sole sichergestellt. Heute sieht man noch an manchen Stellen den Verlauf der alten Soleleitung, an der streckenweise ein Wanderweg entlang durch das malerische Salzkammergut führt.

1938 gingen die politischen Ereignisse am Ausseerland, das zu Oberösterreich kam, nicht spurlos vorbei. Die Folgen des »Anschlusses« Österreichs an das Deutsche Reich brachten auch dem Ort markante Veränderungen. Im Hotel Seewirt in Altaussee hatte die Gestapo das regionale Hauptquartier. Zug um Zug setzte das neue Regime Maßnahmen, die das bisherige Leben der Einheimischen und der Touristen auf den Kopf stellte. Jüdische Sommerfrischler wurden verdrängt, Badeverbote ausgesprochen und jüdisches Eigentum arisiert.

Neben all diesen unangenehmen Ereignissen erhielt der örtliche Tourismus durch Zufall eine weitere Attraktion. Eine Natrium-Chlorid-Sulfatquelle, die seit 1961 offiziell als »Ausseer Heilquelle« bezeichnet werden darf, wurde im Berg entdeckt. Die glaubersalzhaltige Sole, die auch in Flaschen abgefüllt wird, ist hilfreich bei Leber- und Magenproblemen oder nach Gallensteinoperationen.

Nach dem Krieg fiel im Jahr 1948 die Verwaltung an die Steiermark zurück. Und schön langsam konnte Altaussee seinen Ruf als auserlesene Sommerfrische wieder zurückgewinnen. 1949 wurden der Erbstollen am Rand des Ortes Altaussee angeschlagen sowie Verwaltungsgebäude und Werkstätten neben dem Stolleneingang errichtet. Der vom Erbstollen drei Kilometer entfernte zentrale Salzschacht war bequem erreichbar. Die Hauptgründe für die Umsiedlung vom Berg ins Tal waren einerseits die abgeschiedene Lebensweise der Bergknappen und andererseits die hohen Kosten für die Erhaltung der Steinberggebäude sowie des Stollens. Das Bergbauzentrum in Ortsnähe brachte wesentliche soziale Verbesserungen für die Knappen, da sie nicht tagelang von der Familie und Dorfgemeinschaft getrennt leben mussten. Sie fuhren morgens in den Berg ein und konnten abends zur Familie heimkehren. Neue Technologien veränderten die Arbeitswelt im Berg. Maschinen übernahmen viele Prozesse und vereinfachten die schwere Arbeit früherer Zeiten. Diese Entwicklungen bewirkten auch eine Steigerung der Salzproduktion.

Als 1972 die Loserstraße eröffnet wurde, tat sich zusätzlich ein herrliches Wandergebiet auf, mit weitem Blick zur Dachsteingruppe und den Seen am Fuße des Losers. 1983 erfolgte die Einstellung des Pfannenbetriebes in Bad Aussee. Die Altausseer Sole fließt seither direkt nach Ebensee, wo heute die Solen aus allen Bergbaubetrieben des Salzkammerguts (Hallstatt, Bad Ischl und Altaussee) verarbeitet werden.

Das Salzbergwerk am Sandling/Altaussee hat sich zur größten aktiven Salzgewinnungsstätte Österreichs entwickelt. Vorrangig wird Salz über die Sole gewonnen. Zusätzlich wird auch wieder in traditioneller bergmännischer Art und Weise Natursalz abgebaut. Österreichweit ist es die einzige Lagerstätte, wo diese Abbauart angewendet werden kann, da der Salzanteil im Gestein über 98 Prozent beträgt. Der Rest von zwei Prozent enthält Spurenelemente (Eisenoxid, Calcium, Magnesium etc.). Der hohe Eisengehalt des Altausseer Natursalzes zeigt sich in der braunen Färbung, er gibt dem Salz sein unverwechselbares Aussehen. Insgesamt ergibt die Mineralstoffzusammensetzung einen auserlesenen Geschmack und macht jede Speise zu einem runden Gaumenerlebnis.

Die Salzgewinnung ist das prägende Element der Gegend und der wichtigste Wirtschaftsfaktor des Ortes, von dem man als Gast jedoch nicht viel sieht, außer man besucht das Schaubergwerk. Das Schaubergwerk beim Steinbergstollen sowie die Via Salis bieten die Möglichkeit, den Bergbau und das Leben der Knappen kennenzulernen. Als touristische Attraktion scheint es Ende des 18. Jahrhunderts zum ersten Mal auf, als der Weltreisende Alexander Humboldt die Stollen besichtigte. Ihm folgten im 19. Jahrhundert kaiserliche Hoheiten, wie Erzherzog Johann und Kaiser Franz II. in Begleitung seiner Gattin.

Gegen Ende des 19. Jahrhunderts stieg das Interesse in der Bevölkerung, sicherlich verstärkt durch das Aufkeimen des Kurbetriebes und der neuen Bahnlinie im Salzkammergut: das Schaubergwerk wurde öffentlich zugänglich. 1929 erfolgte mit zwei Museumsräumen eine aufschlussreiche Erweiterung. 1935 wurde zu Ehren der hl. Barbara, der Schutzheiligen der Bergleute, im Bergwerk eine Kapelle gebaut. Der Altar ist komplett aus Salzsteinziegeln und wird von hinten beleuchtet. Die ganze Kapelle strahlt herrlich dunkelrot – in der typischen Farbe des Altauseer Salzes – Ruhe und Andacht aus und lädt zum besinnlichen Verweilen ein. Vervollständigt wird diese besondere Stimmung durch Gemälde, Statuen und Tannenreisig.

Im Schaubergwerk werden die Besucher in traditioneller Knappenkleidung durch lange Stollen aus purem Salz geführt, deren Farbe und Struktur eine angenehme Atmosphäre vermitteln. Die Kapelle befindet sich ebenfalls im Verlauf der Besucherstrecke. Über zwei Rutschen gelangt man zum unterirdischen Salzsee, der durch Licht- und Farbeffekte sowie wohlklingende Musik mystisch und verzaubernd wirkt. Nicht nur das sich im Wasser spiegelnde Licht und die Dunkelheit am Rande des Sees, sondern auch das außergewöhnliche Klima faszinieren. Zeitweise finden am See Theateraufführungen, Konzerte und Lesungen für eine begrenzte Anzahl von Besuchern statt.

Am Ende der Führung gelangt man zu jenem Stollen, in dem im Zweiten Weltkrieg Nationalsozialisten Kunstschätze lagerten. An die 7000 Gemälde und Skulpturen wurden dort im idealen Stollenklima aufbewahrt. Im April 1945 sollte der Stollen durch die Nazis gesprengt werden, um zu verhindern, dass den Amerikanern diese Kunstwerke in die Hände fallen. Mit großem Mut und Entschlossenheit verhinderten Bergleute die Zerstörung und retteten die kostbaren Werke, aber auch ihre Arbeitsplätze. Nach dem Krieg wurde 1946 das Schaubergwerk wieder eröffnet, das seither fortlaufend mit attraktiven und informativen Neuerungen ausgestattet wird.

Und noch ein Aushängeschild des Ortes ist erwähnenswert: die seit 1956 bestehende Freiluft-Gradieranlage, die erste dieser Art in Österreich. Sole tropft auf gebündeltes Tannen- oder Fichtenreisig und dabei werden ätherische Öle gelöst. Die Öltropfen schlagen auf den Zweigen auf und zerstäuben als Aerosole in der Luft. Durch das Einatmen dieser Aerosole verbessern sich Leiden der Atemwege, wie Bronchitis oder chronische und allergische Atemwegsreizungen.

Die Altausseer Kurgeschichte begann bereits im 15. Jahrhundert mit Sole und Soleschlamm als Kurmittel gegen Rheuma, Kreislaufprobleme und Frauenleiden. Von 1897 bis 1984 wurde eine medizinische Badeanstalt geführt. Seit 1989 darf sich Altaussee als Luftkurort bezeichnen und seit 1996 können wieder Kuranwendungen in Anspruch genommen werden.

Salz und Tourismus prägen Ort und Leute. Die typischen Altausseer Villen mit den Holzveranden faszinieren heute immer noch und tragen zum harmonischen Eindruck des Ortes bei. Weder Industrieanlagen noch überdimensionierte Hotelbauten irritieren den optischen Gleichklang des Ortes. Vollendet wird diese wohltuende Atmosphäre durch den ruhigen, tiefdunkelgrünen See, den man mit dem typischen Altausseer Holzboot, der Plätte, beschaulich erkunden kann. Liebevoll wird der See auch »Tintenfass« genannt, weil sich Dichter und Schriftsteller bevorzugt hier aufhielten. All das sind grundlegende Voraussetzungen für die geistig bereichernde, aber auch entspannende Atmosphäre des Ortes. Vielleicht gerade deshalb ist der kleine Ort die Heimat berühmter, weit über die Grenzen hinaus bekannter Persönlichkeiten, wie des Schauspielers und Regisseurs Klaus Maria Brandauer oder der Schriftsteller Barbara Frischmuth und Alfred Komarek.

Bad Aussee

Um 1200 stieß man am Moosberg unter dem Babenbergerherzog Leopold VI. der Glorreiche auf ergiebige Salzlager und die bestehenden Sudpfannen wurden für das Salz vom Moosberg und vom Sandling zu klein. Daher bedurfte es eines neuen Standortes für den Pfannenbetrieb. Die Entscheidung fiel auf das Gebiet an der Salzstraße, wo die Altausseer und Grundlseer Traun zusammenfließen. Mit diesem Standort waren die wichtigsten Anforderungen, nahe am Bergwerk und an einem Wasserweg, ideal erfüllt. Um die bestehende Kirche St. Paul entwickelte sich der Salinenort Aussee, der sehr rasch durch Zuwanderung und Ansiedlung von Gewerbetreibenden, die für den Salzbetrieb vonnöten waren, wuchs. Es brauchte nicht lange und Aussee präsentierte sich mit städtischem Charakter. Vermutlich im 13. Jahrhundert wurde Aussee das Marktrecht verliehen.

Zum Schutz der Saline und des alten Salzweges, auf dem bereits die Römer ihre Waren transportierten, ließ wahrscheinlich 1250 Philipp von Spanheim auf einem Hügel zwischen Altaussee und Lupitsch die Burg Pflindsberg erbauen.

Philipp von Spanheim (1220–1279), der eigentlich Erzbischof von Salzburg hätte werden sollen, aber die geistlichen Weihen verweigerte, eignete sich 1246 mit Waffengewalt das Ausseer Gebiet an, um die Erträge des Salzabbaus zu kassieren. Er war als habgierig und machtbesessen bekannt. Mit diesen Eigenschaften ausgestattet, hatte er auch keine Skrupel, die Saline am Sandling, die dem Stift Rein gehörte, zu besetzen. Immerhin mit der Zusage eines entsprechenden Ausgleiches. Nicht lange war er der Herr über den Sandling. In den folgenden Jahrzehnten wechselten die Herrscher. Zuerst fielen das Ennstal und das Ausseerland in die Hände der Ungarn. 1260 hatte der Böhmenkönig Ottokar (1232–1278) das Sagen und nach ihm Albrecht I., der die österreichischen Länder zum Lehen bekam.

Bis 1395 beherbergte die Burg das Pflegamtsgebäude. Als dieses nach Aussee übersiedelte, war sie bis ins 16. Jahrhundert hinein ein Gefängnis. Danach fiel die bereits sehr ramponierte Burg an den Staat und weil ihr keine Funktion mehr zugeteilt wurde, verkam sie immer mehr. Heute findet man nur noch Reste davon.

Albrecht I. war der erste Habsburger Herrscher über das damalige Österreich, das das heutige Nieder- und Oberösterreich umfasste. Mit großem Ehrgeiz erweiterte er seine wirtschaftliche Macht, was ihm Konflikte mit dem Erzbischof von Salzburg einbrachte. Albrecht I. wirkte mit allen Mitteln gegen den Verkauf des Halleiner Salzes in seinem Reich. Er steigerte die eigene Produktion und ließ nahe der Grenze zu Salzburg, in Gosau, zwei Quellsolepfannen errichten, was für den Salzburger Erzbischof eine Provokation bedeutete. Er zerstörte die Pfannen und besetzte Aussee. Albrecht I. interessierten aber diese Zwistigkeiten nicht mehr, denn er strebte nach Höherem. Sein Eifer galt der deutschen Reichskrone. Er verzichtete auf die Gosauer Quellsolepfannen und bekam dafür vom Erzbischof eine stattliche Summe ausbezahlt.

Gosau wurde aufgegeben, die ungeteilte Aufmerksamkeit galt nun Aussee, das ausgebaut und verbessert wurde. Bergwerk und Siedeanlagen wurden räumlich getrennt. Die Sudpfannen wurden vom Fuß des Sandlings in den Markt Aussee verlegt, wo die Sole aus Altaussee gesiedet wurde. Salzpfannen und Handel dominierten in Aussee, im Bergwerk selbst kam es zu keinen Neuerungen. Die Verlegung der Sudpfannen brachte einen Aufschwung für die Saline und den Habsburgern steigende Einnahmen. Allerdings immer noch zu wenig.

Im 14. Jahrhundert ging aus der Schicht der Pfannhauser eine neue private Unternehmergruppe heraus: die Hallinger. Die Hallinger waren aufstrebende Ausseer und äußerst geschickte, das selbständige Arbeiten gewohnte Facharbeiter. Ihre technischen Fertigkeiten waren die Basis für Qualität und Ausmaß der Salzproduktion. Neben ihren praktischen Fähigkeiten waren sie auch sehr geschäftstüchtig. Diese für ein Unternehmen so vorteilhaften Eigenschaften brachten die Habsburger auf die Idee, Teile der Saline den Hallingern in Pacht zu geben. Für die Habsburger bedeutete dieser Schritt fixe Einnahmen und keinerlei Aufwendungen für Betrieb und Instandhaltung.

Die Hallinger übernahmen den Pfannhausbetrieb und wurden Teilpächter der Saline. Das Dörren – ein Teilbereich des Pfannhausbetriebes – dürfte schon lange davor in der Hand der Hallinger gewesen sein. Laut eines Dokuments aus dem

Jahr 1334 gab es 24 Hallinger, darunter auch drei Frauen, die eigene Dörrhäuser und vererbbare Arbeitsrechte an den landesfürstlichen Siedepfannen besaßen. Der Arbeitsbereich war genau festgelegt. Jeder Bereich war ein erbliches Lehen und wurde traditionsgemäß vom Vater auf den Sohn übertragen. Anfänglich war die Siedepfanne ein normaler Arbeitsplatz, dann vollzog sich ein Wandel. Der Inhaber der Siedepfanne konnte Arbeiter beschäftigen. Die Arbeitswelt veränderte sich: aus dem Facharbeiter war ein Unternehmer geworden.

Die Erfolgsspirale der Hallinger drehte sich weiter nach oben. Ihre geschäftliche Kreativität blühte und bescherte ihnen Wohlstand. Es gelang ihnen, sich am Gewinn der Saline zu beteiligen. Die Hallinger erhielten einen gewissen Prozentsatz an Salz, das sie weiterverkauften, Kapital anlegten und dadurch in Folge ihren wirtschaftlichen Machteinfluss vergrößerten. Der Aufwärtstrend ging in Richtung Pacht des Bergwerkes, was ihnen Anfang des 15. Jahrhunderts aufgrund ihrer Tüchtigkeit gelang. Der Bergbetrieb wurde theoretisch in 16 Pachtteile gespalten, die gegen Zahlung einer jährlichen Pachtsumme den Hallingern überlassen wurden. Sie waren nun eine Berggenossenschaft und – im wahrsten Sinne des Wortes – am Gipfel ihrer Macht.

Eigentümer der Saline blieb trotz dieser wirtschaftlichen Konstruktionen der Landesfürst. Weiterhin oblagen ihm Gerichtsbarkeit, Marktverwaltung und Salinenwesen. Die Einnahmen für den Landesherren waren sehr gut, denn die Hallinger waren ehrgeizig, tüchtig und geschickt. Die wirtschaftliche Einigkeit und die Zusammenarbeit waren vordergründig, eine Änderung des rechtlichen Zustandes strebten sie nicht an. Also bestand für den Landesfürsten auch keine Gefahr der Machtübernahme durch die Hallinger. Dem Landesfürsten blieb trotz der Regelungen auf alle Zeit das Recht, durch finanziellen Ausgleich die Privilegien der Hallinger aufzulösen. Da in Aussee das Salinenwesen profitabel und gut strukturiert war, wurde 1395 der Kammerhof zum Amtssitz des Salzamtes.

Über 100 Jahre (1334–1449) konnten die privaten Hallinger in Aussee eine glanzvolle, erfolgreiche Salzproduktion etablieren. 1449 wurden Macht und Einfluss der Hallinger durch Kaiser Friedrich III. beendet. Er machte von seinem Anspruch Gebrauch, die Sonderrechte der Hallinger zu revidieren. Die satten Gewinne wollte er nicht weiterhin den Hallingern überlassen, sondern in die eigene Kasse fließen sehen. Auch spielten strukturelle Überlegungen, die in ganz Österreich stattfanden, beim Rückkauf der Anteile mit. Das Salzwesen sollte ein Monopol werden, in dem alle Produktionsstätten vereint wären. In so einem System hätten selbstständige private Unternehmer wie die Hallinger keinen Platz.

Friedrich III. kaufte nach und nach die Güter der Hallinger zurück, bis schlussendlich die Genossenschaft aufgelöst wurde. Friedrichs Zahlungsmoral war äußerst schlecht und mancher Hallinger wartete sehr lange auf die versprochene Kaufsumme. Die Hallinger verloren wohl auf der finanziellen Seite, jedoch an ihrer gesellschaftlichen Stellung änderte sich nichts. Manche Hallinger waren bereits in den niederen Adel aufgestiegen. Friedrich III. war schlau genug, die Hallinger mit wichtigen Beamtenpositionen im Salinenbetrieb zu bekleiden, um weiterhin über ihr Fachwissen zu verfügen.

Die Saline bescherte der Kasse des Landesfürsten sehr gute Einnahmen, die er hauptsächlich für die Finanzierung der ständigen Kriege benötigte. Die Ausgaben wuchsen schneller als die Einnahmen durch Salz und so kam Friedrich III. auf die Idee, die Salinen Aussee, Gmunden und Hallstatt an seine Gläubiger zur Schuldentilgung zeitlich begrenzt zu verpachten. Doch das war nicht das Gelbe vom Ei, wie sich bald herausstellte. Denn die Pächter legten nur Wert auf möglichst hohe Gewinne und vernachlässigten Reparaturen und Neuerungen. Der Zustand der Salinen, so auch der von Aussee, verschlechterte sich und Friedrichs Sohn, Maximilian I., musste ein stark desolates Erbe antreten.

Nach Friedrichs Tod 1493 übernahm Maximilian I. (1459–1519) die Regentschaft und somit auch das Kammergut. Die Saline wurde im 16. Jahrhundert ein landesfürstlicher Monopolbetrieb, dessen Amtshaus im Kammerhof in Aussee untergebracht war. Der Betrieb wurde vom Salzverweser und seinem Gegenschreiber geleitet, weitere wichtige Funktionen waren der Berg- und Pfannenmeister sowie der Mautner für den Salzverkauf.

Maximilian löste die Pachtverträge unverzüglich auf und engagierte 1494 Hans Herzheimer als ersten Salzverweser, der frischen Wind und kompetente Führung in das Ausseer Salzwesen brachte. Herzheimer, der bereits bei Friedrich III. im Dienste stand, war vielseitig gebildet, geschickt, konnte nützliche und seriöse Referenzen aufweisen und stand in einem sehr loyalen Verhältnis zu Maximilian. Seine Maxime waren, die Interessen des Herrschers zu vertreten, die Ausseer Salzwirtschaft zu revolutionieren und Gerechtigkeit walten zu lassen. Er agierte mit Beharrlichkeit, galt es doch, Langgewohntes gegen Neues zu tauschen. Im Laufe seiner Tätigkeit konnte er die Einnahmen aus dem Salzverkauf verdoppeln. Im gesellschaftlichen Leben wusste er sich gut zu positionieren, um Rückhalt und Vorteile zu sichern. Bekannt war er auch durch seine sentimentalen Dichtungen. Er hatte engen Kontakt zu Martin Luther, blieb aber trotzdem seinem katholischen Glauben treu. Eine Eigenart von ihm war die Errichtung von Grabdenkmälern für sich und seine Familie in verschiedenen Orten, die er mit selbst gedichteten Inschriften versah. Herzheimer verließ Aussee nach dem Tod von Maximilian.

Ab 1523 war Christoph von Praunfalk erster Salzverweser von Aussee. Er nahm sich das Ischlland zum Vorbild, rationalisierte und brachte viele Neuerungen ein. Er ging sogar so weit, dass er die noch verbliebenen Rechte der Hallinger komplett stutzte. Er war zu weitreichenden Entscheidungen berechtigt, miteingeschlossen die Belange der Gerichte, Polizei und Religion. Die Saline produzierte und funktionierte unter seiner Hand effizient. Dem Forstbetrieb drückte er ebenfalls seinen

Stempel auf. Private Wälder wurden den Eigentümern gegen minimales Waldnutzungsrecht abgegolten und kamen zum landesfürstlichen Forstwesen. All diese Innovationen bedeuteten gute Geldflüsse für die Hofkammer, sowohl vom Ausseerland als auch vom Ischlland, die trotz getrennter Verwaltungen gewisse Geschäfte und Unterstützung untereinander pflegten. Praunfalk und Herzheimer waren die eindrucksvollsten Salzverweser in Aussee. Das bekunden noch heute die einmalig gestalteten Grabplatten in der Pfarrkirche von Bad Aussee.

Im 18. Jahrhundert wurde Holz für die Befeuerung der Anlage knapp. Zuerst wurde auf Torf und in den Siebzigerjahren des 19. Jahrhunderts auf Braunkohle als Brennmaterial umgestellt. Durch die kontinuierliche Verbesserung der Straßen und Wege konnte der Transport mit Pferdewagen und wenig später mit der Eisenbahn getätigt werden. Diese verkehrstechnischen Neuerungen brachten Umstellungen, aber auch Erleichterungen im Salzwesen. Jedoch nicht nur das Salz verlieh den Ausseern Bekanntheit, sondern auch die Anwesenheit von Erzherzog Johann, der die Ausseer Postmeistertochter Anna Plochl heiratete. Seine Sympathie für Aussee und das Ausseerland schwappte auf Hochadel, Politiker und viele Künstler über. 1868 wurde Aussee zum Kurort ernannt, 1911 erhielt es den Titel »Bad«. Politische Unruhen in den folgenden Jahrzehnten blieben auch Bad Aussee nicht erspart. 1994 wurde Bad Aussee schließlich feierlich zur Stadt erhoben.

Salz bestimmte über Jahrhunderte das Leben jedes Einzelnen im Ausseerland. Auch heute noch, wenn auch in einem geringerem Ausmaß. Im Brauchtum findet man viele Elemente, die sich auf das Salzwesen zurückführen lassen. Die Ausseer Trommelweiber oder die Faschingsbriefe sind typische, heute noch gelebte Ausseer Faschingsbräuche.

Ischl und Ebensee

Ischl ist der jüngste Salzbergwerkbetrieb Österreichs, denn erst Mitte des 16. Jahrhunderts wurde bei Ischl eine Lagerstätte gefunden. Gerade zur rechten Zeit, wie sich bald darauf herausstellen sollte. Maximilian I. von Habsburg und sein Enkel Ferdinand I. (1503–1564) steigerten die Solemengen in der Hallstätter Saline erheblich. Für die Befeuerung der beiden Pfannen war dementsprechend viel Holz erforderlich. Es kam der Punkt, wo in der Umgebung von Hallstatt alles abgeholzt war. Zu dieser Zeit (1563) wurde der Mitterbergstollen am Ischler Salzberg angeschlagen und 1571 wurde erstmals Sole versiedet.

Leider stellte sich gegen Ende des 16. Jahrhunderts heraus, dass die Salzmengen viel geringer als erwartet waren und die Auslastung wirtschaftlich unrentabel war. Eine Lösung des Problems war bald gefunden: Hallstatt hatte genug Salz, aber zu wenig Holz für die Befeuerung der Pfannen. In Ischl war es umgekehrt. Es wurde eine Soleleitung von Hallstatt nach Ischl gebaut, was für die damalige Zeit technisch kein Problem darstellte. Die praktischen Überlegungen gingen weiter und endeten in der Entscheidung zur Errichtung einer neuen Pfanne in Ebensee. Ebensee lag verkehrsmäßig ideal und war von Wäldern umgeben – beides wichtige Kriterien für einen Neubau. Im ausgehenden 16. Jahrhundert beauftragte Kaiser Rudolf II. den Bau der Soleleitung und des Pfannhauses. Baubeginn war 1604 und drei Jahre später konnte bereits Salz versiedet werden.

Bis in die heutige Zeit setzte sich die Entwicklung rasant fort. Heute zählt die Saline in Ebensee zu den modernsten Anlagen Europas und ist bekannt für hohe technische und ökologische Standards.

Hall in Tirol

1232 wurde die »Saline bei Thaur« – vermutlich eine Salzquelle – im Unterinntal urkundlich erwähnt. In den folgenden sieben Jahrhunderten erlangte Hall durch Salz politische Macht und wirtschaftlichen Aufschwung und entwickelte sich zum Mittelpunkt der Tiroler Salzwirtschaft.

1256 wurde zum ersten Mal in einer Schenkungsurkunde ein »Salzhaus zu Hall« genannt. Zu dieser Zeit stand bereits neben dem Innufer die Burg Hasegg, die zum Schutz der Stadt, der Saline und der Schifffahrt erbaut wurde und darüber hinaus viele Jahre eine bedeutende Münzstätte beherbergte.

An dieser Stelle ist es wert, vom Salz zu den Münzen abzuschweifen, da es sich bei dieser Burg um ein außergewöhnliches Gebäude aus dem 13. Jahrhundert mit Bezug zum Salz handelt. Die Habsburger, allen voran Herzog Sigmund der Münzreiche (1427–1496) und Kaiser Maximilian I., verliehen dem Gemäuer Macht und Würde. 1450 übernahm das Salzamt das Einsammeln alter Münzen und 1477 wurde Hall zur landesfürstlichen Münzstätte. In ihrer Chronik ist nachzulesen, dass 1486 das Urstück des Talers und Dollars hier geprägt wurde. All diese Errungenschaften waren Anlass für Ferdinand II., die Münzstätte 1567 in die wehrhafte Burg Hasegg zu übersiedeln.

In diesem Jahr änderte sich die Herstellung der Münzen. Bisher wurden sie händisch geschlagen. Ab 1567 wurden erstmals in der Geschichte des Geldes Münzen mit einer Maschine, dem Walzenprägewerk, das anfänglich von Pferden später von Wasserkraft angetrieben wurde, geprägt. Die Münzen waren Goldgulden, die »Guldiner« genannt wurden. Die Qualität war einzigartig und begeisterte Herrscher in anderen Ländern, wie zum Beispiel den spanischen König, der diese Art von Prägemaschinen in zweifacher Ausführung bestellte.

Zur Regierungszeit Maria Theresias wurden viele Millionen Maria-Theresien-Taler geprägt. Als Hall vom aufstrebenden Innsbruck überholt wurde, verringerte sich der Glanz von Hall und der Burg. Bis 1809 war die Münzprägung in Hall beheimatet. Die letzten Münzen wurden von Andreas Hofer beauftragt. Das war das Ende der ruhmreichen Zeit und die Burg verfiel immer mehr.

Erst 1975 wurden die Münzprägestätte wieder eröffnet und die Prägung wieder aufgenommen. Die erste Münze war die 100-Schilling-Münze, die anlässlich der Olympischen Spiele 1976 geprägt wurde. Zur Euro-Einführung 2001 wurde ein Guldiner aus dem Jahr 1486 in limitierter Stückzahl nachgeprägt. In den darauffolgenden Jahren erhielt die Burg neue Ehren und neue Funktionen: Kulturzentrum, Veranstaltungsraum und Stadtmuseum. Macht man sich die Mühe und steigt die 200 Stufen bis in das Dachgeschoß der Burg, so wird man mit einem herrlichen Blick über die Stadt und bei guten Wetterbedingungen mit einem unvergesslichen Fernblick belohnt.

Zurück zum Salz: 1272 wurde von Ritter Nikolaus von Rorenpach, dem bekanntesten Fachmann der damaligen Zeit für Bergbau und Salzwesen, der erste Stollen angeschlagen. Unter seiner Aufsicht erfolgten die baulichen Arbeiten in raschem Tempo und 1283 konnte mit dem Bergwerksbetrieb begonnen werden. Bald darauf wurden Bergwerk und Siedeanlage örtlich getrennt. Die Feuerung der Pfanne benötigte sehr viel Holz, die umgebenden Wälder wurden leichtsinnig abgeholzt und die Landschaft verödete. Bestehende Regelungen für Rodung und Aufforstung waren nebensächlich. Um weiterhin das gewonnene Salz sieden zu können, wurde 1290 in Hall am Ufer des Inns ein Sudhaus errichtet, das dort bis 1715 seinen Standort hatte. Vom Bergwerk floss durch eine Leitung aus Holzrohren Sole ins Tal. Über den Inn konnte Holz angeliefert werden und der Vertrieb des Salzes auf dem Wasserweg vereinfachte sich.

Rasch bildete sich um das Pfannhaus eine Siedlung, die den Namen Hall erhielt. Im 13. Jahrhundert wurde das Marktrecht verliehen und 1303 wurde Hall zur Stadt mit eigenem Wappen erhoben. Auch hier brachte das Salz den Menschen Wohlstand und dem Landesfürsten gute Erträge. Im Laufe der Zeit veränderte sich die Struktur des Salinenwesens. Der Salzberg wurde in Abbaubereiche aufgeteilt und diese als »Berglehen« an private Personen vergeben. Die Lehensträger waren immer Einzelpersonen. Der Landesfürst verbot Interessensverbände, um seine Eigentumsrechte zu wahren. Die Anteile waren vererbbar und folglich ein sicherer Arbeitsplatz für Generationen. Ähnliche Bestimmungen gab es auch bei den Pfannhausstätten und Ämtern.

In den folgenden Jahren florierte der Betrieb durch die Führung des jeweiligen Herrschers. Der Sohn Meinhards II., Graf Heinrich VI. (1265–1335), installierte das Salzamt mit eigener Gerichtsbarkeit in Hall. Die Beamten erhielten fixe Bezüge, Salz- und Lebensmittelzuwendungen sowie die Genehmigung, Sachspenden als

Zeichen der Anerkennung anzunehmen. Auch eine Bergbauordnung, die für Jahrhunderte Gültigkeit besaß, geht auf ihn zurück. Die Geschäfte entwickelten sich kontinuierlich. Im 14. Jahrhundert war es an der Zeit, Absatzmärkte zu sichern und die Einfuhr italienischen Meersalzes zu verbieten. Die Transportwege wurden verbessert und die wichtige Salzstraße von Hall über Matrei/Brenner nach Südtirol gebaut. Sie war von Salzkästen gesäumt, um einen weitläufigen Vertrieb zu gewährleisten. Ruhm und Geld blieben bei diesem Engagement nicht aus.

Doch recht bald wendete sich das Blatt und es wurde auch in Hall üblich, die Saline wegen finanzieller Schwierigkeiten an Fremde zu verpachten. Heinrich VI. kam durch kostspielige politische Aktionen im Ausland in eine prekäre finanzielle Lage. Eine Lösung für sein Finanzdesaster sah er in der Verpfändung der Saline auf Zeit. Seine Gläubiger waren hauptsächlich Banken aus dem Ausland und einige reiche einheimische Familien, die in der Zeit des Besitzes die Erträge maximierten, den Zustand der Saline jedoch vernachlässigten.

1328 waren Saline und Bergwerk komplett verpfändet. Zwei Jahre später kam die ertragreiche Saline in den Besitz von Beatrice von Savoyen, die bald darauf verstarb. 1335 starb auch Heinrich, und seine Tochter Margarete, die den Beinamen Maultasch bekam, übernahm den Betrieb. Um Zwistigkeiten mit dem Papst und den angrenzenden Ländern zu beseitigen, verbündete sich Margarete mit den Habsburgern, die ihr in verschiedenen Situationen hilfreich zur Seite standen. Margarete Maultasch übergab die heruntergewirtschaftete Saline an den Habsburger Rudolf IV., der Stifter (1339–1365). Per Vertrag legte sie fest, dass nach ihrem Tod Tirol und somit auch die Saline in Hall an das habsburgische Österreich fallen sollten. Rudolf hatte genug zu tun, die Saline wieder zu einem funktionierenden Betrieb zu machen. Den Salinenarbeitern ließ er die gewohnten Rechte. Die Pachtverträge löste er allerdings schnellstmöglich auf und verkaufte Salinenanteile an reiche Bürger. Qualifizierte Facharbeiter aus dem Kammergut wurden geholt, um mit ihrem Wissen und ihren Erfahrungen der Saline Schwung zu verpassen. Auch Hallinger siedelten sich mit Eifer und Streben nach Erfolg hier an. Rudolf IV. starb sehr früh. Sein Nachfolger Leopold benutzte die Saline wieder in Form von Anleihen für die Finanzierung seiner Feldzüge. Er verlor bei einer Schlacht 1386 sein Leben. Seine Anleihen konnten aufgrund des guten Ertrages der Saline zurückbezahlt werden.

Bis in die Mitte des 15. Jahrhunderts erschwerte sich durch nicht enden wollende Katastrophen die Lage der Saline und des Marktes Hall. Es waren eine Aufeinanderfolge von Kriegen, der Zerstörung der Saline durch die Bayern und schlussendlich noch ein Feuer, das viele Häuser – jedoch nicht die Saline – vernichtete. Die Bewohner zogen weg und mussten zur Rückkehr erst überredet werden.

Im 15. Jahrhundert ging es mit der Salzerzeugung wieder erfolgreich bergauf. Ab 1477 erlangte Hall als Salinenort und Münzprägestätte weit über die Landesgrenzen hinaus Berühmtheit.

Abb. 19: Die oberösterreichische Marktgemeinde Hallstatt ist Teil der UNESCO-Welterbestätte Hallstatt-Dachstein/Salzkammergut. Die Geschichte des Orts ist von den Salzvorkommen am Salzberg geprägt. Vor rund 170 Jahren wurde am Berg ein großes Gräberfeld aus der Älteren Eisenzeit (800 bis 450 v. Chr.) entdeckt, die auch als Hallstattzeit bezeichnet wird.

Abb. 20 und 21: Die Salzbergbahn mit Blick auf Hallstatt am Hallstätter See. Sie führt in die Salzwelten Hallstatt, das älteste Salzbergwerk der Welt und ein beliebtes Schaubergwerk.

Abb. 22: Diese Lithografie zeigt das Salzsudhaus mit dem Salinenkanal und Salztransportschiffen am Hallstätter See um 1850.

Abb. 23: Gemälde von Josef Lechner, 1948: Das Salz aus dem Kammergut wurde über die Traun und den Traunsee nach Gmunden befördert. Bei der Rückfahrt (»Gegentrieb«) wurden die Schiffe bis zum 17. Jahrhundert von Menschen gezogen, später von Reitern, die im Bereich der Traun als »Traunreiter« bezeichnet wurden.

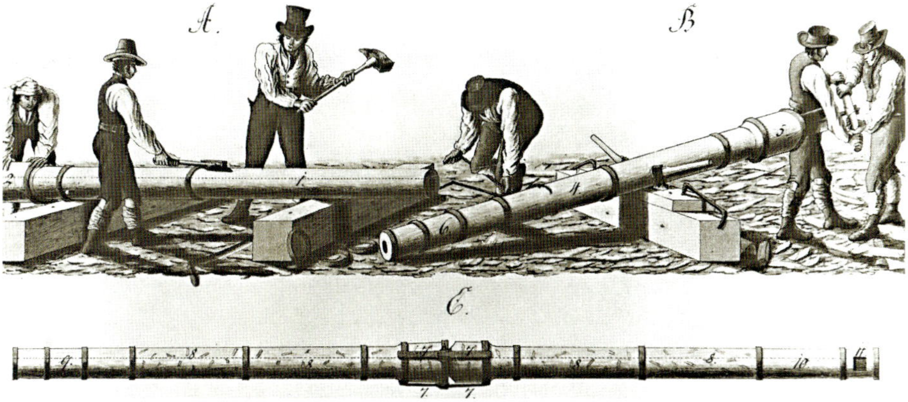

Abb. 24: Salzkammergut: Herstellung von Holzrohren für die Soleleitung.

Abb. 25: Für den Transport wurde das Salz aus dem Salzkammergut in Kufen (Holzform) zu Fuder (in Kegel- oder Pyramidenform gepresstes Salz) geformt.

Abb. 26: Salzträgerinnen, auch Kerntragweiber genannt. Sie trugen vom 19. bis hinein ins 20. Jahrhundert Steinsalzbrocken (Kernsalz) vom Hochtal hinunter nach Hallstatt.

Abb. 27 bis 29: Darstellungen der heiligen Barbara, Schutzpatronin der Bergleute.

Abb. 30: Das Knappenhaus in Hallstatt um 1910.

Abb. 31: Diese Siedepfanne, weder maßgetreu noch funktionsfähig, ist eine symbolische Nachbildung, die 1991 im Rahmen einer Kunstsponsoring-Aktion der Salinen Austria im Hallstätter Hochtal von Künstlern aufgestellt wurde. Um Speisesalz zu gewinnen, wurde in vorindustrieller Zeit in Siedepfannen die Sole zum Sieden gebracht.

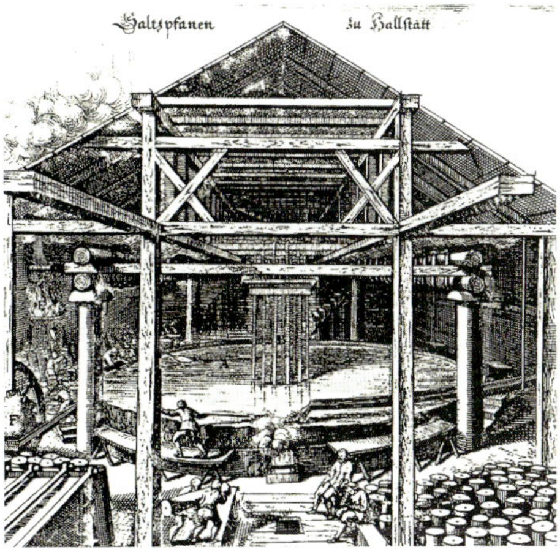

Abb. 32, links: Der Kaiser-Franz-Joseph-Förderstollen in Hallstatt dient der Ableitung der Sole zur Saline Ebensee, er ist heute noch in Betrieb.
Abb. 33, rechts: Historisches Pfannhaus in Hallstatt mit kreisrunder Salzpfanne.

Abb. 34: Eine Gedenktafel im Hallstätter Hochtal erinnert an Johann Georg Ramsauer.

Abb. 35: Der geschichtsinteressierte Bergwerksbeamte Johann Georg Ramsauer (1795–1874) entdeckte 1846 das prähistorische Gräberfeld im Hallstätter Hochtal.

Abb. 36: Stollenzugang in Hallstatt

Abb. 37: Das Hallstätter Hochtal mit Salinengebäuden. Es liegt 300 Meter oberhalb der Marktgemeinde Hallstatt. (Aquarell von Isidor Engl)

Abb. 38, links: Gosauzwang um 1790: Beim Bau der Soleleitung von Hallstatt nach Ebensee musste das Gosautal überwunden werden. Der Bauabschnitt an der Stelle, wo das Tal mit den steilen Gebirgswänden in den Hallstätter See mündet, wurde schon beim Bau als Gosauzwang bezeichnet. Die Region trägt bis heute diesen Namen. (Bild von Isidor Engl)
Abb. 39, rechts: Ein Bildstock im Hallstätter Hochtal zu Ehren der heiligen Barbara.

Abb. 40: Der Rudolfsturm im Hallstätter Hochtal wurde ab 1284 erbaut. Er war Verwaltungssitz des jeweiligen Salzbergmeisters. Von 1831 bis 1863 diente er Johann Georg Ramsauer als Wohnsitz. Heute beherbergt das Gebäude ein Restaurant.

Abb. 41: Der Rudolfsturm um 1790. Er bietet einen herrlichen Blick auf den Hallstätter See.

Abb. 42: Erbstollen-Eingang in Altaussee: Mitte des 20. Jahrhunderts wurde der Erbstollen am Fuße des Salzbergs angeschlagen. Von hier fuhren die Knappen in den Berg. Die Bergleute waren dadurch nicht mehr tage- und wochenlang von ihren Familien getrennt.

Abb. 43: Einfahrt in den Kriechbaumbergstollen in Altaussee.

Abb. 44: Stollenvortrieb: Arbeiten unter Tage in Altaussee, 1905.

Abb. 45, links: Die Freiluft-Gradieranlage in Altaussee besteht seit 1956, sie war die erste ihrer Art in Österreich. Sole tropft auf gebündeltes Reisig und gibt ätherische Öle frei. Das Einatmen der Aerosole lindert Atemwegsbeschwerden.
Abb. 46, rechts: Die 1935 errichtete Barbarakapelle im Steinbergstollen in Altaussee. Der Altar besteht aus Salzsteinziegeln und wird von hinten beleuchtet. Die ganze Kapelle strahlt dunkelrot – in der typischen Farbe des Altausseer Salzes.

Abb. 47: Der Kriechbaumbergstollen in Altaussee. 1625 erbaut, war sein Zweck nicht der Salzabbau, sondern die Ableitung von Regen- und Schmelzwasser aus dem Berg.

Abb. 48 bis 50: Arbeiten unter Tage am Sandling, dem Salzberg in Altaussee, um 1900.

Abb. 51: Das Knappenhaus beim Steinbergstollen in Altaussee zu Beginn des 20. Jahrhunderts.

Abb. 52, links: Über Rutschen oder schräge Stiegen konnten die Knappen im Salzbergwerk von einem Horizont (Ebene) zum anderen gelangen. Heute sind Rutschen in den Schaubergwerken bei den Besuchern sehr beliebt. Das Bild stammt aus dem Jahr 1952.
Abb. 53, rechts: Um 1900 wurden für die Bergmänner in Altaussee das Steinberghaus und weitere Gebäude für Wohn- und Arbeitszwecke am Eingang des Steinbergstollens errichtet.

Abb. 54

Abb. 55

Abb. 56

Abb. 54 und 56: Kunstgüterbergung: Ab 1943 hat Hitlers Reichsregierung im Steinbergstollen in Altaussee zahlreiche Kunstschätze gelagert. Damit diese nicht in die Hände der Amerikaner fallen, sollte der Stollen im April 1945 gesprengt werden. Mutigen Bergmännern ist es zu verdanken, dass es nicht dazu kam und die Kostbarkeiten fast tadellos geborgen werden konnten.
Zur Aufbewahrung der Kunstgüter waren im Stollen Lagerräume geschaffen und mit Holzregalen (**Abb. 55**) ausgestattet worden. Heute sind diese Räume bei Führungen zu besichtigen.

Abb. 57: Salzburg verdankt einen Großteil seines Reichtums und Prunks dem Salz. Es findet sich sogar im Namen der Stadt wieder. Der Salzhandel zählte einst zu den Haupteinnahmequellen.

Abb. 58: Der Altausseer See im steirischen Salzkammergut. Am Westufer liegt der Salzabbauort Altaussee.

Abb. 59: Das Kurhaus im steirischen Bad Aussee.

Abb. 60, links: Der Kammerhof in Bad Aussee, erbaut im späten 14. Jahrhundert, war bis 1924 Sitz der Salinenverwaltung. Heute beherbergt das ehemalige Salzamtsgebäude ein Heimatmuseum.
Abb. 61, rechts: Die Spitalskirche in Bad Aussee, kurz vor 1395 erbaut. Sie befindet sich im Besitz der Salinen Austria AG.

Abb. 62: Bad Ischl, Ortsansicht um 1850.

Abb. 63:
Das »Gästetragen« von Touristen im Salzkammergut verschaffte kräftigen Bergknappen einen einträglichen Nebenverdienst. Die Träger schlossen sich in einer Gilde zusammen und kleideten sich in einheitlicher Tracht.

Abb. 64:
Das ehemalige Giselabad in Bad Ischl, es wurde 1968 abgerissen.

Abb. 65: Neues Badehaus mit Trinkhalle in Bad Ischl um 1835.

Abb. 66: Inschrift an der Trinkhalle Bad Ischl:
In sale et in sole omnia consistunt
(Alles begründet sich auf das Salz und die Sonne).

Abb. 67: Trinkhalle im Kurort Bad Ischl. Links im Bild das imposante Postamt.

Abb. 68 (Bild oben) **und 69** (unten)**:** Die Kurpromenade in Bad Ischl einst und heute.

Abb. 70: Handwerker rund um das Salz. Diese Figuren samt Werkzeugen und Utensilien sind im Museum der Stadt Bad Ischl zu sehen.

Abb. 71: Ein Teil der großen Kalß-Krippe im Museum der Stadt Bad Ischl.

Abb. 72: Der einstige Salinenort Hall in Tirol, im Vordergrund ist die Saline zu sehen.

Abb. 73: Die ehemalige Saline in Hall in Tirol.

Abb. 74: Diesellok für die Streckenförderung, Hall in Tirol, 1953.

Abb. 75: Bergarbeiter an der Bohrmaschine.

Abb. 76: Stollenaustritt am Salzberg in Hall in Tirol mit Wasserableitung.

Abb. 77: Ausziehen des Salzes aus der Pfanne, Hall in Tirol, 1926.

Abb. 78: Verladerampe im Salzmagazin, 1926.

Abb. 79: Salzsudwerk, Hall in Tirol, 1908. Es wurde 1953 abgetragen.

Abb. 80: Abbrucharbeiten an der Saline in Hall.

Abb. 81: Im sogenannten Praghaus am Ruprechtsplatz/Salzgasse war von 1500 bis 1824 das Salzamt angesiedelt. Hier wurde das Salz aus dem Salzkammergut abgeliefert und an die regionalen Händler weitergegeben. Heute ist das »Salzamt« ein Restaurant.

Abb. 82 und 83: Die Ruprechtskirche in Wien, die älteste in ihrer Grundsubstanz bestehende Kirche der Stadt. Sie ist dem heiligen Rupert, dem Schutzpatron der Salzschiffer, geweiht.

Gegen Ende des 15. Jahrhunderts vereinte Maximilian I. die habsburgischen Erbländer, und im Zuge dessen wurden die Salinen Aussee, Hallstatt und Hall in Tirol zusammengefasst. Maximilian und ebenso sein Nachfolger Ferdinand I. (1503–1564) waren für ihre Reformfreudigkeit und strikte Umsetzung bekannt.

Den Anfang setzte Maximilian I. zu Beginn des 16. Jahrhunderts mit dem Rückkauf der Salinenanteile. Durch die Zusammenlegung der drei Salinen verfügte er als Herrscher über Österreichs Salzmonopol und teilte die Absatzmärkte der einzelnen Salinen genau ein. Er reformierte das Bergwesen, und neue marktwirtschaftliche Strukturen ließen die Erträge weiterhin in die Höhe gehen. Mittlerweile machten die landesfürstlichen Einkünfte durch Salz einen beachtlichen Anteil an den Gesamteinnahmen aus. Sein Nachfolger, der Habsburger Ferdinand I., führte Maximilians innovative Aktivitäten fort.

Die Haller Bergknappen und Pfannhauser hatten eine wesentlich bessere soziale Sicherheit als die Kammergütler. Die Erklärung liegt wohl darin, dass die Kammergütler keine Arbeitsalternativen hatten, also mehr oder weniger gezwungen waren, zu bleiben. Im Inntal sah es durch genügend Arbeitsmöglichkeiten im näheren und weiteren Umfeld etwas anders aus. Um Abwanderung zu verhindern, war in Hall der Salzherr bemüht, seine Bergleute durch Privilegien zu halten. Solche Sonderrechte betrafen den baren Lohn, der zu besonderen Gelegenheiten durch Prämien aufgebessert wurde. Weiters erhielten sie Getreide und Schmalz als Naturallohn, bei Krankheiten wurden sie im Spital behandelt und im Falle des Todes erhielten ihre Angehörigen eine Unterstützung. Genau wie im Salzkammergut waren die Knappen und Pfannhauser vom Militärdienst befreit. Die Haller Bergleute hatten die Möglichkeit, Urlaub zu machen, was aber nicht leicht umsetzbar war, denn sie erhielten in dieser Zeit keinen Lohn und mussten auf eigene Kosten einen Ersatz finden.

Bis zum 19. Jahrhundert war die wirtschaftliche Situation in Hall durch gewinnbringende Salzproduktion sehr gut und keiner dachte an Verschlechterungen.

Doch die Veränderungen durch neue Techniken des Industriezeitalters gingen an Hall nicht spurlos vorbei. Die Münzstätte wurde von Hall nach Innsbruck verlegt, die Eisenbahn machte den Schiffsanlegeplatz unnötig und die Pfannen wurden mit Kohle statt mit Holz befeuert. So nach und nach lösten Industriebetriebe die Siedepfannen ab und viele Arbeitsplätze im Salinenbetrieb fielen weg. Salz verlor immer mehr an Dominanz, was sich in der Reduzierung der Haller Absatzmärkte niederschlug. Neue Absatzmöglichkeiten für Salz wurden gesucht und die Bemühungen gingen in Richtung Kurbetrieb. Die Idee einer Kurstadt wurde nur schleppend umgesetzt. Erst 1930 kam es zur Errichtung eines Kurmittelhauses, 1938 erhielt die Stadt den Namen »Solbad Hall«. Gut erhaltene historische Bauten im Zentrum von Hall, die sich in den darauffolgenden Jahrzehnten zu einer Industriestadt mit großem Verschiebebahnhof entwickelte, erzählen heute von der glanzvollen Salinenzeit.

Kleinere Salzvorkommen

Neben den großen und über Jahrhunderte tätigen Salzbergwerken gab es einige kleinere, die kurz in Betrieb waren und aus Gründen der geringen Ergiebigkeit bald wieder geschlossen wurden. 777 wurde eine Salzquelle in der Gründungsurkunde des Klosters Kremsmünster (Oberösterreich) und 979 eine in Villach (Kärnten) erwähnt. Die salzhaltigen Wasser wurden möglicherweise bereits davor genutzt. Ende des 12. Jahrhunderts ist Salzabbau am Tuval bei Hallein nachweisbar. Aufgrund der kärglichen Abbaumengen kam es jedoch bald zur Auflassung. Ende des 13. Jahrhunderts wurden die Salzpfannen von Gosau von Herzog Albrecht I. gebaut und einige Jahre später vom Salzburger Erzbischof zerstört. Bei Unken (Salzburg) wurden im 12. Jahrhundert Pfannhäuser betrieben und im 13. Jahrhundert wieder stillgelegt.

In der Steiermark sah die Salzsituation im Mittelalter ganz anders aus. Die drei ertragreichen Salinen in Hall bei Admont, Weißenbach bei St. Gallen und das Halltal bei Mariazell unterstanden geistlichen Einrichtungen und nicht dem Landesfürsten. Hall und Weißenbach im Ennstal gehörten dem Benedikterinerstift Admont und das Halltal/Mariazell dem Kloster St. Lambrecht.

Halltal/Mariazell

Die Bevölkerung im Halltal entdeckte am linken Ufer des Hallbaches schon lange vor der ersten urkundlichen Erwähnung eine Solequelle, die ab 1103 dem Stift St. Lambrecht gehörte. Ein Mönch dieses Stiftes gründete bekanntlich 1157 Mariazell, die Solequelle war ein Teil von Mariazell. Das gesiedete Salz wurde in der näheren Umgebung und in jene Gegenden verkauft, die für das Kammergut unattraktiv waren. Die kleine Saline machte Gewinne, die dem Stift und nicht dem Landesfürsten zuflossen. Einige Jahrhunderte lang akzeptierten die Landesfürsten mehr oder weniger diese Eigentumsverhältnisse.

Zwischendurch wurde wohl hin und wieder die Saline aufgrund der vagen Besitzverhältnisse eingestellt und dann wieder eröffnet. Friedrich III. (1415–1493) setzte diesem Desaster, das vor allem die arme Bevölkerung traf, ein Ende und veranlasste Salzlieferungen aus Aussee ins Halltal, die aber nicht ausreichend waren. Die geschickten Bauern fanden eine andere Lösung, um nicht von den geringen Salzlieferungen abhängig zu sein: Sie gewannen ihr tägliches Salz aus kleinen Solequellen in der Nähe ihrer Behausungen.

Mitte des 16. Jahrhunderts war Schluss mit der landesfürstlichen Toleranz. Auf Befehl von Ferdinand I. (1503–1564) musste das Kloster 1560 seine Saline schließen, da der Landesfürst die Anschauung vertrat, das Recht der Salzgewinnung läge alleine bei ihm, was nur bedingt stimmte. 1638 wurde vom Stift noch einmal der Versuch gestartet, Salz zu gewinnen. Rasch stellte der Landesfürst dieses Vorhaben ein. Er duldete die Mönche als Konkurrenz nicht, die Salzmonopolstellung des Hauses Habsburg wurde immer deutlicher. Ein Relikt aus dem 19. Jahrhundert ist in dieser Region noch in bestem Zustand zu finden: die 1894 gebaute Mariazellerbahn aus den Anfängen der Eisenbahnära.

Hall im Admonter Becken

Im Admonter Becken wurde erstmals 931 eine Saline bei Hall genannt. Solequellen wurden demnach schon vor der Gründung des Admonter Klosters durch Benediktinermönche im Jahre 1074 genutzt. Anfänglich wechselten die Quellenbesitzer ständig, bis sich im 13. Jahrhundert das Stift die Quellen aneignete. Admont, mittlerweile wirtschaftlich stark und autark, löste sich von Salzburg. Ende des 13. Jahrhunderts bekriegten sich der Salzburger Erzbischof und die Habsburger wegen Salzbesitzungen. Bei dieser Auseinandersetzung stand Admont auf Seite der Habsburger. Der Ort Hall bei Admont, seine Kirche wurde bereits 1095 gebaut, hatte sich durch die Salzsiederei bemerkenswert entwickelt. In Hall lebten nicht nur Salinenarbeiter, sondern auch viele Handwerker, die für Bau und Instandhaltung der Siedepfannen unentbehrlich waren, wie Maurer, Zimmerleute oder Schmiede.

Die Chronik vermerkt anfänglich elf kleine Pfannen, die später durch wenige große ersetzt wurden. Bis ins 16. Jahrhundert wurden hier beachtliche Salzmengen gesiedet, die weit über den Bedarf des Stiftes hinausgingen. Den Überschuss verkauften Säumer bis ins Murtal und nach Ostkärnten. Das Kloster selbst nannte zwei Salzschiffe, die die Enns befuhren, sein Eigen. 1543 endete das klösterliche Salzsieden, denn Ferdinand I. erzwang die Einstellung. Die Geschäftigkeit im Ort war rückläufig. Erst später brachte ein Hammerwerk wieder Betriebsamkeit und Arbeitsplätze in die Gemeinde.

Der Aufstieg des Salzkammerguts

Die Habsburger, die in Österreich ab dem 13. Jahrhundert herrschten, brachten im 15. und 16. Jahrhundert im Zuge der voranschreitenden Vergrößerung ihres Herrschaftsgebietes sehr viele mitteleuropäische Salzwerke unter ihre Aufsicht. Ab dem 14. Jahrhundert begannen sie die Salzproduktion nach und nach in ihren Ländern zu monopolisieren. Das Salzmonopol stärkte die Macht der Habsburger zusätzlich und war eine einträgliche Institution zur Verbesserung ihrer fast permanenten finanziellen Schwierigkeiten. Außerdem legten die Habsburger ihre Politik so aus, dass kein ausländisches Salz angrenzender Salzkonkurrenten, aber auch kein italienisches Meersalz ins Land kam.

Durch die ständig steigenen Verwendungsmöglichkeiten von Salz und die Vergrößerung der Salzmärkte aufgrund der kontinuierlichen Ausweitung des Habsburgischen Reiches stieg der Salzbedarf und die Produktion musste ständig erhöht werden. Salz wurde für die Habsburger zu einer nicht mehr wegzudenkenden ergiebigen Einnahmequelle. Eine Region bekam aufgrund des Salzabbaus sogar einen Sonderstatus im Habsburgischen Reich: das Salzkammergut.

Vom Bergwerk zum Kammergut

Das heutige Salzkammergut umfasst Gebiete in den Bundesländern Salzburg, Oberösterreich und Steiermark. Die Entwicklung vom einzelnen Salzort zum gemeinsamen Salzkammergut dauerte Jahrhunderte und ist mit vielen Ereignissen, Kriegen und auch Naturkatastrophen verbunden.

Jahrhundertelang waren Salz, Wasser und Holz die Grundpfeiler für eine erfolgreiche Wirtschaft im Salzkammergut. Salz war das Hauptprodukt, Wasser und Holz waren unentbehrliche, fördernde Begleiter. Ohne Wasser hätte es keine Solegewinnung und praktische Transportwege gegeben, Holz sicherte die Stollen, beheizte die Siedepfannen und bot der Sole einen bequemen Weg zur Saline.

Um zu verstehen, wie es zu dem Begriff »Kammergut« kam, muss man bis zum Lehenswesen im Mittelalter zurückgehen. An der Spitze dieser Besitzstruktur stand der Kaiser, der an bestimmte höher gestellte Personen (Reichgroße) Gebiete, in der Größe vergleichbar mit heutigen Bundesländern, vergab. Die Reichgroßen gaben kleinere Teile davon an Ritter oder Kleinadelige weiter, die wiederum Bauern Anteile zur Bewirtschaftung überließen. Als die Bedeutung der Rohstoffe, und hier besonders die des Salzes, stieg, wurden Bergbaugebiete vom Lehensträger nicht mehr weitergegeben. Besonders die geistlichen Grundherren waren noch vor den Habsburgern führend in der eigenen Nutzung: In Aussee waren es die Zisterzienser von Rein und in Hallstatt die Traunkirchner Nonnen. Die Besitzungen der beiden Klöster wurden in Aussee vom steirischen Landesherren und in Hallstatt von den Habsburgern in einer Art Kammergut – obwohl es noch nicht so genannt wurde – weitergeführt. Als Kammergut, wovon es im Mittelalter viele gab, wurde der Besitz eines Landesherren bezeichnet, mit dessen Erträgen aus Landwirtschaft und Bergbau er seine kompletten Ausgaben bestreiten musste. In dieser Region waren es die Habsburger, deren Kammergut sich im Lauf der Jahrhunderte beachtlich vergrößerte.

Im Mittelalter boomte die Salzgewinnung in den bayerischen und österreichischen Alpen. Im 13. Jahrhundert begann parallel zum Aufstieg von Dürrnberg auch wieder die Salzgewinnung in Hallstatt. Mancherorts wurde unter kirchlicher Leitung der Abbau forciert, wie zum Beispiel in Hallein oder im bayerischen Reichenhall. Salinen entstanden in Ischl, Gosau, Aussee, Altaussee und im Tiroler Hall. Das Engagement der Habsburger, alle Salinen unter Kontrolle zu bringen, steigerte sich mit der Bedeutung und Rentabilität der einzelnen Abbaustätten. Immer mehr Menschen fanden Arbeit im Salzabbau.

Im 14. Jahrhundert schafften es die Habsburger, sich das Monopol über die Saline in Hallstatt anzueignen. Nun waren beide Bergbauregionen, die »Ischlland« und »Ausseerland« genannt wurden, im Besitz der Habsburger, also verstaatlicht, und wurden von Beamten verwaltet. Die Grundform entsprach bereits einem »Kammergut«, allerdings wurde der Begriff erst später verwendet. Immer wieder kam es zu Zwistigkeiten mit dem Erzbischof von Salzburg, der das Ennstal gegen den Willen der Habsburger besitzen wollte. Ein Streit wegen Salzabbaus war es auch, der das Ausseerland im 15. Jahrhundert vom Kammergut trennte und zur Steiermark kommen ließ.

Gmunden begann sich langsam zu einem wirtschaftlich wichtigen Zentrum der Habsburger emporzuarbeiten. Die Stadt spielte jedoch auch in anderen Situationen der Habsburger eine reichstragende Rolle. In Gmunden fand Friedrich III. (ab 1452 Kaiser des Hl. Römischen Reiches) Schutz vor seinem Feind, dem Ungarnkönig Matthias Corvinius, bis es schließlich 1477 zum »Frieden von Gmunden« zwischen den beiden Streitbolden kam. 1514 weist die Chronik wieder ein markantes Ereignis auf: Maximilian I., der Sohn Friedrichs III., schloss mit dem russischen Zaren einen Freundschaftsvertrag. Gmunden bot Maximilian auch die Bühne für ein privates Fest: Der Ehevertrag zwischen ihm und seiner dritten Gemahlin Bianca Maria Sforza aus Mailand wurde hier besiegelt. Sie brachte eine ansehnlich hohe Mitgift in die Ehe, die die finanzielle Grundlage für die Sanierung des Salzwesens darstellte.

1508 verbot Kaiser Maximilian I. von Habsburg, Salz aus Salzburg und Bayern in seinem Reich zu verkaufen, um den eigenen Salzhandel zu fördern. Die Königreiche Böhmen und Ungarn, Galizien und Krain waren ebenso wie Ungarn, das im 16. Jahrhundert Lebensmittelüberschüsse produzierte und für deren Konservierung Salz benötigte, auf die Einfuhr von habsburgischem Salz angewiesen. Die Wirtschaftlichkeit des Abbaus steigerte sich laufend.

Zu Maximilians Zeiten wurde für die Region vom Oberlauf der Traun bis zum Hallstätter See und zum Traunsee erstmalig der Begriff »Kammergut« übernommen, da die Produktionserträge in die Kasse (Kammer) des Herrschers flossen. Es war kleiner als das heutige Salzkammergut. Gmunden gehörte nicht dazu, obwohl hier das wirtschaftliche Zentrum und der Sitz der Verwaltung war. Ab dieser Zeit wurden alle Länder oder Regionen, die im Besitz eines Landesherren waren, als Kammergut bezeichnet, wobei die Gebiete nicht zusammenhängen mussten.

Grund und Boden gehörten dem Landesfürsten. Mit den Bodenschätzen und landwirtschaftlichen Erträgen seines Kammergutes musste der Herrscher sein Leben und sein Reich finanzieren. Aus heutiger Sicht wurde in dieser Region mit Salz Monokultur betrieben, denn es war das Hauptprodukt. Daran geknüpft waren viele Gewerbezweige, wie zum Beispiel Schiffbauer, Fassbinder und Forstarbeiter.

In allen Ländern des Habsburgerreiches wurde aufgrund der Entwicklungen im Salinenwesen bereits im Mittelalter eine zentrale Behörde, das Salzamt, für eine ordnungsgemäße Organisation im Salzabbau und -handel sowie als Kontrollfunktion erforderlich. Die Aufgaben des Salzamtes betrafen technische, wirtschaftliche und richterliche Interessen und wurden gemäß den Entwicklungen ständig erweitert. Das Salzamt mit seiner Beamtenhierarchie war dem Herrscher des Reiches untergeordnet.

Maximilian wird als der Vater der Bürokratie und des Beamtenwesens bezeichnet, denn unter seiner Herrschaft blieb im Salzwesen und in der Verwaltung kein Stein auf dem anderen. Er installierte eine Salinenverwaltung mit exakter Beamtendienstordnung. Gmunden, Hallstatt und das Hofamt in Wien wurden angehalten, miteinander schriftlich zu kommunizieren.

Maximilian I. legte großen Wert auf eine funktionierende Verwaltung. Nur Juristen konnten leitende Positionen einnehmen, jeder Beamte hatte seinen Aufgabenbereich. Der Landesfürst musste über alle Vorgänge Bescheid wissen. Der höchste Salinenbeamte war der Amtmann, der gemeinsam mit seinen Mitarbeitern Entscheidungen traf.

Der Gesundheitszustand seiner Beamten war Maximilian I. ein wichtiges Anliegen. Um ihre Arbeitsfähigkeit zu erhalten, setzte er verschiedene Maßnahmen. Er selbst musste 1518 von einer schon damals berühmten Heilquelle in Ischl Gebrauch machen, um sich von einer Verkühlung zu kurieren, die er sich bei einer Reise ins Ischlland zugezogen hatte. Doch leider konnte die Heilquelle seine stark angeschlagene Gesundheit nicht wiederherstellen und er starb kurz darauf.

Sehr bedacht war Maximilian auf die regelmäßige und rechtzeitige Auszahlung des Lohnes an die Arbeiter, damit sie keinen Anlass hatten, abzuwandern. Facharbeiter waren allerorts sehr gefragt. Einen Teil ihres Lohnes erhielten die Bergleute in Form von Schmalz und Getreide, das im Austausch gegen Salz aus dem fruchtbaren Ungarn geholt wurde.

Auf Maximilian geht auch die Führung von Rechnungsbüchern und deren Aufbewahrung zurück, um alle Einnahmen und Ausgaben verfolgen zu können. Er war aber nicht nur der Verwaltungsreformer, sondern auch Verbesserungen in praktischen Belangen lagen ihm am Herzen. Mit den von ihm betriebenen Neuerungen konnten manche Abläufe reformiert werden. Er führte die Großkufen ein, die sich besonders für die weiten Transporte nach Böhmen und Mähren bewährten, und verbesserte dadurch die Logistik im Handel. Er regelte die

Abholzung der Wälder und steuerte ein Gleichgewicht zwischen Abholzen und Nachwuchs.

Den Hallstätter Bürgern wurden Sonderrechte eingeräumt, allerdings mit der Option, sie jederzeit beenden zu können. Ein Privileg war zum Beispiel die Wahl eines Richters aus den eigenen Reihen. Allerdings blieb bei dieser Entscheidung ein Mitspracherecht der Beamten, denn dieser Richter musste dem Salzamtmann und den anderen Beamten geeignet erscheinen.

Auf Maximilian I. folgte sein Enkel Erzherzog Ferdinand I. als Kaiser des Heiligen Römischen Reiches. Er setzte die Bestrebungen fort, das Salinenwesen straff zu organisieren und die Einnahmen zu steigern. Er verpasste dem Kammergut unter Beratung von Fachleuten deutliche und zukunftsorientierte Unternehmensrichtlinien. Es wurde eine Struktur aufgebaut, die von Prüfungen und Kontrollen durch Fachleute bis hin zu neuen Ordnungen und Regeln reichte. Vorschläge für Reformen der Betriebe und des Amtes in Gmunden wurden erarbeitet und umgesetzt. Jeder Betrieb war streng angehalten, den Gewinn zu optimieren. Der Wille des jeweiligen Herrschers war schlussendlich für alle Handlungsweisen, deren Umsetzung durch Beamte erfolgte, ausschlaggebend.

Vorausgehend mussten zur Erreichung der gesteckten Ziele verschiedene Schritte gesetzt werden: Verbesserung der technischen Gerätschaft, sparsame Betriebsführung, Reduzierung und genaue Kontrolle der Ausgaben sowie exakte Rechnungsstellung. Aufgrund der Regeln, Normen und Kontrollen wurde das Habsburger Kammergut, das zu dieser Zeit das Ischlland zwischen Traunsee und Dachstein mit Hallstatt und Ischl umfasste, eine blühende Wirtschaftsregion. Später zählte auch Ebensee dazu.

1527 wurde die Hofkammer in Wien gegründet, sozusagen als Oberaufsicht für alle österreichischen Kammergüter. Der größte Teil des Salzkammerguts samt dem Ausseerland gehörte zu dieser Zeit den Habsburgern. In Wien wurden viele Entscheidungen getroffen, Weisungen ausgegeben, eigene Gesetze und Regeln festgelegt und genau kontrolliert. Für den praktischen Geschäftsbereich war weiterhin der Salzamtmann in Gmunden zuständig. Erfolg macht erfinderisch und so entstand das Bestreben der landesfürstlichen Kammer, auch am Handel zu verdienen. Es wurden eigene ärarische Salzämter samt Lager errichtet. Nun lag der komplette Prozess in den Händen der Habsburger. Salzsteuern und immer wieder Preiserhöhungen waren zusätzliche Instrumente für reichlichere Einnahmen.

Durch den Salzhandel floss viel Geld in die Kassen des Landesfürsten. Über Jahrhunderte agierte das Salzamt immer recht sparsam, denn die habsburgischen Kassen waren stets leer und die Einkünfte aus dem Salzbetrieb mussten dagegenhalten. Aufgrund des großen finanziellen Bedarfs des Herrschers waren die Salzpreise entsprechend hoch, was den Salzschmuggel und Schleichhandel boomen ließ. Die Löhne der Arbeiter waren hingegen niedrig. Zur Lebensmittelversorgung der Bergleute und deren Familien war die Hofkammer verpflichtet.

1524 wurde das historisch bedeutende 1. Reformationslibell (libellus, lat. Büchlein), basierend auf erarbeiteten Verbesserungsvorschlägen, verfasst. Alle Sonderrechte wurden genau manifestiert, wobei bei der Festlegung der Richtlinien auf die armen Salzarbeiter nicht vergessen wurde. 1563 und 1656 machten praktische Erfahrungen Evaluierungen des Libells erforderlich. Diese Bücher wurden auch als »Verfassung des Kammergutes« bezeichnet, da darin alles für ein funktionierendes System geregelt wurde: Zivil- und Strafrecht, Arbeitsrecht, Wirtschaftlichkeit und betriebstechnische Belange.

Gmunden entfaltete sich immer mehr zu einer wirtschaftlich machtvollen Stadt und aufgrund der günstigen Lage zum Hauptumschlagplatz. Hier wurde das Salz aus Hallstatt und Ischl, das über die Traun angeliefert wurde, gemäß den von höherer Stelle vorgeschriebenen Transportrouten weiterbefördert.

Das Kammergut positionierte sich innerhalb des Habsburger Reiches kontinuierlich zu einem Staat im Staat mit vorteilhaften Besonderheiten für die Bewohner. Einzig in Hallstatt verblieben dem Hofschreiberamt einige Sonderrechte, die sonst in keinem anderen Amt des Kammergutes gültig waren.

Der Geschäftsumfang im Salzamt wuchs beständig an und erforderte mehr Beamte, da die Aufgabenbereiche aufgrund ihrer Größe geteilt werden mussten. Spezifische Beamtenposten gab es sowohl in der höheren wie auch in der niederen Hierarchie. Hinzu kam, dass jeder leitende Beamte einen Stellvertreter für die Gegenkontrolle hatte, damit es zu keinen Unrechtmäßigkeiten kommen konnte. Eine besondere Strukturierung wies das technische Führungspersonal des Salzbergbaues auf, das am Berg und nicht im Tal stationiert war. Die oberste Führungskraft war der Bergmeister, ihm zur Seite stand ein Stellvertreter. Darunter gab es je nach Größe des Bergwerksbetriebes weitere Arbeitsbereiche, geleitet von einer Fachperson mit den notwendigen Kontrollorganen.

Die Beamten in Gmunden und die Stadt Gmunden selbst wurden immer wohlhabender und einflussreicher. Ein angesehener Unternehmerstand waren die Salzfertiger, die durch ihr umfangreiches Fachwissen und ihren geschäftlichen Fleiß die eigenen Geldbeutel ordentlich füllen konnten.

Beamte, aber auch Arbeiter unterstanden der Hofkammer in Wien und somit dem Kaiser. Um die Arbeiterschaft zu vergrößern und die Arbeiter auf Dauer zu halten, wurden Anreize für Ansiedelungen und Familiengründungen geboten, wie zum Beispiel Prämien oder kostenlose Baugründe. Es kamen viele arbeitswillige Menschen ins Kammergut, bot es doch ausreichend Arbeit in Saline und Bergwerk – auch wenn diese schwer war. Die breite Basis der Bergknappen, die absolut unentbehrlich in der Betriebskette war, schaffte es nicht, aus ihren ärmlichen Verhältnissen höher in der Gesellschaftsordnung aufzusteigen und blieb arm. Allerdings waren die

Entbehrungen kein Grund abzuwandern, denn die Sonderrechte, allen voran das regelmäßige Einkommen, die Altersversorgung und die sichere Arbeitsstelle, waren triftige Gründe, zu bleiben. Außerdem war die Verbundenheit zum Land sehr groß. Die Hallstätter Bergknappen hatten zusätzlich die Erlaubnis des Landesfürsten, im Hallstätter See zu fischen, um die Essensversorgung zu erleichtern. Mit diesen sozialen Maßnahmen blieben Arbeiter und Fachleute dem Landesfürsten erhalten.

Trotz der wohldurchdachten Hierarchie mit Kontrollorganen und ausführlichen Buchführungen kam es zu Ungereimtheiten. Mitte des 17. Jahrhunderts übte der amtierende Salzamtmann seine Aufgaben mit sehr mangelhafter Ernsthaftigkeit aus und löste eine Umstrukturierung im Salinenwesen aus. Kaiser Friedrich III. ordnete 1656 das 3. Reformationslibell an, um die Wirtschaft in Schwung zu bringen. In diesem Libell wurde erstmals »Camerguet des Salzes« erwähnt, das die Grundherrschaften Wildenstein in Oberösterreich und Pflindsberg im Ausseer Land und später Orth und Traunkirchen umfasste. Erst 1659 erschien das Libell unter seinem Nachfolger Leopold I. – ein gewissenhaftes Werk, das Hallstatt, Wildenstein, Ischl, Ebensee und Gmunden betraf. Das Libell enthielt neben neuen Bestimmungen für Pfannhaus und Verwaltung viele soziale Zugeständnisse an die Arbeiter, u. a.: Entlohnung der Arbeiter, Arbeitszeit, preiswerte Lebensmittel, freies Salz (das auch verkauft werden konnte, wenn es für den Eigenbedarf zu viel war), Steuerfreiheit, kein Militärdienst.

Der Begriff »Salzkammergut« wurde in der Korrespondenz zwischen dem Gmundner Salzamt und der Wiener Hofkammer sowie in der allgemeinen Umgangssprache immer selbstverständlicher für das oberösterreichische Gebiet, das auch Ischlland genannt wurde. Hallein, Hall oder Reichenhall waren ebenfalls Kammergüter, wurden aber im üblichen Sprachgebrauch nicht so bezeichnet.

Die Salinen waren mit kostenfreien Salzzuwendungen sehr splendid. Die Spitäler, die damals Heime für alte und gebrechliche Menschen waren, erhielten kostenlos größere Salzmengen. Jene Mengen, die sie nicht selber verbrauchten, wurden verkauft und so konnten sie mit den Einkünften den Spitalsbetrieb finanzieren. Ebenso erhielten Klöster und andere geistliche Einrichtungen unentgeltlich Salz, das Gottesheil- oder Gotteszeilensalz genannt wurde. Allen Personen, die mehr oder weniger mit dem Salinenbetrieb zu tun hatten, stand das »Mußsalz« zu, das den Lohn jedes Einzelnen aufbesserte. Die Besoldung der Lehrer und Priester oblag ebenfalls dem Salzamt. In Summe ergaben diese Gratisabgaben beachtliche Mengen. Des Öfteren wurde von oberster Stelle der Versuch unternommen, hier und dort in der Menge zu reduzieren, doch es gelang nicht, denn einmal zugestandene Rechte waren schwer abzuschaffen.

Im 3. Libell 1656 wurden die klare Begrenzung der Region zu den Nachbarländern festgelegt und das »Betretungsverbot« ausgesprochen. Dieses besagte, dass kein Fremder das Salzkammergut bereisen durfte. Wer doch hinein wollte oder musste, benötigte einen Pass vom Salzoberamt in Gmunden oder vom Verweser in Hallstatt. Damit wollte man tunlichst verhindern, dass internes, betriebliches Wissen ausspioniert wurde. Erst Anfang des 19. Jahrhunderts kippte der aufkommende Tourismus diese Maßnahme. Eine weitere für uns heute seltsame Vorschrift war das Verbot der Ansiedelung von Adeligen, das gegen Ende des 19. Jahrhunderts wirkungslos wurde. Bis dahin gab es nur Zweck- und Nutzbauten.

Erst als die Staatskassen durch große kostspielige Kriege geleert waren, mussten auch im Kammergut die Beamten, nicht aber die Arbeiter, Steuern abliefern. Zu dieser Zeit kamen weitere Vergünstigungen zu Fall und die Arbeitsbedingungen verhärteten sich. Einzig die Einfuhr von Getreide, auf die das Kammergut angewiesen war, weil es kein Ackerland gab, funktionierte weiterhin durch das Salzamt. Es sorgte für den Import des sogenannten »Hofkorns« und den Verkauf an die Arbeiter. Bei einer Verteuerung des Getreides erfolgte ein Zuschuss des Salzamtes, damit es für alle Arbeiter leistbar blieb. Ebenso war das Amt für die Einfuhr billigen Fleisches zuständig. Allerdings waren die Kammergütler keine großen Fleischesser, ihnen war Schmalz allemal lieber. So tauschten sie im Schleichhandel Fleisch gegen Schmalz.

Jahrhundertelang war das Salzkammergut unter Aufsicht der Habsburger, man kann auch sagen im Privatbesitz der Habsburger. Die Hofkammer in Wien verwaltete das staatliche Salzmonopol der Habsburger. Zum historischen Salzkammergut gehörten das Gebiet von Gmunden über Ebensee bis Bad Ischl, Hallstatt und Obertraun (Oberösterreich) sowie das Ausseerland, das steirische Salzkammergut mit dem Zentrum Bad Aussee. Salzburg war nie ein Teil des Salzkammerguts, da Salzburg ein geistliches Fürstentum war.

Das aufstrebende Gmunden

Ende des 16. Jahrhunderts wurde das Salzoberamt, die Verwaltung des Salzkammerguts, in Gmunden eingerichtet. Kaiser Maximilian I. formte eine wohldurchdachte Administration für das Salzwesen des Kammergutes, setzte aber auch mit logistischen Verbesserungen im Salzbetrieb markante Schritte. Zu den Aufgaben des Salzamtes zählten neben der Inspektion der Salzproduktionsbetriebe, der Wälder und Wasserbauten auch die Kontrolle des Salzhandels und -transports. Gab es Streit oder irgendwelche Delikte, wurde die Gerichtsbarkeit, die für das gesamte Kammergut in Gmunden ansässig war, zur Schlichtung herangezogen. Zu den bisherigen Aufgaben wurde dem Salzamt im 17. Jahrhundert auch die Versorgung des Hauses Habsburg mit Schiffen zugeteilt, sowohl für private wie auch für Kriegszwecke, wie zum Beispiel gegen die Türken. Somit waren alle wichtigen Behörden für einen funktionierenden Staat in Gmunden vertreten: das Salzkammergut war ein Staat im Staate Habsburg. Außenämter gab es in Hallstatt, Ischl und Ebensee und später auch in Aussee.

Für die Lebensmittelversorgung der Kammergutarbeiter bedurfte es eigenen Personals sowie spezieller Vorschriften. Es wurden »gewidmete Täler« geschaffen, die den Lebensmittelüberschuss ins Salzkammergut – und nirgendwo anders hin – liefern mussten, sodass der reibungslose Nachschub mit Lebensmitteln für alle im Salzwesen tätigen Menschen gewährleistet war.

Die Entwicklung Gmundens zu einem Wirtschafts- und Verwaltungszentrum war nicht aufzuhalten. Eleganz und Reichtum strahlte die Stadt aus, was heute noch in manchen prachtvollen Bauten sichtbar ist. Mit all seinen Aufgaben wurde die Stadt zum wirtschaftlichen Zentrum der Habsburger und bildete die finanzielle Grundlage für die habsburgische Politik in Wien. Die ständig steigende Macht des Salzamtes stärkte die Sonderstellung des Salzkammerguts.

Spezialisierung in der Arbeitswelt

Salz schuf im Bergwerk, in der Saline, in der Verpackung und im Transportbereich zahlreiche Arbeitsplätze und ließ auch viele neue Berufe entstehen. Eine Spezialisierung der Arbeiter aufgrund der immer komplexeren Arbeitsabläufe wurde unausweichlich. Befasst man sich näher mit den Arbeitsbezeichnungen im Salzwesen, ist man erstaunt, wie viele Bereiche das Salz bis zum Verbraucher durchlief. Im Laufe der Zeit wurden viele dieser Fachgebiete durch die Technik verdrängt und manche sind heute vergessen.

Schon vor 500 Jahren ähnelte die betriebliche Struktur heutigen Betriebsführungen. Spezialisierung, bestmögliche Technisierung und ständige Produktionssteigerung waren auch damals schon Hauptthemen im Unternehmen. Die Spezialisierung der Arbeiter war eine wichtige Basis für die Erhöhung der Abbaumenge und der Erträge. Exakte Differenzierungen scheinen bei den Arbeitsbezeichnungen auf. Im Salzamt waren die Beamten für die Administration zuständig und in der Salzproduktion gab es die Meister (Facharbeiter) und Arbeiter (Knechte).

Beamte

Die Pflichten des Salzamts wurden immer mehr und folglich der Beamtenstand immer umfangreicher. Das Salzamt hatte die Order, bevorzugt Einheimische für die Beamtenposten einzustellen. Es kam immer wieder vor, dass sich Personen den Beamtenstatus erkauften. Die Hofkammer und auch das Salzamt waren gegen diese Zuschüsse nicht abgeneigt, denn beide Ämter hatten immer Geldbedarf. Im

17. Jahrhundert wies die Hofkammer das Salzamt an, diese Gepflogenheit zu beenden. So ganz verzichtete das Salzamt jedoch nicht auf die Zuwendungen. Erst Mitte des 18. Jahrhunderts war damit endgültig Schluss.

Der oberste Beamte im Salzamt war der Salzamtmann. Ihm oblag die Leitung sämtlicher Salinenbetriebe, welche Bergwerke, Sudhäuser, Weiterverarbeitung, Transport, Schifffahrt und Forstwesen umfasste. Alle Beamten der einzelnen Bereiche waren ihm unterstellt und zu Gehorsam verpflichtet. Sein Stellvertreter war der Einnehmer, der auch für die Finanzen zuständig war. Der dritte wichtige Mann in der oberen Hierarchie des Salzamtes war der Mautner. Sein Amtsbereich schloss den Transport, die Wasserbauten und die Instandhaltung des Amtshauses ein.

Nicht alle Entscheidungen durfte der Salzamtmann alleine treffen, so manches wurde in der Ratsversammlung beraten und beschlossen. Um sicherzustellen, dass der Amtmann seine Pflichten bestens ausführte, wurde ihm ein Amtsgegenschreiber zugewiesen, der die Aufgaben des Amtmannes zu überprüfen und Ungereimtheiten sofort dem Landesfürsten zu melden hatte. Nach und nach wurde die Vorschrift, dass jeder leitende Beamte durch einen Gegenschreiber kontrolliert wurde, in allen Ämtern umgesetzt.

Die Bezahlung des Salzamtmannes war mit einer fixen Bargeldsumme gut dotiert. Zusätzlich erhielt er als »Naturallohn« große Mengen Salz, Brennholz, Getreide und Gartenflächen sowie Fische, Wild und sonstige nützliche Kleinigkeiten. Von Kirchen und Klöstern, die das »Gotteszeilensalz« empfingen, erhielt der Amtmann auch allerhand praktische Alltagsdinge, von Stoff über Wein bis hin zu Besteck und Geschirr.

Weitere wichtige Funktionen bei leitenden Beamten waren der Forst- und Fischmeister und der Advokat. Eine Besonderheit, die in der heutigen Zeit sehr eigenartig erscheint, damals aber Normalität war, gab es bei den Finanz- und Salinenbeamten der oberen Hierarchieebenen. Bei Beschäftigungsantritt mussten die Beamten je nach Position eine Kaution hinterlegen, die um ein Vielfaches höher als das Jahreseinkommen war. Der Zweck der Kaution war, eventuell entstandene Schäden durch nachlässige Arbeit des Beamten abzudecken. Mit dieser Erklärung wandelt sich diese Eigenart zu einer vernünftigen Maßnahme! Und hatte ein Kammergütler genug Geld, gehörte es zum guten Ton, dem Landesfürsten, der immer in Geldnot war, ein zinsenfreies Darlehen zu überlassen. Die Gegengabe des Landesfürsten war oftmals eine gute Beamtenstelle. Geld war damals schon ein sicherer »Türöffner«, um in leitende Positionen zu gelangen.

Höhere Beamte erhielten als besondere Zulage das »Opfergeld«, das sie zum Beweis ihrer Wohltätigkeit zu Weihnachten und Neujahr an Arbeiter und Lehrer verschenkten. Interessanterweise wurden damals schon Reisegeld und Tagesdiäten bei »Dienstreisen« bezahlt. Auch für die Pferde, die für die amtlichen Reisen notwendig waren, gab es einen Zuschuss. All diese Zulagen richteten sich nach dem Dienstgrad, je höher dieser war, umso höher waren die Vergütungen.

Eine Hierarchieebene darunter gab es die Amtsschreiber, die Salzzähler und die Salzbereiter. Jeder Einzelne war auf beste Arbeitsausführung bedacht, um seine Arbeitsstelle nicht zu verlieren. Das Gehalt der Beamten setzte sich aus Geld, Holz, Salz und Kerzen sowie freier Dienstwohnung zusammen. Hinzu kamen Zuwendungen von anderen Seiten, um sich die Gunst des Beamten zu sichern. Dies besserte das eher geringe Gehalt auf und wurde von der Hofkammer akzeptiert. Das Gehalt blieb während der ganzen Dienstzeit gleich hoch. Ab und zu wurden Remunerationen als Achtungsbeweise ausbezahlt, die jeder der Beamten sehr gut gebrauchen konnte.

Der soziale Bereich wurde nicht außer Acht gelassen. Ein Arzt, der »Medicus«, hatte auf die Gesundheit aller zu achten, damit Arbeitskräfte nicht durch Krankheit verlorengingen. Die Betreuung im Krankheitsfalle und die finanzielle Altersversorgung am Ende eines Amtslebens waren schon zu Maximilians Zeiten gesichert. Beamte erhielten bei Heirat ein Hochzeitsgeschenk, welches eine wertschätzende Geste darstellte. Nach dem Tod eines Beamten wurde für die Hinterbliebenen gesorgt.

Aus vielen Überlieferungen, aber auch an den Regeln für das Beamtenwesen ist sichtbar, dass der Landesfürst in einer guten Beziehung zu seinen Beamten stand, was sich im Arbeitseinsatz der Beamten niederschlug. Jeder brauchte den anderen und gegenseitiger Respekt bildete die Basis für das gute Miteinander. Der Landesfürst stattete Gmunden des Öfteren Besuche ab, um die Betriebe und das Salzamt zu kontrollieren. War eine Visite angesagt, wurde die Stadt geschmückt und ein feierlicher Empfang mit Böllern, Musik und Attraktionen gestaltet.

Arbeiter

Bei den Arbeitern am Berg und im Sudhaus gab es zwei Arbeitskategorien: die hochqualifizierten Facharbeiter und die »Knechte«, die die Hilfsdienste ausführten. Zu den Facharbeitern zählten die Eisenhäuer und die Pfannhäuser in der Sudhütte, deren Entlohnung besser als jene der Knechte war. Die Facharbeiter konnten ihren Arbeitsbereich weitervererben. Manchen Facharbeitern, wie den Hallingern in Aussee oder den Eisenhäuern in Hallstatt, Hall und Hallein, gelang es sogar, aufgrund ihrer Tüchtigkeit und des Spezialwissens vom Lohnempfänger zum Unternehmer aufzusteigen. Mit dieser beruflichen Veränderung wechselten sie auch von der niederen in eine höhere Gesellschaftsschicht, einige schafften es sogar bis zum niederen Adel.

Die Salzarbeiter füllten durch ihre Arbeit die Kassen der jeweiligen Herrscher, deren Bestreben hohe Gewinne waren, was sich mit Lohnerhöhungen nicht vereinbaren ließ. Die Arbeitsbedingungen waren hart, die Obrigkeit fordernd und unterdrückend. Oft blieb der gebührende Ausgleich in Form von Lebensmitteln und Lohn aus, was zu Hungersnöten führte. 1392 kam es zum ersten Streik der Hallstätter Salzarbeiter, weil die Lebensmittelversorgung ausblieb. In den folgenden Jahren kam es des Öfteren zu Aufständen und Arbeitsniederlegungen, um auf die missliche Lage aufmerksam zu machen.

Über Jahrzehnte blieben die Löhne der Arbeiter trotz steter Teuerung unverändert. Im 16. Jahrhundert erhielten die Knechte gerade so viel, dass sie ihre Familie mit dem Allernötigsten versorgen konnten. Wer eine Möglichkeit hatte, verdiente neben seiner Arbeit noch dazu, oder die Frauen, und manches Mal auch die Kinder, gingen einem Broterwerb zur Aufbesserung des Lebensunterhalts der Familie nach. Die oben am Berg tätigen Knappen konnten sich in keinster Weise ein Zubrot schaffen, weil es in der Abgeschiedenheit keine Möglichkeiten gab. Die Versorgung der Bergleute im Alter beruhte auf jahrhundertelanger Tradition und sicherte in einem gewissen Ausmaß das Auskommen. Trotz aller Widrigkeiten, Armut und schwerer Arbeit blieben die Salzarbeiter ihrer Heimat nicht nur wegen der Vorteile im Kammergut treu.

Erst im 17. Jahrhundert, als neue Regeln durch die drei Libelle aufgestellt wurden, verbesserte sich der Lebensunterhalt der Salzarbeiter. Sie erhielten nicht nur regelmäßig Geld als Entlohnung, sondern auch Naturalien, wie Getreide oder Fleisch. Zusätzlich hatten sie noch ein Anrecht auf Salz und Holz. Durch Stützung des Salzamtes vermochten die Händler die Lebensmittelpreise niedrig zu halten und so waren diese für die Arbeiter erschwinglich.

Erstaunlich modern für diese Zeit war der sanitäre und medizinische Status. Wurde ein Arbeiter krank, hatte er Anspruch auf kostenlose ärztliche Hilfe, medizinische Versorgung und fortlaufende Bezahlung (Krankengeld) während der Krankheit. Kurkosten wurden bezahlt und die Badestuben konnten von den Salinenarbeitern unentgeltlich benutzt werden. Arbeiter erhielten nach 40 Dienstjahren eine Pension. Für alte, hilflose und gebrechliche Menschen gab es Heime, die Spitäler genannt wurden. Ein solches Heim stand in Hallstatt, und heute ist noch jenes aus dem Spätmittelalter in Bad Aussee erhalten.

Im 18. Jahrhundert entstanden als eine Art Vorsorgekasse für Krankheits- und Unglücksfälle die »Bruderladen«, in die die arbeitenden Bergleute regelmäßig einzahlten. Bei Krankheit oder Unfall eines Bergmannes konnte der Familie finanziell geholfen werden. Die »Bruderladen« waren entsprechend den Berufsgruppen unterteilt, sie sind quasi die Vorläufer unserer heutigen Kranken- und Sozialversicherung.

Die Macht des Salzkammerguts bröckelt

Bekanntlich ist nichts von Dauer und mit Beginn des Industriezeitalters im 18. Jahrhundert kam der Zeitpunkt, wo nach und nach der Glanz matter und die Sonderstellung zu bröckeln begann. Den Aufklärern war die Konzentration der Kompetenzen schon lange ein Dorn im Auge. Sie stemmten Keile in die erhärtete Struktur, um Veränderungen herbeizuführen. Immer mehr wurde die Zuständigkeit des Salzamtes beschnitten. Das System »Staat im Staat«, also das »autonome« Kammergut mit seinen eigenen Gesetzen und Privilegien im Habsburgischen Reich, war nicht mehr zu halten.

Die ersten merkbaren Schritte aus der Hoheitsstellung heraus wurden von Kaiserin Maria Theresia (1717–1780) und in der Folge 1783 von ihrem Sohn Joseph II. (1741–1790) gesetzt. Eine Verwaltungs- und Steuerreform entzog dem Salzamt viele Vorrechte. Sonderstellungen wurden sukzessive aufgehoben, wie zum Beispiel die Befreiung vom Militärdienst, die schlussendlich abgeschafft wurde, weil der Kaiser Soldaten benötigte. Joseph II. unterstellte das Salzamt der Landesregierung in Linz und stärkte vorerst im Polizei- und Steuerwesen den Einfluss der Landeshauptmannschaften. Der bisherige Unterschied zwischen Besitz des Monarchen und Staatsbesitz galt nicht mehr. Die Bezeichnung »Privatbesitz des Monarchen« hatte keine Legitimität mehr, das Gebiet wurde zum Ärar (Staatsvermögen).

Nach den Napoleonischen Kriegen änderte sich manches im österreichischen Salinenwesen, besonders für Hallein. Hallein, das 1803 an Österreich fiel, kam 1806 nach den Kriegsereignissen zu Bayern. Zehn Jahre später kam es endgültig zum österreichischen Kaiserreich, was vielerlei Umstellungen und wechselnde Zuständigkeiten nach sich zog. Schlag auf Schlag veränderten sich die alten Strukturen. Der 1824 ausgerufene Salzfreihandel beendete den ärarischen Salzhandel und private Händler erhielten das Handelsrecht. 1825 wurde das Salzwesen dem privaten Bereich der Habsburger entzogen und zum Staatsmonopol umgeformt, dessen Verankerung 1835 per Gesetz erfolgte. Bis 1995 konnte sich das staatliche Salzmonopol halten.

Mit der Salinenkonvention 1829 wurde eine wichtige Entscheidung zu den Abbaurechten am Dürrnberg getroffen. Diese regelte definitiv den Abbaubereich für Österreich auf bayerischem Boden und die bereits als bayerische Holzlieferanten dienenden »Schwarzwälder« im Pinzgau gingen endgültig in bayerischen Besitz. Damit waren die immer wiederkehrenden Differenzen beigelegt.

Im Revolutionsjahr 1848 ging der letzte Rest an Eigenständigkeit des Kammergutes verloren. Die politischen, richterlichen und wirtschaftlichen Belange des Gmundner Salzamtes übernahmen Bezirksämter, Bezirksgerichte und Steuerämter. Das Salzamt war nur noch ein reiner Wirtschaftsbetrieb. 1850 wurde das

Salzoberamt in die »k. u. k. Salinen- und Forstdirektion für Oberösterreich« umgewandelt, was einschneidende Veränderungen nachzog. Eine Zeit lang bestand diese Kombination. Als die Kohle das Holz als Brennmaterial ablöste, kam es zu einer Trennung des Forst- und Salinenwesens. 1868 erfolgte das endgültige Aus für das Amt in Gmunden. Die Zuständigkeit für die Salzämter Gmunden, Aussee, Hallein und Hall in Tirol lag nun in Wien beim Finanzministerium. Nur die kleinen lokalen Salzämter konnten weiterbestehen. Später gab es einen Wechsel des gesamten Salinenwesens von Wien zur Finanzlandesdirektion nach Linz. Im 20. Jahrhundert (von 1926 bis 1975) war die Generaldirektion der Österreichischen Salinen wiederum innerhalb des Finanzministeriums eingerichtet.

Doch nicht nur die Herrscherseite demontierte scheibchenweise die Machtposition, sondern auch technische Erfindungen des 19. Jahrhunderts bewirkten Umstellungen in allen Lebensbereichen und machten Althergebrachtes zwecklos. Bessere Straßen ermöglichten eine mühelosere Erreichbarkeit des Salzkammerguts. Als nächstes verdrängte die Pferdeeisenbahn die Schifffahrt auf der Traun. Bald darauf modernisierte die Dampfeisenbahn den Transport von Menschen und Waren. Diese technischen Errungenschaften stahlen Gmunden das Gewicht als Marktstadt des Salzkammerguts. Die neu gebaute Bahnverbindung von Budweis bis Linz (1832) und weiter bis Gmunden (1835) bedeutete das Aus für die Salzschifffahrt, den Gegentrieb und alle damit verbundenen Bereiche. Die Gewerbefreiheit eröffnete den Menschen neue Arbeitsmöglichkeiten. Wer nicht mitzog, blieb abgeschlagen.

Auch bei den österreichischen Salinen machte sich das Industriezeitalter bemerkbar: Holz wurde durch Kohle ersetzt, Eisen löste Holz als Werkstoff ab und Maschinen erleichterten viele Arbeitsgänge. Allerdings erforderte dies eine gute Schulung der Arbeiter und die Arbeitsabläufe konnten nicht mehr so einfach wie bisher von Arbeiter zu Arbeiter übergeben werden. Es bedurfte einer Ausbildung, um die neuen Technologien zu beherrschen. Bei der einfachen Belegschaft stießen die Neuerungen auf Widerstand. Leitende Beamte mussten bereits ab 1800 eine Bergakademie absolvieren.

Der technischen Modernisierung hinkten die Betriebe etwas hinterher. Eine andere Entwicklung nahmen drei Pfannenbetriebe nach Bränden. 1822 brannte es in Hall in Tirol, 1827 in Aussee und 1835 in Ebensee. Nach diesen Katastrophen wurden rasch Neuerungen und Rationalisierungsmaßnahmen gesetzt, die einerseits die Produktivität erhöhten, aber andererseits auch Arbeitskräfte reduzierten.

Das Salinenwesen konnte seinen Status als das größte Industrieunternehmen im Habsburgischen Reich jedoch gut manifestieren, denn die Verwendungsmöglichkeiten von Salz wurden immer vielfältiger und die Absatzmärkte immer größer. Der Gebrauch als Würz- und Konservierungsmittel vereinnahmte einen kleinen Anteil, in großen Mengen wurde Salz von vielen Industriezweigen als Bestandteil für Produkte oder Prozesse eingesetzt. Die Herstellung von Soda und Natriumcarbonat lief an. So wurde zum Beispiel in Ebensee von einem eigens dafür angesiedelten Betrieb, den Solvay-Werken, die Sole zur Sodaproduktion verwendet.

Die Grenzen des Salzkammerguts im Lauf der Zeit

In den Reiseberichten tauchten ab 1820 die Differenzierungen »inneres« und »äußeres« Salzkammergut auf. Im Buch »Von der Grundherrschaft zur Tourismusdestination – 350 Jahre Salzkammergut« von Michael Kurz finden wir Beschreibungen vom Mondseer Forstmeister Steiner: »Inneres Salzkammergut: südwestliche Ecke des Landes Österreich ob der Enns zwischen den Herzogtümern Salzburg und Steiermark. Äußeres Salzkammergut: Gmunden und seine Umgebung«.

Auf einer Straßenkarte von 1830 ist die exakte Ausbreitung des Salzkammerguts sichtbar: vom Süden des Traunsees bis zum Dachstein. 1847 schien das Wort »Salzkammergut« zum ersten Mal im Brockhaus auf.

Ab 1850 wurden immer mehr angrenzende Regionen dem ursprünglichen Gebiet hinzugefügt, da die Attraktivität des Namens Salzkammergut im Steigen begriffen war. Die Bezeichnung wurde immer häufiger werbestrategisch für touristische Zwecke verwendet. Mit dem alten Salzkammergut war die Fläche keineswegs mehr ident. Mitte des 19. Jahrhunderts tauchte der Begriff »Steirisches Salzkammergut« mit dem Hauptort Aussee auf. Das Kammergut um Gmunden bis zur Grenze zwischen Salzburg und der Steiermark war das »Oberösterreichische« oder auch »Äußere Salzkammergut«. Den Reiseschriftstellern folgten die Kartografen, die eigene Begrenzungen schufen. Der Bau der Eisenbahn 1877 und die damit verbundene raschere Anreise steigerte die Anzahl der Touristen und Kurgäste. Ab 1893 konnte man mit der Salzkammergut-Lokalbahn von Salzburg entlang des Mondsees und Wolfgangsees nach Bad Ischl reisen. Trotz heftiger Proteste der Bevölkerung wurde sie 1957 eingestellt.

Ab 1900 wurde auch das Attersee-Gebiet zum Salzkammergut gerechnet, Mondsee und Wolfgangsee wurden nicht einbezogen. 1955 erfolgte das längst notwendige Umdenken, statt der Erweiterung erfolgte eine kleinere Eingrenzung des Salzkammerguts. Als natürliche Grenzen wurden die Traun, die großen Berge wie Dachstein und Grimming sowie das Almtal festgelegt.

1990 wurde das Thema »Salzkammergut« vorrangig nach wirtschaftlichen Überlegungen strukturiert. Heute umfasst das Salzkammergut Gemeinden aus drei Bundesländern (Oberösterreich, Steiermark und Salzburg). Mit gemeinsamen Aktionen und Strategien kann es sich gut als Tourismusregion mit lokalen Besonderheiten positionieren.

Die Bergbaubetriebe des Salzkammerguts nach der Monarchie

Zu Beginn des 20. Jahrhunderts waren noch die Bergbaubetriebe in Altaussee, Bad Ischl, Hallstatt, Hallein und Hall in Tirol dem k. u. k. Finanzministerium unterstellt. Mit dem Zusammenbruch der Donaumonarchie 1918 endete auch die erfolgreiche Zeit der österreichischen Salinen. Viele wichtige Absatzmärkte der einstigen Monarchie fielen weg, übrig blieb ein kleiner Staat. Hallein und Hall i. T. waren besonders betroffen, denn Böhmen und Südtirol fielen weg. Hallein konnte sich durch die Ansiedelung eines Chlor-Elektrowerkes 1926 etwas aufraffen. Doch auf Jahre gesehen blieb der notwendige wirtschaftliche Erfolg aus und 1967 wurde das Werk geschlossen.

Auf das Ende der Donaumonarchie folgte die Weltwirtschaftskrise, die ihre Spuren auch im Salinenwesen hinterließ und viele Bergarbeiter brotlos machte. Kaum war diese halbwegs überwunden, kam mit dem Zweiten Weltkrieg und mit dem »Anschluss« Österreichs ans Deutsche Reich der nächste Schlag. Die deutschen Salzlagerstätten bedeuteten eine starke Konkurrenz für die österreichischen Salinen. Es folgten schwierige Jahre, in denen mit großer Anstrengung Schließungen in Österreich vermieden werden konnten.

Nach dem Krieg wurde es wohl einfacher, weil es wieder eigene Absatzmärkte gab. Aber der technische Stand ließ zu wünschen übrig, was sich in der Abbaumenge und im Gewinn widerspiegelte. 1965 bis 1967 wurden Hallstatt, Bad Ischl und Hall i. T. stillgelegt. Die noch arbeitenden Salinen konnten trotz Rationalisierungsmaßnahmen die Gewinne nicht merklich steigern. Ein neues Unternehmenskonzept, aber auch eine technische Anpassung waren unumgänglich, um am Markt bestehen zu können.

1979 konnte mit einer neuen, zukunftsweisenden Struktur gestartet werden. Die österreichischen Salinen wurden eine Aktiengesellschaft, deren Aktien zu 100 Prozent dem Bund gehörten. Im Jänner 1995, mit dem Beitritt Österreichs zur Europäischen Union, fiel das Salzmonopol in Österreich. Seit 1997 ist die Aktiengesellschaft zu 100 Prozent privatisiert und die Unternehmensgruppe erhielt den Namen Salinen Austria AG. Seit Mitte der 1990er-Jahre begleitet ein wirtschaftlicher Aufschwung die Salinen Austria.

Das Salzamt in Wien

Ein kurzer Ausflug vom Salzkammergut nach Wien ist unbedingt angebracht: Einerseits spielte die Stadt wegen des Sitzes der Hofkammer eine einflussreiche Rolle und andererseits hatte auch hier der Salzhandel einen wichtigen Stellenwert, wie man bei genauerem Hinschauen auf Straßen- und Platznamen noch heute erkennen kann.

In der Salztorgasse stand das älteste Stadttor, das Richardstor. Die Salzhändler wohnten in der Salzgasse und der Salzgries war die Anlegestelle der Salzschiffe. Deren Schiffsleute, genannt Salzer, lebten in der Salzergasse (heute 9. Bezirk). Der 1. Bezirk erzählt bei genauerem Hinsehen besonders viel über das Salz. Die älteste Kirche Wiens, die Ruprechtskirche, hat als Namenspatron den Salzheiligen St. Ruprecht (oder Rupert) und war deshalb die Kirche der Salzschiffer. Am Ruprechtsplatz stand das Praghaus, das eine äußerst bewegte Geschichte aufweisen konnte und schlussendlich eine sehr beachtenswerte Bestimmung durch Maximilian I. bekam: Es war von 1500 bis 1824 der Sitz des Salzamtes, das auch für die Erhaltung der Ruprechtskirche zuständig war. Im Salzamt, das weit weniger berühmt und mächtig als das Gmundner Salzamt war, wurde das Salz aus dem Salzkammergut abgeliefert, das über Traun und Donau nach Wien kam, von wo es an die Händler für den Verkauf abgegeben wurde.

Als der Salzhandel 1824 privaten Personen überlassen wurde, wurde das Wiener Salzamt funktionslos und das Haus verfiel zusehends. In den Köpfen der Menschen lebt es jedoch weiter, denn um dieses Amt dreht sich immer noch die landläufig bekannte Redewendung »beim Salzamt beschweren« (aussichtslose Beschwerde).

Magisches Salzkammergut

Um die Wende vom 18. zum 19. Jahrhundert kamen die ersten Reisenden ins Salzkammergut. Anfänglich bereisten Männer aus Interesse an Land und Leuten das Kammergut. Sie schrieben begeisterte Reiseberichte über die wunderschöne und unberührte Landschaft. Die ersten Reiseführer, in denen die Naturschönheiten des Salzkammerguts gepriesen wurden, stammten von Alexander von Humboldt (1769–1859) und vom Naturforscher und Botaniker Joseph August Schultes (1773–1831). Dem 1809 erschienenen Reisebericht von Schultes wird ein wesentlicher Beitrag an der Bekanntheit dieser Region zugeschrieben und er wird als der weitaus beste seiner Zeit bezeichnet. Schultes war ein Reiseschriftsteller, der Spektakuläres suchte und wortreich beschrieb. In den folgenden Jahrzehnten gab es unzählige weitere Berichte verschiedenster Autoren.

Die Reiseliteratur lockte immer mehr Menschen an und ließ den Tourismus aufleben. Das Salzkammergut und ganz besonders Ischl wurden zu einer attraktiven Urlaubsdestination, um Exklusives zu erleben. Schon bald erhielt die Region für kurze Zeit die Bezeichnung »die österreichische Schweiz«. Zusätzlich gesteigert wurde das Interesse durch die verstärkte Bearbeitung von Dichtern und Malern. Die Natur rückte stärker ins Bewusstsein der Menschen und das Verlangen zu reisen, um andere Gegenden kennenzulernen, keimte auf. Eine besondere Faszination übten bald auch die Berge aus, die bisher hauptsächlich als bedrohlich wahrgenommen wurden.

Betrachtet man diese Entwicklung genauer, ist deutlich erkennbar, dass Salz einen großen Anteil am aufkommenden Tourismus hatte. Nicht nur der Salzabbau war für die Region von essenzieller Bedeutung, sondern auch die seit der Antike bekannte Heilkraft des Salzes multiplizierte die Attraktivität des Salzkammerguts, was sich bis in die heutige Zeit fortsetzt. Im Ausseerland wurden Salzkuren mit Sole oder Soleschlamm schon ab dem 15. Jahrhundert gegen Rheuma, Kreislaufstörungen oder Frauenkrankheiten eingesetzt. Im 19. Jahrhundert griff man den positiven Einfluss der Sole auf die Gesundheit auf und bot Solebäder für die unterschiedlichsten Beschwerden an.

Salz, als dominanter Faktor der Region, war der Beginn für vielerlei Entwicklungen. Es mischte überall mit und ließ sich nie auf Platz zwei drängen. Es dauerte nicht lange und Salz in Form von Solebädern machte von sich reden und veränderte das Bild vieler Orte. Vorreiter dieser Therapieform waren die Ärzte Dr. Wirer und Dr. Götz, die aufgrund ihrer Heilerfolge mit Solebädern immer mehr prominente Gäste anzogen. Wer es sich leisten konnte und im Trend der Zeit liegen wollte, gönnte sich einen Aufenthalt – ob Kur oder Sommerfrische – im Salzkammergut. Salz und Landschaft waren das Kapital für die ansässige Bevölkerung.

Salz schenkt Gesundheit: Kur und Politik

In verschiedenen europäischen Ländern wurden bereits im 18. Jahrhundert von Ärzten immer häufiger See- und Meerbäder zur Heilung unterschiedlichster Krankheiten empfohlen. Allerdings waren für die allermeisten Patienten die Entfernungen zum Meer zu weit und kostspielig. In Deutschland begannen Ärzte intensiv zu forschen, um die See- und Meerbäder durch heimische Sole-Bäder zu ersetzen. Ihre anfänglichen Vermutungen wurden durch Analysen bestätigt: Meersalz und Bergsalz enthielten ähnliche Mineralien. Entsprechend der Krankheit wurde die Sole dosiert, um gute gesundheitliche Effekte zu erzielen und Erkrankten wirkliche Hilfe zukommen zu lassen.

Bad Ischl

In Ischl versuchte 1820 und 1821 der Salinenphysiker und ansässige Arzt Dr. Josef Götz erkrankte Salinenarbeiter mit Solebädern zu heilen. Von offizieller Seite wurde er als Arzt zur ärztlichen Betreuung der gesamten Bevölkerung im Salzkammergut angestellt. Besonders für die arme Bevölkerung war ein Arzt notwendig, da es in dieser Gesellschaftsschicht den größten Bedarf gab.

Der Erfolg der Solebäder blieb nicht aus. Ein Bad in erwärmter Sole setzte die Heilung in Gang und Dr. Götz verzeichnete gute Heilerfolge bei Salinenarbeitern, die an Hautkrankheiten, Gicht oder Rheuma litten.

In Wien wurde der ehemalige Militärarzt Dr. Franz de Paula Augustin Wirer auf die Bädererfolge in Ischl aufmerksam. Dr. Wirer wurde 1771 in Korneuburg geboren, studierte Medizin in Wien, war Militärarzt, später Leibarzt von Kaiser Franz I. und Mitbegründer der »Wiener medizinischen Schule«.

Die bislang durch Dr. Götz festgestellte Wirkung des Salzes aus dem Salzkammergut veranlasste Dr. Wirer, seine bereits laufenden Forschungen und Beobachtungen über Heilbäder zu intensivieren. Die zahlreichen Heilerfolge lieferten immer wieder Bestätigungen über die regulierenden Effekte der Solebäder und -kuren mit heimischem Salz.

Gemeinsam mit dem Ischler Arzt Dr. Götz wurde Dr. Wirer zum Begründer des Kur- und Badebetriebes in Ischl, das ab 1906 Bad Ischl genannt wurde. Die Heilerfolge veranlassten beide, 1825 eine Badestube in Ischl zu errichten. Im k. u. k. Salinenkassier Johann Michael Tänzl fanden sie einen Unterstützer. In seinem Haus wurden die ersten Badestuben eingerichtet.

Von großem Vorteil war neben dem fundierten medizinischen Wissen Dr. Wirers vor allem auch sein geschäftliches Talent. Er wusste beides effizient zu nutzen. Die Badestuben waren immer gut besetzt, was nicht zuletzt auf Wirers gute Beziehungen zum Herrscherhaus in Wien und zur Aristokratie zurückzuführen war. Die betuchten Gäste verließen Ischl mit verbesserter Gesundheit. Die Wirkung der Solebäder bei den unterschiedlichsten Leiden war überzeugend. Kurbäder kamen in Mode und parallel dazu stieg das Ansehen des Ortes.

1825 kam erstmals Erzherzog Rudolf, der Bruder des Kaisers, nach Ischl. 1826 weilte Kaiser Franz I. mit seiner Gemahlin und seinen Gästen König Ludwig I. von Bayern und dessen Gemahlin in Gmunden. Die Reihe königlich-kaiserlicher und anderer prominenter Besucher setzte sich fort. In Aufzeichnungen liest man den Namen von Staatskanzler Metternich, der mit seiner Familie und seinem Vertrauten Friedrich von Gentz hier kurte. Und als im selben Sommer auch noch Staatsminister Franz Anton Graf Kolowrat kam, lag das Zentrum der österreichischen Politik in Ischl. Alle Prominenten schrieben nur lobend über ihren Aufenthalt, auch wenn Kurbetrieb und Theater noch relativ einfach geführt wurden.

Von Jahr zu Jahr mehrten sich die zahlungskräftigen Kurgäste. Viele einflussreiche Gäste veränderten das Bild Ischls. Es kamen Adelige und Herrscher, nicht nur aus der Donaumonarchie, sondern aus ganz Europa. Sie verliehen Ischl einen glänzenden Ruf. Das Geschäft mit den Salzanwendungen florierte und der einst ruhige Salinenort blühte immer mehr auf. Die Eigendynamik war nicht mehr zu bremsen. Der Kurort Ischl war geboren!

Ischls Entwicklung zu einem erlesenen Reiseziel bedurfte einer verbesserten Verkehrsanbindung. 1826 wurde eine Direktverbindung Wien–Ischl installiert, zwei Mal wöchentlich konnten die Kurgäste anreisen. Im selben Jahr veröffentliche Dr. Wirer eine Schrift, in der er die Wirkungen der Solebäder bei unterschiedlichen Krankheiten beschrieb. Die Natur, das Klima und die gute Luft kamen bei seinen Niederschriften nicht zu kurz. Dr. Götz forcierte dies in Zeitungsartikeln, indem er die Solebäder pries und die Einfachheit vor den noch fehlenden Luxus stellte.

Um den kulturbeflissenen Gästen adäquate Unterhaltung zu bieten, fanden Theateraufführungen reisender Schauspielergruppen statt, anfänglich auf einem einfachen Dachboden. Recht bald entsprach das nicht mehr dem Standard und 1827 wurde ein Theater im klassizistischen Stil gebaut. Zu dieser Zeit entstand auch das erste Hotel im Salzkammergut, der Posthof.

Einen bedeutungsvollen Aufschwung erlebte Ischl 1827, als der todkranke Erzherzog Rudolf sich auf Anraten Dr. Wirers einer Soletherapie unterzog und gesundete. Dieser Erfolg verstärkte die Berühmtheit Ischls und der kleine Salinenort entwickelte sich zu einem Nobelkurort. Der Dank der Habsburger an die Kammergütler, besonders an die Ischler, blieb nicht aus. Der Erzherzog samt Familie weilte oft und gerne hier und mit ihm nicht nur die Dienerschaft, sondern auch viele Adelige.

1828 war das Schicksalsjahr – im positiven Sinn – für Ischl. Erzherzogin Sophie (1805–1872), Ehefrau von Erzherzog Franz Karl (1802–1878, Sohn von Kaiser Franz I.), suchte den Kurort auf. Die Prinzessin war nach einigen Fehlgeburten kinderlos. Nach erfolglosen Aufenthalten in anderen Kurorten wurde große Hoffnung in die Ischler Solebäder gesetzt.

Und die Kur brachte den gewünschten Erfolg: 1830 kam ihr erster Sohn Franz Joseph zur Welt, der spätere Kaiser der Donaumonarchie. 1832 erblickten Maximilian (der spätere Kaiser von Mexiko) und 1833 Karl Ludwig das Licht der Welt. Das kaiserliche Familienglück war perfekt. Im Volksmund wurden bald alle drei Söhne die »Salzprinzen« genannt.

Dieser Heilerfolg ließ abermals den Kurbetrieb anwachsen und die vorhandenen Sole-Badestuben wurden zu klein. Die wichtigste Heilbehandlung, das Versieden von Sole für Dampfbäder, benötigte Platz. 1831 ließ Dr. Wirer das Solebad und eine

Trinkhalle bauen, um dem steigenden Zulauf gerecht zu werden. Auf seine Veranlassung hin wurde die Esplanade gebaut und er stiftete den Kurpark zur harmonischen Abrundung des Kurortbildes. Dr. Wirer schrieb zwei Bücher über Ischl und die Solebäder. Für all seine Verdienste um den Kurbetrieb und Ischl erhielt er den Adelstitel. 1844 starb Dr. Franz de Paula Augustin Wirer, Ritter von Rettenbach, in Wien. Noch heute werden aufgrundlage von Wirers Erkenntnissen in Bad Ischl Kuranwendungen durchgeführt.

In Ischl ist eine weitere Quelle mit heilkräftiger Wirkung zu erwähnen, die Maria-Louisen-Quelle, die vor mehr als 800 Jahren durch Trinkgewohnheiten der Tiere entdeckt wurde. Anfangs wurde das salzhaltige Wasser für die Salzgewinnung verwendet, später wurde es in der Kuranstalt in Ischl eingesetzt. Erzherzogin Marie-Louise von Österreich (1791–1847), österreichische Kaisertochter und Gemahlin von Napoleon I., nutzte die Heilkraft des Quellwassers und ließ 1840 ein stilvolles Gebäude für die Quelle erbauen. Seither trägt die Quelle ihren Namen.

Die Berühmtheit des Ortes strahlte weit über die Grenzen hinaus. In wenigen Jahrzehnten wandelte sich das Salzkammergut. Die Optik des Ortes veränderte sich besonders in den Sommermonaten, wenn Kurgäste aus allen Ecken der Monarchie und außerhalb liegenden Ländern in Ischl Gesundheit, Vergnügen und Beziehungen suchten.

Die romantischen Seiten von Ischl überdeckten eine Zeit lang die wahre Realität. Ein Großteil der Bevölkerung erlebte nämlich Arbeitslosigkeit, Armut und keine Verbesserung des Lebensstandards. Bereits unter Maria Theresia gab es im Salzkammergut Bewegungen gegen die Staatsführung. Widerstand formierte sich und regierungsfeindliche Schriften kursierten. Doch alle aufkeimende Kritik wurde zunichte gemacht und deren Verfechter eingesperrt. Die Revolution 1848, die herrschaftliche Bestimmung und Unterwürfigkeit zu Fall brachte, ließ einen deutlichen Rückgang an Kurgästen verzeichnen. In dieser unruhigen Zeit kristallisierten sich Natur und Landschaft als »Zugpferd« für das Salzkammergut heraus.

Kaiser Ferdinand dankte ab und Franz Joseph I. (1830–1916) wurde im Dezember 1848 mit nur 18 Jahren zum Kaiser gekrönt. Die Ischler hofften weiterhin auf kaiserliche Gunst, die ihnen auch zuteil wurde. Franz Joseph blieb als Kaiser seinem Ischl treu, zu dem er seit seiner Kindheit eine Nahebeziehung hatte. Ischl wurde ein zentraler Ort des kaiserlichen Lebens und ein Ort, in dem Geschichte geschrieben wurde. Franz Joseph war sein ganzes, langes Leben eng mit Ischl verbunden und wichtige Stationen seines Lebens fanden dort statt. In Ischl begegnete er zum ersten Mal »seiner« Sisi und in der Kaiservilla entschied er 1914 über die Kriegserklärung an Serbien, die den Beginn des 1. Weltkrieges darstellte.

1853 lernte Franz Joseph in Ischl seine Cousine kennen, die bayerische Prinzessin Elisabeth. Einige Tage später wurde die Verlobung offiziell bekannt gegeben. Die verwandtschaftliche Nähe der beiden machte niemandem Kopfzerbrechen.

Die Nachricht über die Verlobung des jungen Habsburger Kaisers verbreitete sich rasch, auch außerhalb der Monarchie. Das Hoffen der Ischler erfüllte sich, die Attraktivität des Ortes steigerte sich. Von Erzherzogin Sophie bekam das Brautpaar 1861 die Kaiservilla geschenkt. Ischl wurde zur kaiserlichen Sommerresidenz, wo sich Herrscher aller Länder trafen und hohe Politik machten. Alljährlich verbrachte das Kaiserpaar hier mit seinen Gefolgsleuten den Sommer. Wegen des Kaisers kamen viele Adelige und Personen aus dem Großbürgertum, um am herrschaftlichen Leben »mitzunaschen«. Mittlerweile war es Standespflicht, den Sommer in Ischl zu verbringen. Manche blieben nicht nur in der warmen Jahreszeit, sondern bauten sich noble Villen an den Seen.

Ischl war politisch ein bedeutendes Zentrum geworden, auch wenn meistens von der vergnüglichen Seite berichtet wurde. Immer wieder trafen hier bedeutende Herrscher oder Minister mit der habsburgischen Regierung zusammen. Im August 1865 kam Bismarck über Gastein, wo er die Gasteiner Konvention unterschrieben hatten, nach Ischl. König Wilhelm I. war bereits im Ort.

1868 kam Fürst Gagarin mit seiner Familie. Er zählte zu den reichsten Männern Russlands und war bekannt für sein Engagement zur Verbesserung der Lebensumstände leibeigener Bauern. Der Aufenthalt endete tragisch. Er und sein Sohn verunglückten bei einem Unfall am Rettenbach tödlich.

Im Juli 1890 erlebten Ischl und seine Bewohner ein glanzvolles Fest mit der Hochzeit von Marie Valerie, der jüngsten Kaisertochter. Die Hochzeitsgäste, die nicht nur aus der Monarchie kamen, reisten ganz modern mit dem Zug an – aus Wien fuhr ein Hof-Extrazug nach Ischl.

Die Eisenbahn brachte innerhalb und außerhalb des Habsburger Reiches epochale Veränderungen. Anfänglich wurden Salz und Lebensmittel befördert, später auch Personen. Die Gäste reisten mit der Eisenbahn ins Salzkammergut, das durch Schienenstränge mit vielen Ländern – auch außerhalb der Monarchie – verbunden war. Die erste Dampfeisenbahn wurde 1877 mit großem Jubel in Ischl begrüßt. Jede Erfindung hat jedoch zwei Seiten, so auch die Eisenbahn. Einerseits belebte und vereinfachte die Eisenbahn viele Lebens- und Arbeitsbereiche, andererseits wurden viele alteingesessene Tätigkeiten unnötig.

In den folgenden Jahrzehnten setzte sich die Reihe der prominenten internationalen Kurgäste fort. Sicherlich spielte dabei die praktische Anreise mit der Eisenbahn eine Rolle. 1897 beehrte der König von Siam das Salzkammergut. Er war ein weltoffener Herrscher, der den westlichen Techniken und Erkenntnissen gegenüber sehr aufgeschlossen war. Mit der Eisenbahn bereiste er samt seiner riesigen Dienerschaft bequem die Monarchie.

1905 reiste erstmals Englands König Eduard VII. an, der in den darauffolgenden Jahren einige weitere Male nach Ischl kam. Seine Leidenschaft für Automobile war bekannt. Bei seinem zweiten Besuch in Ischl überwand Franz Joseph seine Skepsis allem Technischen gegenüber und machte mit seiner Tochter Gisela sowie dem englischen König eine Spazierfahrt im Auto zum Attersee. Die Besuche Eduards hatten hauptsächlich politischen Charakter. Zu dieser Zeit ging es um die Balkanpolitik der Monarchie und um das Bündnis mit Wilhelm II.

Ab 1906 durfte sich Ischl »Bad Ischl« nennen und wurde sozusagen zum Mittelpunkt der Monarchie. Ischl war immer am Puls der Zeit, manches Mal sogar der Zeit voraus. Im Winter 1913/14 fand der erste Skikurs statt, der von den Gästen mit großer Begeisterung angenommen wurde. Das gab Hoffnung, dass Ischl auch als Wintertourismus-Ort punkten können wird. Im Sommer 1914 wurde ein Kino eröffnet und die Autobusverbindungen in die umliegenden Orte wurden erweitert.

Doch so ein harmonisches Leben gab es nicht überall im Reich. Politisch war es unruhig. Es brodelte weiterhin am Balkan. Am 28. Juni 1914 wurden der Thronfolger Franz Ferdinand und seine Frau Sophie in Sarajevo von einem Bosnier erschossen. In Bad Ischl wurde in den darauffolgenden Wochen vom Kaiser nach langen intensiven Gesprächen mit seinen Ministern eine schwerwiegende Entscheidung getroffen. Der 84-jährige Kaiser unterschrieb am 28. Juli 1914 die Kriegserklärung an Serbien. Der 1. Weltkrieg war losgetreten. Russland schlug sich auf die Seite von Serbien, die Deutschen zogen sich aus dem Bündnis mit der Donaumonarchie zurück. Am 30. Juli 1914 verließ Kaiser Franz Joseph sein Bad Ischl für immer.

Während und nach dem 1. Weltkrieg war das Leben in Bad Ischl zweigeteilt. Einerseits kämpften Arbeiterbewegungen gegen die Verarmung der Bevölkerung und andererseits führten die reichen Kurgäste das noble Leben fort. Bis zur Wirtschaftskrise 1929 gab es immer wieder Steigerungen bei den Gästezahlen. Die Reichen genossen den Nobelkurort, Solebäder und Vergnügen zierten den Kuralltag, während dahinter der Antisemitismus und die Arbeiterwiderstände gärten. Ab 1929 wurden die Armen noch ärmer und für Versprechungen der NS-Propaganda hellhörig. Das Blatt wendete sich auch in Bad Ischl, die einst gern gesehenen jüdischen Gäste wurden herabwürdigend behandelt. Jüdische Künstler verließen den Ort, viele starben später im KZ. Die weiterhin umworbenen nichtjüdischen Gäste negierten diese Vorgänge, Unterhaltung und Lustbarkeit dominierten.

Die Zeit vor dem 1. Weltkrieg hat dem Kurort einen dauerhaften Stempel aufgedrückt, während die schrecklichen Jahre 1914–1945 verdrängt wurden. Heute wird immer noch Bad Ischls Identität mit dem Kaiser verbunden und man meint die Gegenwart des Kaisers zu spüren, wenn man durch den schönen Ort spaziert.

Bad Aussee

Aussee konnte den beinahe weltweiten Ruhm Ischls nie erreichen, obwohl auch hier 1852 eine Badeanstalt gebaut und 1862 ein Kurpark angelegt wurden. Ab 1868 durfte sich Aussee als Kurort bezeichnen und ab 1911 wurde es zu »Bad Aussee«.

In Aussee fehlte jedoch die kaiserliche Anwesenheit mit ihrer lebendigen Szenerie. Stattdessen erlangte Bad Aussee durch das alljährlich Ende Mai stattfindende »Narzissenfest« weitreichende Berühmtheit. Aus den filigranen Blüten der Dichternarzisse werden auch heute noch kunstvolle Skulpturen hergestellt. Die Narzisse, deren Blütenblätter wie ein Stern angeordnet sind, wird im Blütemonat Mai immer weißer, bis sie schlussendlich schneeweiß auf den Wiesen steht. Das ist der Zeitpunkt, wo sie gepflückt und für die meisterhaft konstruierten Figuren und Formen verwendet wird. Die Kreativität und der Einsatz der Menschen für das einmalige Blumenfest sprechen alle Sinne an und machen das Narzissenfest zu einem unvergesslichen Erlebnis.

Altaussee

Auch in Altaussee bestand ein einfacher Kurbetrieb. Vom Ende des 19. Jahrhunderts bis 1984 gab es eine medizinische Badeanstalt. 1956 wurde in der Mitte des Ortes eine Freiluft-Gradieranlage gebaut, deren therapeutische Effekte mittlerweile sehr mannigfaltig sind. Anfang des 20. Jahrhunderts stieß man in einem neu geschlagenen Stollen nicht nur auf Salz, sondern auch auf eine Natrium-Chlorid-Sulfatquelle, deren glaubersalzhaltiges Wasser seit 1961 als »Ausseer Heilquelle« bezeichnet werden darf. Hilfreich ist dieses Quellwasser bei Verstopfung, Erkrankungen der Gallenblase sowie bei Leber- und Magenproblemen. Eine Trinkkur wird entweder vor Ort oder zuhause empfohlen. 1989 wurde Altaussee zum Luftkurort erhoben und seit 1996 werden im Amtshaus wieder Kuren angeboten.

Hallstatt

Von Hallstatt sind keine Bestrebungen in Richtung Kurort bekannt. Möglicherweise war die ungünstige verkehrsmäßige Erreichbarkeit in früheren Zeiten der Hinderungsgrund.

Außerhalb des Salzkammerguts

Ein Blick außerhalb des Salzkammerguts zeigt uns weniger erfolgreiche kurbetriebliche Bestrebungen. In Hallein wurde kurzzeitig ein Solebad vermutet. In Hall in Tirol wurde 1930 ein Kurbetrieb durch die Stadtgemeinde eröffnet und in der Folge der Ort 1938 in »Solbad Hall« umbenannt. Als 1974 die Saline geschlossen wurde, musste auch der Kurbetrieb sperren und die Stadt heißt seither wieder Hall in Tirol.

Tourismus im Salzkammergut

Gegen Ende des 18. Jahrhunderts änderte sich das Erscheinungsbild des Kammergutes. Wurde es bisher von einfachen Salzarbeitern, Holzknechten und Bauern geformt, so wandelte es sich durch das Flair und Gehabe der Erholung und Vergnügen suchenden feinen Gäste.

Die Einheimischen, speziell die Ischler, nahmen rasch die neuen Erfordernisse der Kur- und Tourismusgäste wahr und passten die Infrastruktur des Ortes an deren Wünsche an. Durch die aufkommende Reisefreudigkeit boten sich den Kammergütlern neue Verdienstmöglichkeiten. Zimmer, ja sogar Häuser, wurden vermietet. Besonders die wohlhabenden Kurgäste kamen mit Familie, Gefolgsleuten und Teilen ihres persönlichen Hausrats. Dementsprechend große Quartiere waren nötig. Mitte des 19. Jahrhunderts gab es über 300 Zimmer und mehr als 100 Stallungen für Pferde sowie etliche Wagenremisen. Zum Wohl der Kurgäste wurde eine eigene, sehr strenge »Polizei- und Badeordnung« unausweichlich. Doch so ohne Weiteres konnten Gäste nicht ins Salzkammergut einreisen, jeder Fremde musste sich mit seinem Pass beim k. u. k. Kommissariat melden.

Das große Interesse an der Natur lockte die Menschen hinaus zu Wanderungen, aber auch auf die Berge. Das Landschaftsbild wurde mit Ruhe- und Aussichtsplätzen gespickt, die nach Personen benannt wurden, die gerne hier verweilten.

Ein neuer Berufszweig, vor allem für kräftige Bergknappen, entwickelte sich: die Sänften- oder Sesselträger. Für viele Kammergütler war diese Arbeit willkommen, da der Salzberg immer weniger Arbeitsplätze bot. Das »Gästetragen« verschaffte einen ertragreichen Nebenverdienst. Anfänglich wurden Personen getragen, die krankheitsbedingt nicht gehen konnten. Schon bald nutzten dieses Service aber auch Damen und Herren der noblen Gesellschaft. Obwohl die Preise recht stattlich waren, wurde das Angebot häufig angenommen. Die Gäste zahlten gern, wurde der Aufenthalt für sie dadurch nur noch bequemer und abwechslungsreicher. Die Arbeit der Sesselträger war schwer, im Sommer durch die Hitze zusätzlich noch anstrengender, doch der Trägerlohn glich dies aus und war weit höher als der Lohn bei harter Arbeit im Bergwerk. Die Träger schlossen sich in einer Gilde zusammen und zeigten das mit einer gemeinsamen Tracht nach außen.

Ischls Ortsbild wandelte sich durch neue, stilvolle Bauten, aber auch durch das Benehmen der Gäste. Noble Hotels mit raffinierten Details und modernster Ausstattung wurden gebaut. Wohl gekleidete Damen und Herren des Großbürgertums und der Aristokratie aus dem In- und Ausland promenierten durch den Kurort und genossen das paradiesische Leben. Aus allerlei Freizeitangeboten konnten die Gäste wählen, wie zum Beispiel Billard, Tennisplätze, Theater, Konditoreien und organisierte Ausflüge. Ischl wurde auch zum Mekka für Fahrradfahrer mit eigenen

»Bicycle-Lehrern« und geführten Touren, sogar eine eigene Corsobahn mit 650 Metern Länge und sieben Metern Breite stand zur Verfügung.

Ende des 18. Jahrhunderts begannen einige wenige kühne Männer, Berge der Alpen zu besteigen.

Für die damalige Zeit zählten Bergtouren zu seltenen und außergewöhnlichen Aktivitäten. Der Alpinismus befand sich am Beginn. Berge waren für Menschen unheimlich. Böses und Übersinnliches bewohnte den Gipfel und seit jeher waren Berge die Wohnstätten der Götter. Geschichte und Religion lehrten, dass bei den Griechen der Göttervater Zeus auf dem Olymp lebte und im Alten Testament erhielt Moses die Zehn Gebote von Gott auf dem Berg Sinai.

Die Besteigungen der Berge im Salzkammergut, vor allem des Losers, wurden immer beliebtere Aktivitäten der Sommergäste. Die einst furchteinflößenden Berge wurden zu Herausforderungen. Nicht jeder erklomm den Gipfel zu Fuß, manche ließen sich von Sesselträgern auf die Berge bringen. Die begeisterte Bergsteigerin Kaiserin Elisabeth kletterte einige Male selbst auf den Loser. Sie benötigte keine starken Knappen, um den Gipfel zu erreichen.

Der beste Kletterer der damaligen Zeit war der Altausseer Dr. Paul Preuß, der durch seine Leistungen bekannt und berühmt war. Preuß, 1886 in Altaussee geboren, war der Erste, als das Bergsteigen zu boomen begann, der sich gegen künstliche Steighilfen und für eine Anpassung des Menschen an den Berg einsetzte. Er war Vorbild für viele Bergsteiger, unter anderem auch für Reinhold Messner. Mit nur 27 Jahren verunglückte Preuß tödlich im Gosaukamm. Sein Grab ist am Friedhof von Altaussee zu finden.

Reichen und Adeligen bot das Salzkammergut noch eine weitere besondere Freizeitbeschäftigung: die Jagd. Schon sehr früh erwählten die Habsburger das Kammergut als Reise- und Jagdgebiet. Kaiser Franz Joseph I., der bis ins hohe Alter von 83 Jahren der Jagdleidenschaft frönte, nutzte ausgiebig die weiten Jagdreviere. Auch seinen honorigen, dem Weidwerk verbundenen Gästen bot er Pirschgänge, von denen keiner ohne Jagdtrophäe heimkehren durfte. Der passionierte Jäger Kaiser Franz Joseph erlegte eine unvorstellbar hohe Anzahl an Wild im Lauf seines Jägerlebens.

Ein spektakuläres Abenteuer für die Gäste im Salzkammergut war ein Besuch im Salzbergwerk. Anfänglich besuchten Adelige und die kaiserliche Familie mit Sondergenehmigungen die wundervolle Welt im Salzberg. Doch nach und nach interessierten sich immer mehr Leute aus dem Volk für die Arbeit der Knappen tief im Berg. Es wurde notwendig, eigene »Schaubergwerke« einzurichten, damit die Arbeit im Stollen nicht durch Besucher behindert wurde, jedoch der Besucher einen kompletten Einblick in den Salzabbau sowie in das Leben der Knappen erhalten konnte. Diese Attraktion stärkte den Tourismus und die Schaubergwerke entfalteten sich im Laufe der Zeit immer mehr zu einer sehr lehrreichen Einrichtung.

Bis heute ist dies eine faszinierende Reise im Salzbergwerk. Auf der Wanderung durch die Stollen trifft man auf durch geologische Entwicklungen und Einschlüsse unterschiedlich gefärbtes Salzgestein. Von rotbraunen Salzadern bis hin zu klarem Salzgestein – wie Bergkristall – ist alles zu finden. Sehr populär bei Jung und Alt sind die Rutschen in tiefere Ebenen. Das wohltuende Stollenklima sowie das farbenreiche Glitzern des Salzes sprechen alle Sinne an und schaffen einen unvergesslichen Eindruck. Ab der Mitte des 20. Jahrhunderts wurden manche Bergwerke zu Touristenattraktionen, wie Dürrnberg/Hallein, Aussee und Altaussee.

Kriegs-Kunstschätze im Bergwerk Altaussee

Dem Steinbergstollen in Altaussee wurde während des Zweiten Weltkrieges eine besondere Bestimmung zuteil. In aufgelassenen Stollen wurden kostbare Kunstgegenstände – Raubkunst – gelagert, die aus Kirchen, Galerien, Museen oder von enteigneten Juden des damaligen Deutschen Reiches stammten.

1943 suchte die deutsche Reichsregierung nach einem idealen Platz, um Kunstwerke, die sich das Regime seit 1939 aus dem gesamten Deutschen Reich und den besetzten Ländern angeeignet hat, vor Raub und Zerstörung zu bewahren. Bei der Auswahl des geeigneten Ortes waren ein konstantes Klima, Schutz vor Bomben und ein Platz fern frequentierter Orte besonders wichtig. Die Wahl fiel auf das Bergwerk Altaussee, das alle diese Kriterien erfüllte. Das Klima im Stollen war besonders geeignet, da Temperatur und Luftfeuchtigkeit zu jeder Jahreszeit gleich waren.

Das Salzbergwerk musste für diesen besonderen Auftrag umgestaltet werden. Lagerräume wurden geschaffen, mit einfach gezimmerten Holzregalen ausgestattet und besonderes Augenmerk auf die Sicherheitsvorkehrungen gelegt.

An die 7000 Kunstwerke (Gemälde, Skulpturen, Tapisserien, Bücher und Grafiken) wurden ab Herbst 1943 in die Stollen gebracht. Sie waren – wenn überhaupt – mehr schlecht als recht in alte Decken verpackt und auch die Transportbedingungen waren für diese Werte unwürdig. Manches kam beschädigt an, da geeignetes Verpackungsmaterial fehlte. Die letzte Lieferung an Kunstwerken erreichte am 13. April 1945 den Steinbergstollen und lagerte hier unter strengster Geheimhaltung.

Die Sammlung hatte einen gigantischen Wert und setzte sich aus der Crème de la Crème der Kunstgeschichte zusammen: Werke von Vermeer, Rembrandt, Bruegel, da Vinci, Tizian, Dürer, weiters Michelangelos Madonna, der Genter Altar der Brüder van Eyck, ein griechischer Sarkophag aus Thessaloniki, Gemälde aus dem Museum in Neapel, Tapisserien aus Krakau und vieles mehr. Ein Großteil davon wäre für Hitlers geplantes Führer-Museum in Linz bestimmt gewesen.

Was in den letzten Tagen vor dem Ende des Zweiten Weltkrieges im Stollen geschah, ist bis heute nicht komplett geklärt. Knapp vor dem Einmarsch der

Amerikaner im Frühjahr 1945 gingen die Entscheidungen der Verantwortlichen auseinander und es spielten sich dramatische Szenen ab.

Hitler war gegen eine Sprengung des Berges zur Vernichtung, der Gauleiter August Eigruber war dafür. Eigruber wollte verhindern, dass sich die Sieger die Kunstsammlung aneignen konnten. Er umging Hitlers Entscheidung und ließ am 10. April mit schweren Bomben gefüllte Holzkisten, die mit falschen Aufschriften getarnt waren, in den Berg bringen. Der Befehl lautete, den Stollen zu sprengen, sobald die Amerikaner einmarschierten. Soldaten mussten den Eingang bewachen, niemand durfte in den Berg.

Als der Zeitpunkt der Sprengung näher rückte, kam es zu heftigen Diskussionen zwischen Eigruber und dem Reichssicherheitshauptmann Ernst Kaltenbrunner, der Sprengungen ablehnte. Die Bergleute kämpften ebenfalls gegen eine Sprengung, vorrangig wegen der Erhaltung ihres Arbeitsplatzes, aber auch der kulturelle Wert der versteckten Objekte war ihnen bewusst. In Kaltenbrunner fanden sie einen Mitstreiter. Allerdings konnte Eigruber nicht umgestimmt werden, im Gegenteil, er drohte bei Nichteinhaltung des Befehls mit strenger Bestrafung. Vom 3. auf den 4. Mai wurden trotz dieser massiven Drohungen die Bomben aus dem Stollen entfernt und alle Eingänge zum Bergwerk durch Sprengung verschüttet. Die Kunstgegenstände blieben durch den Mut dieser Menschen erhalten.

Die amerikanische Militärtruppe »Monuments Men«, die einige Tage nach Kriegsende im Salzkammergut eintraf, hatte den Befehl, die vom NS-Regime verschleppten und versteckten Kunstwerke zu finden, vor Zerstörung zu bewahren und an die Besitzer zurückzugeben. Die Männer dieser Truppe waren keine kampferprobten Soldaten, sondern Männer aus schöngeistigen Berufen, wie Bildhauer, Architekten und Kunsthistoriker. Bei ihrer Ankunft fanden sie die Schätze unbeschädigt im Berg vor. Die allgemeine Freude war groß, denn jedes Stück hatte Umsiedelung, Lagerung und Kriegswirren ohne größeren Schaden überstanden. Mutige Salinenarbeiter, allen voran der Bergmann Alois Raudaschl und ein regimetreuer, aber kunstinteressierter Mann, waren die Retter der geraubten Kunstschätze.

Eine akribisch erstellte Inventarliste wies alle im Stollen versteckten Exemplare auf, jedoch waren nach Kriegsende nicht alle geraubten Stücke vorhanden. Im Zuge der Wirren dieser Tage wechselte manches Stück still und heimlich den Besitzer. 2014 wurde die Rettungsaktion vom Reporter Konrad Kramar als Kunstgeschichte-Thriller in dem Buch »Mission Michelangelo« geschildert und wenig später von George Clooney verfilmt. Die Erfahrungen einer optimalen Lagerung von Kunstwerken in Bergwerken werden weiterhin genutzt und ein Horizont für diesen Zweck ist in Altaussee vorbereitet.

Die Muse Salzkammergut

Das Salzkammergut mit seiner malerischen Landschaft, seiner Geschichte und den Bewohnern inspiriert seit fast 300 Jahren Künstler jeglicher Richtungen. Geradezu magisch wurden sie von dieser Gegend angezogen. Ihre Eindrücke fanden Niederschlag in den unterschiedlichsten literarischen und malerischen Werken.

Viele schöpferische Menschen bezeichneten das Salzkammergut als Refugium, das die Kreativität wachsen ließ. Namen wie der deutsche Romancier Jakob Wassermann, Hugo von Hofmannsthal, Theodor Herzl, Sigmund Freud und Richard Strauss scheinen in Gästelisten auf. Auch heute noch zieht es schöngeistige Menschen hierher. Die gebürtige Altausseerin und Schriftstellerin Barbara Frischmuth bietet der Dichtkunst mit Literaturveranstaltungen und dem Literaturmuseum ein stimmiges Podium.

Schriftsteller, Dichter, Sänger, Schauspieler und Maler gaben sich der Ruhe und Muse hin und nützten bestmöglich die Anwesenheit der Adeligen, um die persönliche Karriere aufzubessern. Manche lebten ständig hier, andere kamen zum Arbeiten oder einfach nur zum Träumen. Adelige verlegten ihre literarischen Gesellschaften (Salons) während der Sommermonate von Wien nach Altaussee. Adalbert Stifter, Franz Grillparzer und Joseph von Eichendorff waren die ersten Dichter, die die Sommer in dieser Gegend verbrachten. Ihnen folgten viele weitere. Sie bildeten den literarischen Kreis im Ausseerland, das der Bezeichnung »Paradies der Dichter und Künstler« zweifellos gerecht wurde.

Adalbert Stifter (1805–1868) setzte in seiner Erzählung »Der Bergkristall« dem Dachstein ein literarisches Denkmal. Stifter bezeichnete sich anfänglich als »Landschaftsmaler«, erst später widmete er sich der Schriftstellerei. 1835 malte er den Sarstein/Altaussee. Der Dachstein jedoch faszinierte ihn am meisten. Ebenso wie Nikolaus Lenau (1802–1850) machte er sich über den Sinn des Bergsteigens Gedanken: »... wie überhaupt der Mensch einen Trieb hat, die Natur zu besiegen und sich zu ihrem Herrn zu machen, so sucht er auch seine Berge, die er liebt, zu zähmen ...«

1831 bestieg Nikolaus Lenau den Traunstein. In euphorischer Weise, nicht in seinem typischen melancholischen und schwermütigen Schreibstil, beschrieb er den Aufstieg und die unvergleichliche Aussicht auf Seen und Berge. Er schwärmte regelrecht vom Bergsteigen und den Naturschönheiten. Peter Altenberg (1859–1919) war ein häufiger Gast im Salzkammergut, vor allem in Gmunden. Als Bergwanderer erkundete er die Berge des Salzkammerguts. Im Kaffeehaus in Wien schrieb er seine Impressionen nieder, die Liebeserklärungen an Landschaft, Berge und Seen waren.

1898 weilte der Schriftsteller Mark Twain (1835–1910) mit seiner Tochter in Ischl. Er war einen besseren Komfort gewohnt, als es ihn zur damaligen Zeit in den Hotels gab. Seine Kritik spornte die Hotelinhaber Seeauer zur Verbesserung der Ausstattung an, was den nachfolgenden prominenten Gästen sehr gefiel. Mark Twain, Autor der Geschichten über Tom Sawyer und Huckleberry Finn, schrieb auch über die allgemeine habsburgische Kur-Euphorie. In »Die Appetit-Anstalt« ist gleich anfangs zu lesen: »Das Etablissement heißt Hochberghaus. Es liegt in Böhmen, eine kleine Tagereise von Wien, und da es zum österreichischen Kaiserreich gehört, so ist es natürlich eine Kuranstalt. Das Reich besteht aus lauter Kurorten; es versorgt die ganze Welt mit Gesundheit. Die Quellen sind alle medizinisch. Ihr Wasser wird in Flaschen gefüllt und über die ganze Erde versandt; die Einheimischen selbst trinken Bier. Dies sieht aus wie Aufopferung ...« (Mark Twain: Ausgewählte Werke, Cinema-Verlag Albert Annies, Stuttgart-Waiblingen 1962)

Hugo von Hofmannsthal (1874–1929) kam schon als Knabe mit seiner Mutter zur Sommerfrische ins Ausseerland. In seiner Prosaerzählung »Das Dorf im Gebirge« beschreibt er die Anfänge des Fremdenverkehrs in dieser Region. Darin schildert er, dass die Einheimischen ihre Stuben und Truhen den feinen Fremden zum Wohnen während der Sommermonate überließen und selbst während dieser Wochen in den Dachkammern wohnten. Auch über die Tagesgestaltung der Gäste ist in der Erzählung zu lesen. So verschafften sie sich mit Tennisspiel nicht nur Bewegung, sondern auch Bewunderung. Er kehrte den Kontrast der einheimischen arbeitenden Bevölkerung und den erholungs- und vergnügungssüchtigen Touristen deutlich heraus. »Es liegt etwas so Zufälliges, Müheloses in ihrem Dasein. Sie brauchen keinen Feiertag und können aus jeder Stunde machen, was sie wollen ...« (Hugo v. Hofmannsthal: Erzählungen, S. Fischer Verlag, Frankfurt/Main 1988, www.gutenberg.spiegel.de)

In der direkt am See gelegenen Villa des österreichischen Diplomaten und Schriftstellers Leopold Freiherr Ferdinand von Andrian zu Werburg (1875–1951) philosophierten schöngeistige Menschen. Das leibliche Wohl kam bei diesen kreativen Zirkeln nicht zu kurz, was sicherlich für so manchen Bohemien paradiesisch war.

Durch Hofmannsthal kam der deutsch-jüdische Schriftsteller Jakob Wassermann (1873–1934) nach Altaussee. Anfänglich besuchte Wassermann Hofmannsthal von München aus mit dem Fahrrad. Der vorerst zarte Kontakt zwischen den Dichtern vertiefte sich zusehends zu einer starken Freundschaft. Parallel dazu wuchs auch die Zuneigung Wassermanns zum Ausseerland, im Speziellen zu Altaussee. Die Sympathie für die Altausseer Landschaft und seine Bewohner spiegelt sich in vielen seiner Werke wider. Vor allem sein auf Altaussee bezogenes »Tagebuch aus dem Winkel« beschreibt seine starken Eindrücke. Im Gegensatz zu den meisten anderen Künstlern verbrachte Jakob Wassermann auch die Winter in Altaussee, weil sie für ihn besonders faszinierend waren. Mit dem Freiherrn Leopold von Andrian verband ihn eine intensive Freundschaft. 1923 erwarb der meistgelesene

Romancier dieser Epoche Andrians wunderschönes Haus samt großflächigem Grundstück und ließ es zu einer eindrucksvollen Villa umbauen. Der gebürtige Deutsche, eigentlich ein passionierter Weltreisender, machte Altaussee zu seinem fixen Wohnsitz und wurde Altausseer. Seine Leidenschaft für Altaussee definiert er mit dem Satz: »Altaussee ist kein Dorf, sondern eine Krankheit, die man nie mehr los wird!« (Quelle: Literaturmuseum Altaussee, www.literaturmuseum.at). Er starb 1934 in Altaussee und wurde auf dem Ortsfriedhof begraben.

Friedrich Torberg (1908–1979) weilte in den Sommermonaten ebenfalls gern in Altaussee im Kreise der gerade anwesenden Schriftsteller. Seine Verbundenheit zum Ort war so stark, dass er im amerikanischen Exil vom Altausseer See träumte und das Gedicht »Sehnsucht nach Altaussee« schrieb: »Wir alle haben Altaussee so geliebt. Wer nach Altaussee kommt, will nirgends hin als nach Altaussee und wollte er's, so könnt' er's nicht. Altaussee ist ein Abschluss, ein krönender! Die Berge liegen nicht einfach um den See, sie umfassen und umhegen ihn, sie bilden beinahe eine Art Festung, in der man sich wohlig geborgen fühlt. …« (Quelle: Literaturmuseum Altaussee, www.literaturmuseum.at). Torberg verbrachte seine letzten Lebensjahre wieder in Altaussee.

In Gästebüchern des Salzkammerguts findet man viele weitere bekannte Namen, wie den Mimen Alexander Girardi oder den Arzt und Schriftsteller Arthur Schnitzler. Der Bankier Baron Albert Rothschild zählte ebenfalls zu den gern gesehenen Gästen, besonders bei jungen Künstlern, die ein mäzenhaftes Verhalten erhofften. Ein häufiger Gast war auch Katharina Schratt, eine damals gefeierte, aber auch launische Hofschauspielerin. Sie bewohnte ab 1889 eine Villa, dreißig Gehminuten von der Kaiservilla entfernt. Schratt war eine erfolgreiche, selbstbewusste Schauspielerin, die vom Bestreben nach mehr Anerkennung am Kaiserhof – besonders nach dem Tod der Kaiserin – getrieben wurde. Die Beziehung zwischen ihr und dem Kaiser war zeitweise durch ihr Benehmen chaotisch und sehr fordernd.

Für Maler bot die Landschaft mit ihren einzigartigen Motiven eine Fülle von Anregungen. Alljährlich kamen Friedrich Gauermann, Rudolf von Alt und Ferdinand Waldmüller. Ihre romantischen Bilder verliehen dem Salzkammergut noch mehr Charme und Schönheit und animierten Menschen, ins Salzkammergut zu reisen.

Bis heute haben sich die Attraktivität des Salzkammerguts für den Fremdenverkehr und die Inspiration für Künstler verschiedener Metiers nicht verringert. Im Gegenteil, der Reiz ist stärker geworden. Sicherlich auch bedingt durch die kaiserliche Vergangenheit, deren Spuren in der Gegenwart immer noch präsent sind und die Region mit besonderem Flair erfüllen.

Nachwort

Was es noch zu Natursalz zu sagen gibt

Die Meinungen zum Thema Salz sind äußerst unterschiedlich, nicht nur von medizinischer Seite. In vielen Publikationen wird höchste Priorität auf die Anzahl der in Natursalz enthaltenen Elemente gelegt. Es wird von mehr als 80 Elementen im Salz gesprochen, und erst in dieser Größenordnung wäre Natursalz hochwertig. Allerdings gibt es noch keinen seriösen Nachweis über die tatsächliche Anzahl.

Der Analysebericht der Salinen Austria AG weist für österreichisches Natursalz etwas mehr als 30 Elemente, zusätzlich zu Natrium und Chlorid, auf. Analysen der weiteren Elemente wurden aufgrund der äußerst aufwendigen Verfahren nicht durchgeführt, weil das Ergebnis in keiner Relation zum Aufwand steht und eigentlich unwesentlich ist, da die Wirkung jedes Salzes in der natürlichen Gesamtheit liegt. Dies gilt für alle Salzarten, egal aus welcher Salzlagerstätte sie stammen. Logisch ist, dass aufgrund der unterschiedlichen Materialzusammensetzung während ihrer Entstehungsgeschichte nicht alle Salzarten die gleichen Elemente enthalten. Die Unterschiede zeigen sich in Farbe oder Geschmack des Salzes.

Beim Kauf von Natursalz sollte nach der Abbaustätte, der Art des Abbaus und den sozialen Bedingungen bei Abbau, Transport und Weiterverarbeitung gefragt werden. Die Qualität des Salzes hängt von der Art und Weise des Abbaus und nicht vom Fundort ab. Keine der großen Salzlagerstätten der Welt ist von vornherein besser oder schlechter. Um große Mengen rasch und kostengünstig abzubauen, sind massive Sprengungen notwendig, bei denen Sprengmittelrückstände im Salz verbleiben. Vorsicht ist heutzutage auch bei Meersalz aufgrund der weltweiten Meeresverschmutzung angebracht.

Mit diesem Buch möchte ich zwei wichtige Anliegen weitergeben. Erstens: Salz in vernünftiger Dosierung ist lebensnotwendig! Zweitens: Die Verwendung von regionalem Natursalz sollte bevorzugt werden, denn zum ökologischen Gedanken kommt auch noch die besondere Reinheit unseres heimischen Natursalzes hinzu.

Schenken Sie Freunden Salz,
um ihnen ihre Wertigkeit in Ihrem Leben auszudrücken!

Glossar

- Bewetterung: Luftversorgung im Bergwerk
- Frätschler: Kaufleute, die Nahrungsmittel, wie Mehl, Butter und Schmalz, anboten
- Grube: Bergwerk
- Horizonte: Ebenen im Bergwerk
- Hunt oder Grubenhunt: Förderwagen im Stollen
- Pfannhaus/Sudhaus: Gebäude, in dem in einer Pfanne Salz durch Sieden und Dörren gewonnen wurde. Ab dem 20. Jahrhundert wurde das Pfannhaus »Sudhaus« genannt
- Schächte: Senkrechte Verbindungen zwischen den Horizonten
- Saline: Komplette Werksanlage, in der Salz aus Sole in Pfannen versiedet wird, danach verdampft und schlussendlich für den Versand verpackt wird
- Salzfertiger: Für das Verpacken und den Transport zuständig und die Letzten in der Produktionskette. In der Bevölkerung waren sie sehr angesehen, galten als vornehm und hatten Privilegien
- Stollen: Gang von der Tagesoberfläche in das Bergwerk hinein
- (Stollen-)Mundloch: Stolleneingang
- Wetter: Bedeutet in der Bergmannssprache die Luftqualität im Bergwerk

(Quellen: Günter Treffer: Weißes Gold;
Kern, Kowarik, Rausch, Reschreiter: Salz – Reich. 7000 Jahre Hallstatt)

Zeittafel

Jungsteinzeit: In Mitteleuropa ungefähr von 5600/5500 bis 2300 v. Chr.; vorwiegend werden Werkzeuge aus Steinen verwendet, Beginn des Ackerbaus

Bronzezeit: In Mitteleuropa von ca. 2300 bis 800 v. Chr.; benannt nach der hauptsächlichen Verwendung dieses Metalls

Eisenzeit: In Mitteleuropa von ca. 800 bis 15 v. Chr.; benannt nach der hauptsächlichen Verwendung von Eisen

Hallstattzeit/Ältere Eisenzeit: In Mitteleuropa von ca. 800 bis 450 v. Chr.; benannt nach den Funden aus dem Gräberfeld im Hallstätter Hochtal

Latènezeit/Jüngere Eisenzeit: In Mitteleuropa von ca. 450 bis 15 v. Chr.; benannt nach den berühmten Funden in La Téne in der Schweiz

Literaturverzeichnis

Die Bibel: Altes und Neues Testament

Helmut P. Einfalt/Dr. Wirer: Dr. Wirers Büchlein vom Salz. Salinen Tourismus GmbH, 2004

Manfred Gabrielli, Lutz Maurer, Bernd Seidel: Land der Berge. Wirtschaftsverlag Ueberreuter, Wien 1989

Michael Gienger/Gisela Glaser: Salz. Nahrungsmittel, Heilmittel oder Gift? Neue Erde Verlag GmbH, Saarbrücken 2003

Franz Hufnagl: Die Maut zu Gmunden: Die Entwicklungsgeschichte des Salzkammerguts. Verlag Böhlau, Wien 2008

Jessica Jarosch: Die Via Salis. Wandern auf den Spuren des Salzes. Eigenverlag der Salinen Tourismus GmbH

Anton Kern, Kerstin Kowarik, Andreas W. Rausch, Hans Reschreiter: Salz – Reich. 7000 Jahre Hallstatt. Verlag des Naturhistorischen Museums, Wien 2008. Veröffentlichungen der Prähistorischen Abteilung (VPA) 2

Alfred Komarek: Österreich mit einer Prise Salz. Ein Mineral macht Geschichte. Verlag Kremayr & Scheriau, Wien 1998

Mark Kurlansky: Salz. Der Stoff, der die Welt veränderte. Claassen Verlag, München 2002

Michael Kurz: Von der Grundherrschaft zur Tourismusdestination. 350 Jahre »Salzkammergut«. In: Oberösterreichische Heimatblätter 60, 2006, Heft 3/4, www.doris.ooe.gv.at

Johannes Sachslehner: Bad Ischl. K. u. k. Sehnsuchtsort im Salzkammergut. Pichler Verlag, 2012

Anita Schweiger: Heilen mit Salz. Droemer Knaur, München 2000

Rainer Slotta: Technische Denkmäler in der Bundesrepublik Deutschland, Deutsches Bergbaumuseum, Bochum 1980

David Stifter: Hallstatt – In eisenzeitlicher Tradition? In: Raimund Karl, Jutta Leskovar (Hrsg.): Interpretierte Eisenzeiten. Fallstudien, Methoden, Theorie. Tagungsbeiträge der 1. Linzer Gespräche zur interpretativen Eisenzeitarchäologie. Studien zur Kulturgeschichte von Oberösterreich. Folge 18, Linz 2005

Günter Treffer: Weißes Gold. 3000 Jahre Salz in Österreich. Verlag Fritz Molden, Wien 1981

Weitere Quellen

Salinen Austria, Salzwelten: www.salzwelten.at
Geschichte Altaussee: www.altaussee.at
Geschichte Bad Aussee: www.demetz-wille.com/hoferhaus/geschichte1
(Diplomarbeit von Dipl.-Ing. Michael Pessenlehner)
Kalßkrippe: www.stadtmuseum.at/museum
Saliera: www.viennatouristguide.at
Südwestdeutsche Salzwerke AG: Steinsalzbergwerk Schwäbisch Hall, Bad Friedrichshall, Steinsalzbergwerk Heilbronn, Berchtesgaden, www.salzwerke.de
Südsalz GmbH: Bad Friedrichshall, Heilbronn, Berchtesgaden, Bad Reichenhall. www.suedsalz.de
Salzmuseum Lüneburg: www.eurasier-von-der-salzstadt.de, www.salzmuseum.de
esco – european salt company GmbH & Co. KG: Braunschweig-Lüneburg bei Grasleben, Borth, www.esco-salt.com
Saline Luisenhall: www.luisenhall.de
VKS – Verband der Kali- und Salzindustrie e. V., Berlin, www.vks-kalisalz.de
Geschichte Rosenheim: www.stadtarchiv.de
Geschichte von Berchtesgaden und Bad Reichenhall: www.salzbergwerk.de
Geschichte von Bad Reichenhall: www.alte-saline.de

Bilderverzeichnis

Salinen Austria AG: Abbildungen Nr. 4, 7, 8, 15, 16, 17, 18, 22, 23, 25, 26, 27, 28, 29, 30, 32, 42, 44, 48, 49, 50, 51, 52, 53, 54, 55
Museum Hallstatt: Abbildungen Nr. 24, 33, 35, 37, 38, 41
Museum der Stadt Bad Ischl: Abbildungen Nr. 62, 63, 64, 68, 70, 71
Tourismusverband Bad Ischl: Abbildungen Nr. 65, 67
Gemeinde Altaussee: Abbildung Nr. 45
Bundesdenkmalamt Wien: Abbildung Nr. 56
Bildarchiv Hall/Tirol: Abbildungen Nr. 72, 73, 74, 75, 76, 77, 78, 79, 80
Bildarchiv der Südwestdeutschen Salzwerke AG, Heilbronn:
Abbildungen Nr. 9, 10
Wacker Chemie AG: Abbildungen Nr. 11, 12, 13, 14
Privat: Abbildungen Nr. 1, 2, 3, 5, 6, 19, 20, 21, 31, 34, 36, 39, 40, 43, 46, 47, 57, 58, 59, 60, 61, 66, 69, 81, 82, 83

Bezugsquellen und Empfehlungen

Österreichisches Natursalz:
SYMBIOSE. Verein für ganzheitliches Wohlbefinden, 2340 Mödling, Maria Theresiengasse 21, www.naturkristallsalz.symbiose.at
VEDA – WEISSES GOLD, 4100 Ottensheim, Linzer Straße 7, www.weissesgold.at

Trockensalzinhalationen:
SALZLUFT, Dr. Christof Wildner, 2340 Mödling, Türkengasse 15, www.salzluft.at

Über die Autorin

HELENE SKORIC, geboren 1957 in Oberwart im Burgenland. Sie arbeitete nach der Matura an der Höheren Bundeslehranstalt für wirtschaftliche Frauenberufe administrativ im Hotel- und Gesundheitsbereich. 1986 Heirat und Geburt eines Sohnes. Ab September 1989 Mitarbeit bei der Umweltschutzorganisation »Bruder Baum«, unter anderem Abwicklung von Gesundheits- und Umweltprojekten. 1996 Gründung des Vereins Symbiose (www.symbiose.at), eines Gesundheitsnetzwerks mit vielen Anbietern und Veranstaltungen, dessen engagierte Obfrau sie nach wie vor ist. Seit 1985 lebt Helene Skoric in Mödling. Zu ihren Hobbys zählen kreative Tätigkeiten und Sport.

Weiters im Ennsthaler Verlag erschienen

Ana Maria Lajusticia Bergasa: Die erstaunliche Wirkung von Magnesium
104 Seiten, Paperback, ISBN 978-3-85068-324-1

Maria Treben: Gesundheit aus der Apotheke Gottes
156 Seiten, Paperback, ISBN 978-3-85068-179-7

Maria Treben: Heilkräuter aus dem Garten Gottes
240 Seiten, Paperback, ISBN 978-3-85068-750-8

Martin Weber: Der Mensch im Gleichgewicht. Gesundheit neu gedacht mit Herz, Logik und Intuition
208 Seiten, Hardcover, ISBN 978-3-85068-833-8

Georg Weidinger: Die Heilung der Mitte. Die Kraft der Traditionellen Chinesischen Medizin
432 Seiten, Hardcover, ISBN 978-3-85068-864-2

Bert Ehgartner: Gesund ohne Aluminium
288 Seiten, Paperback, ISBN 978-3-85068-924-3

Günther W. Frank: Kombucha. Das Teepilz-Getränk
176 Seiten, Paperback, ISBN 978-3-85068-304-3

Franz Heininger (Hrsg.): Trink Wasser!
184 Seiten, Paperback, ISBN 978-3-85068-552-8

Andrea Heinemann: Alles verwerten. Kochen und genießen ohne Ablaufdatum
200 Seiten, Spiralbindung, ISBN 978-3-85068-940-3

Pam Grout: Sieben Weisheiten, die dein Leben verändern
176 Seiten, Paperback, ISBN 978-3-85068-941-0

ENNSTHALER VERLAG STEYR